职业教育增材制造技术专业系列教材

增材制造技术应用基础教程

主　编　潘　成　黎　伟　梁树戈
副主编　陈家武　何　伟
参　编　谭卓华　黎明柳　毛进军
张彰才　冯少华　卢美金

机械工业出版社

“增材制造综合应用实训”是职业院校增材制造技术应用（3D 打印）专业的核心课。本书选取了增材制造应用操作中的一些典型实例，学习单元分为增材制造技术入门、正向建模与打印、逆向建模与打印，由浅入深、循序渐进地介绍增材制造操作工艺，讲解了中职学校常用的 Cura、NX、Geomagic Wrap、Geomagic Design X、Geomagic Studio、ZBrush 2018、Materialise Magics 22.0、Autodesk PowerShape、LimitState.FIX、Geomagic Control X 等软件的使用方法。同时，本书介绍了中等职业学校常用的 FDM 设备操作系统的操作与维护，丰富了实践教学内容，能满足不同技能层次和岗位的需求。学生通过零件建模、数据处理、增材制造设备制作零件全过程的操作，增强对增材制造技术生产工艺的认识，培养运用综合知识的能力。

本书配套有 23 个可视化微课视频，全书实例丰富，图文并茂，注重细节，内容依照理实一体化项目教学的模式展开，介绍了增材制造成型方法、操作规范、设备维护以及后处理操作，最后以项目实训形式呈现实训全过程，以利于实训教师根据实训条件组织 3D 打印技能实训。本书提供了实训练习题和实训评价单，供学生进行针对性练习，具有很强的操作性。

本书既可以作为中等职业学校增材制造技术应用专业、电子与信息大类及装备制造大类相关专业教材，也可以作为中小学生创客教育的辅导读物及技能竞赛培训的参考教材。

图书在版编目（CIP）数据

增材制造技术应用基础教程 / 潘成，黎伟，梁树戈主编. — 北京：机械工业出版社，2023.1
职业教育增材制造技术专业系列教材
ISBN 978-7-111-71969-4

Ⅰ.①增… Ⅱ.①潘…②黎…③梁… Ⅲ.①快速成型技术－职业教育－教材 Ⅳ.①TB4

中国版本图书馆CIP数据核字（2022）第207922号

机械工业出版社（北京市百万庄大街22号 邮政编码100037）
策划编辑：黎 艳 责任编辑：黎 艳 王 良
责任校对：郑 婕 张 征 封面设计：张 静
责任印制：常天培
北京机工刷印刷厂有限公司印刷
2023年3月第1版第1次印刷
210mm × 285mm · 11.5印张 · 214千字
标准书号：ISBN 978-7-111-71969-4
定价：39.80元

电话服务 网络服务
客服电话：010-88361066 机 工 官 网：www.cmpbook.com
010-88379833 机 工 官 博：weibo.com/cmp1952
010-68326294 金 书 网：www.golden-book.com
封底无防伪标均为盗版 机工教育服务网：www.cmpedu.com

前言

广东省教育厅发布的中等职业教育“双精准”示范专业建设项目指导性任务，要求承担示范专业建设任务的有关中等职业学校紧紧围绕“目标定位准、办学条件好、校企合作深、诊断改进实、人才培养优”的建设目标，提升专业校企精准对接培养水平；根据行业发展趋势、课程改革进展和教学需要，校企联合编写相应的校本教材和教学辅助材料，建设基本覆盖专业核心课程、主干课程的专业教学资源库、精品在线开放课程、微课程等优质数字化资源，实现校内开放、校外共享。

本书围绕“双精准”示范专业的建设目标，结合广东省2020年度中小学教师教育科研能力提升计划（强师工程）项目“‘筑基逐梦，六位一体’双精准数控技术应用专业现代学徒制试点的实践与研究”课题的探索内容，根据课程标准和企业岗位的技能需求，结合编者所在学校丰富的教学资源，选取了增材制造技术应用专业教学中的一些典型教学实例编写了本书。本书分3个学习单元，共5章，依照理实一体化项目教学模式展开，介绍了增材制造成型方法、操作规范、设备维护以及后处理操作，同时，在最后以项目实训形式呈现实训全过程，以利于实训教师根据实训条件组织3D打印技能实训，并且提供实训练习题供学生进行针对性练习。书中详细讲解了中等职业学校常用的Cura、NX、Geomagic Wrap、Geomagic Design X、Geomagic Studio、ZBrush 2018、Materialise Magics 22.0、Autodesk PowerShape、LimitState.FIX、Geomagic Control X等软件的使用方法，涉及的知识面比较广，可以满足不同读者的需求。学生通过零件建模、数据处理、增材制造设备制作零件全过程的操作，增强对增材制造技术生产工艺的认识，培养运用综合知识的能力，丰富了实践教学内容。

本书由佛山市高明区职业技术学校数控专业组共同编写，潘成、黎伟、梁树戈担任主编，陈家武、何伟担任副主编，谭卓华、黎明柳、毛进军、张彰才、冯少华、卢美金参加了编写。潘成编写第一、二章，第四章第二、第三、第四、第五、第九、第十节，第五章第五节；黎伟编写第三章及第五章第一节；陈家武编写第四章第一、第六、第七、第八节；何伟编写第五章第二、第三、第四节；梁树戈负责组织编写和审核工作。谭卓华、黎明柳、毛进军、张彰才、冯少华、卢美金负责各个教学任务的图文校核和微课视频拍摄等工作。

在编写过程中，编者参阅了有关书籍和资料，得到了北京弘瑞科技有限公司和北京南极熊科技有限公司的技术支持，在此表示衷心的感谢！

由于编者水平有限，书中不妥之处在所难免，恳请广大读者批评指正。

编　者

二维码索引

（续）

序号	名称	二维码	页码
10	校徽的设计与打印案例		57
11	火柴盒的设计与打印案例		62
12	球中球的设计与打印案例		66
13	大面积模型防翘边案例		68
14	整体配合结构的设计与打印案例		72
15	电子元件配件的设计与打印案例		75
16	发条小车的设计与打印案例		77
17	十字轴传动装置的设计与打印案例		91
18	STL 模型壳件处理及打印案例		98
19	模型的修补及打印综合案例		113

（续）

序号	名称	二维码	页码
20	三维扫描仪的操作		128
21	外圆车刀点云数据处理		138
22	外圆车刀逆向建模		143
23	Geomagic Control X 数据分析与检测案例		159

目 录

VII

学习单元一　增材制造技术入门

第一章　增材制造技术原理

一、什么是 3D 打印[一]

增材制造，俗称 3D 打印，是一种以数字模型文件为基础，将塑料或金属等材料通过逐层叠加的方式来构造物体的技术。增材制造有许多类型，成型方式各有不同，而“3D 打印”这个叫法原来特指其中的一种三维立体喷印（3DP）技术，随着应用的普及，“3D 打印”这一叫法逐渐深入人心，现在也可理解为基本等同于“增材制造”的含义。其分层示意图如图 1-1 所示。

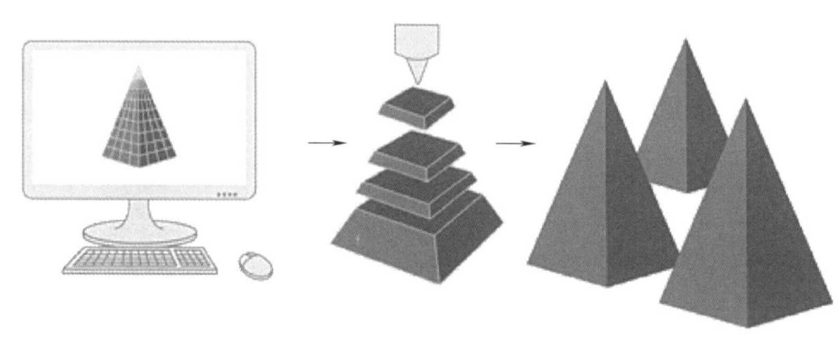

图 1-1　分层示意图

目前增材制造技术种类有很多，包括熔融沉积成型 FDM、光固化成型 SLA、三维印刷成型 3DP、数字光处理 DLP、聚合物喷射 PolyJet、连续液相界面固化 CLIP、选择性激光烧结 SLS、选择性激光熔融 SLM、惠普多射流熔融 MJP、超声波制造 UAM、双光子聚合 TPP、分层实体制造 LOM、电子束熔炼 EBM、激光近净成型 LENS、直接金属激光烧结 DMLS 等技术，下面着重介绍中等职业学校教学中常用的几种类型。

[一] 在本书中出现的“3D 打印”如无特别说明，泛指“增材制造技术”。

二、熔融沉积成型 FDM

熔融沉积成型（Fused Deposition Modeling，FDM）技术是把三维模型通过分层打印的方式，将材料累积、叠加成一个实物的过程。FDM 技术打印流程如图 1-2 所示。

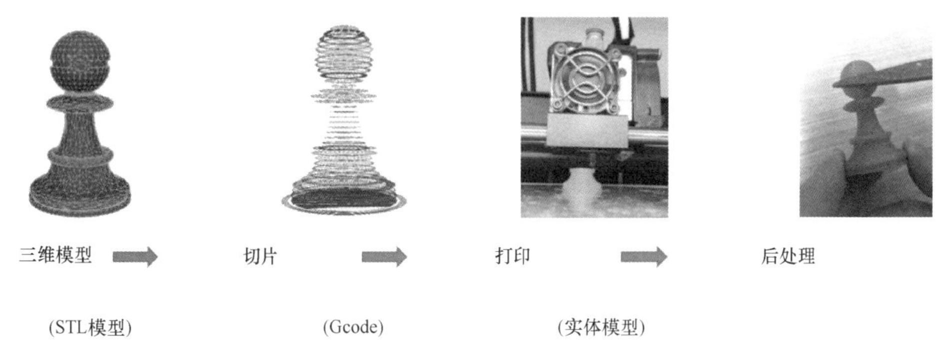

图 1-2　FDM 技术打印流程

1. FDM 工作原理

FDM 的工作原理如图 1-3 所示，其主要的耗材是热塑性材料，如 PLA、ABS 之类。将丝状的热塑性材料通过喷头加热使之熔化，喷头底部带有微细喷嘴（直径一般为 0.2 ～ 0.6mm），在计算机控制下，喷头按照切片软件中设置的预定轨迹来运动，将熔融状态下的液体材料挤出并最终凝固。材料被挤出后沉积在前一层已固化的材料上，并沿预设轨迹逐层叠加形成最终的成品。

2. FDM 打印材料

FDM 技术使用的材料主要包括实体材料和支撑材料。实体材料主要为热塑性材料，包括 PLA、ABS、人造橡胶、石蜡等。

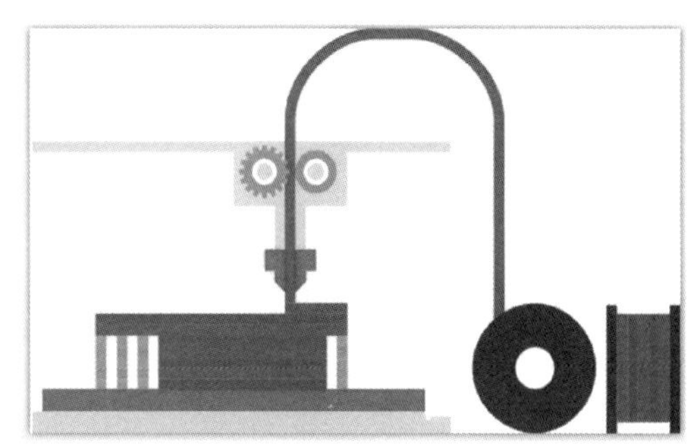

图 1-3　FDM 工作原理

FDM 技术使用的支撑材料较难去除，在剥离过程中很容易损坏模型表面。可以用溶液对打印后的模型进行冲洗，将支撑材料溶解的同时而不损伤实体模型。

在选择模型实体材料时，需要考虑以下几点因素：

1）黏度低。黏度低则阻力小，不容易堵塞喷头。

2）熔点低。熔点温度低则打印功耗小，有利于提高机器的使用寿命。

3）黏结性高。黏结性决定了实体各层之间的黏结强度，黏结性高则各层之间的黏结强度高。

4）收缩率小。因为挤出的丝材会发生膨胀，所以收缩率越小，打印出来的实物精度越高。

根据以上特征，目前市场上主要的 FDM 材料包括 ABS、PLA、PC、PP、合成橡胶等。

（1）ABS　ABS 是丙烯腈 - 丁二烯 - 苯乙烯的三元共聚物，A 代表丙烯腈，B 代表丁二烯，S 代表苯乙烯。它是一种石油衍生物，这种热塑性塑料具有价格便宜、经久耐用、稍有弹性、密度小、容易挤出等特点，打印温度一般为 230 ～ 245℃，个别材料要求温度更高。

（2）PLA　PLA 即聚乳酸，又名玉米淀粉树脂。它是一种可生物降解的热塑性塑料，来源于可再生资源，如玉米、甜菜、木薯和甘蔗，经发酵得到乳酸，再聚合成 PLA。因此基于 PLA 的 3D 打印材料比其他的塑料材料更加环保，它甚至被称为“绿色塑料”，打印温度一般设置为 200 ～ 210℃。

（3）PC　PC 即聚碳酸酯，是一种无色、高透明度的热塑性工程塑料，具有耐冲击、韧性好、耐热性好且透光性好的特点。PC 材料的热变形温度为 138℃，颜色比较单一，只有白色，但其强度比 ABS 材料高出 60% 左右。

（4）PP　PP 即聚丙烯，是由丙烯聚合而制得的一种热塑性树脂，其无毒、无味，强度、刚度、硬度及耐热性均优于低压聚乙烯，可在 100℃左右温度下使用。

（5）合成橡胶　用化学方法人工合成的橡胶称为合成橡胶，它具有高弹性、绝缘性、气密性、耐高温等优点。

FDM 应用领域包括概念建模、功能性原型制作、最终用途零件制造、修整等方面，涉及汽车、医疗、建筑、娱乐、电子、教育等领域。

三、光固化成型 SLA

1. SLA 工作原理

光固化成型（Stereo Lithography Appearance，SLA 或 SL）主要是使用光敏树脂作为原材料，利用液态光敏树脂在紫外激光束照射下会快速固化的特性来成型三维实体。光敏树脂一般为液态，它在一定波长的紫外光（250 ～ 400nm）照射下立刻引起聚合反应，完成固化。SLA 通过特定波长与强度的紫外光聚焦到光固化材料表面，使之由点到线、由线到面地顺序凝固，从而完成一个层截面的绘制工作。这样层层叠加，就可以完成一个三维实体的打印工作。SLA 工作原理如图 1-4 所示，SLA 设备如图 1-5 所示。

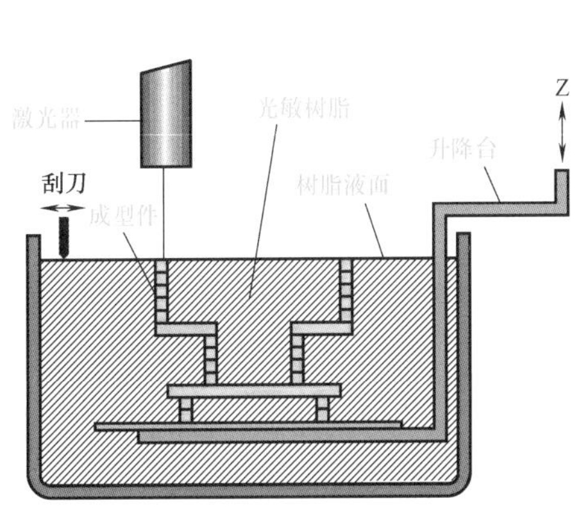

图 1-4　SLA 工作原理

图 1-5　SLA 设备

2. 打印流程

1）树脂槽中盛满液态光敏树脂，可升降工作台处于液面下一个截面层厚高度的位置，聚焦后的激光束在计算机控制下沿液面进行扫描，被扫描的区域树脂固化，从而得到该截面的一层树脂薄片。

2）升降工作台下降一个层厚距离，液体树脂再次暴露在激光束下，再次扫描固化，如此重复，直到整个产品成型。

3）升降台升出液体树脂表面，取出工件，进行相关后处理，通过强光、电镀、喷漆或着色等处理得到需要的最终产品。

需要注意的是，因为一些光敏树脂材料的黏度较大，流动性较差，使得在每层激光照射固化之后，液面都很难在短时间内迅速流平。因此，大部分 SLA 设备都配有刮刀部件，在每次升降台下降后都通过刮刀进行刮切操作，以使树脂能均匀地涂覆在下一叠层上。

四、三维印刷成型 3DP

三维印刷成型（Three Dimensional Printing，3DP）技术，也称其为喷墨粘粉式技术、黏合剂喷射成型。3DP 技术与平面打印技术非常相似，能够打印覆膜砂、石膏粉等粉状材料，可快速成型实体。

3DP 技术使用的原材料主要是粉末材料，如陶瓷、金属、石膏、塑料粉末等。3DP 工作原理如图 1-6 所示，是利用黏合剂将每一层粉末黏合到一起，通过层层叠加而成型的。与普通的平面喷墨打印类似，3DP 在黏合粉末材料的同时，添加了有颜色的颜料，就可以打印出彩色的实体模型。

3DP 设备在控制系统的操作下，喷粉装置在平台上均匀地铺一层粉末，打印头按照模型切片得到的截面数据进行运动，有选择地进行黏合剂喷射，最终构成平面图案。在完成单个截面图案之后，粉床下降一个层厚单位的高度，同时铺粉辊轴进行铺粉操作，接着再进行下一个截面的打印。如此周而复始地送粉、铺粉和喷射黏合剂，最终完成三维成型件。3DP 设备如图 1-7 所示。

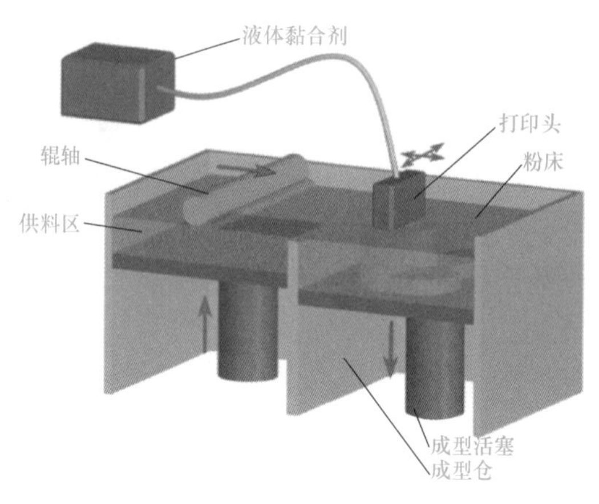

图 1-6　3DP 工作原理

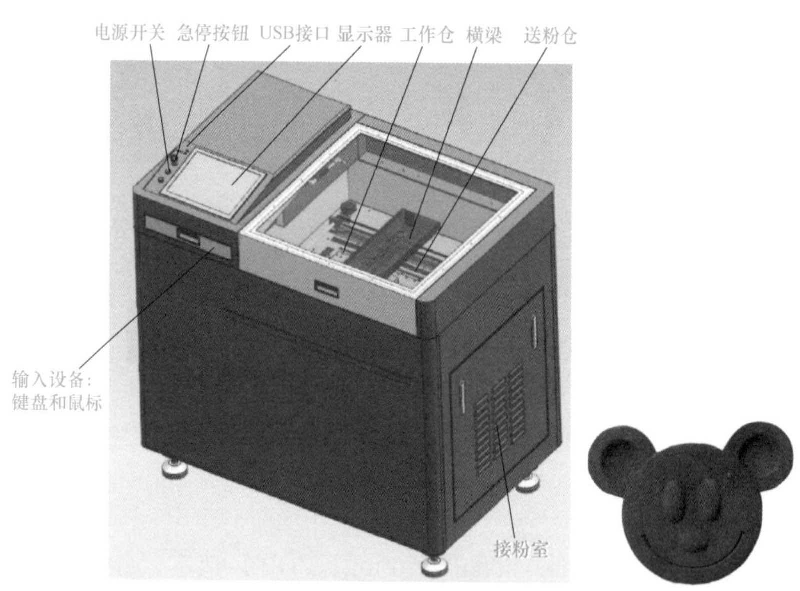

图 1-7　3DP 设备

五、数字光处理 DLP

数字光处理技术（Digital Light Processing，DLP）与光固化成型 SLA 技术比较相似，打印材料同为光敏树脂，工作原理都是利用液态光敏树脂在紫外光照射下会固化的特性。DLP 工作原理示意图如图 1-8a 所示。它是将一个升降台浸泡在装有感光树脂的料槽中，平台距离液面仅有一层切片的厚度，单束激光沿切片软件中设定的轨迹扫描树脂液面，完成首层的打印。接着平台会下降一层切片的高度，等待树脂液面重新恢复平静后进行第二层打印，以此类推，直到完成整个模型的打印。

不同的是，DLP 是一次照射可以成型一个面，而 SLA 只可以成型一个点，再由点到线、由线到面进行固化，因此，DLP 比 SLA 成型速度要快。二者本质的差别在于照射的光源：SLA 采用激光点聚焦到液态光聚合物，而 DLP 是先把影像信号经过数字处理，然后再把光投射出来固化光聚合物。图 1-8b 所示为 DLP 工作原理及设备。

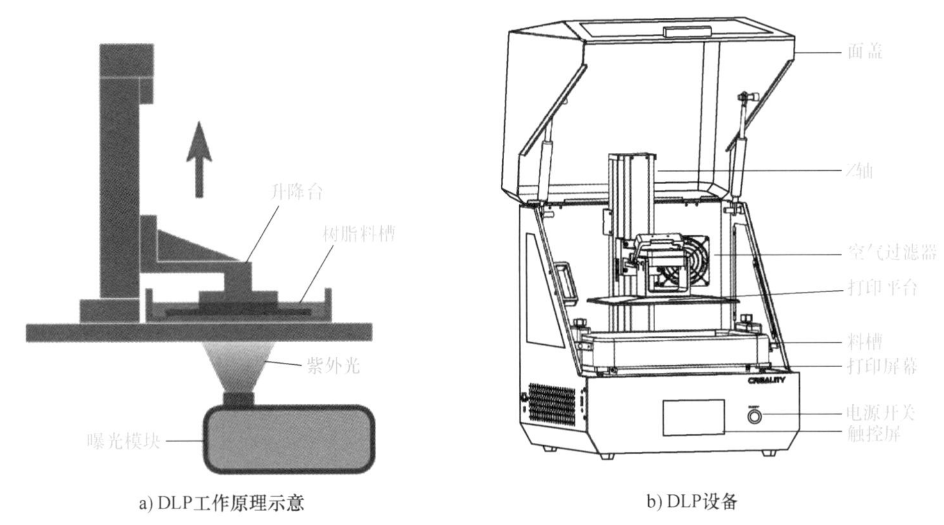

图 1-8 DLP 工作原理及设备

六、本章练习

1. 简述增材制造技术目前常见的种类。
2. 简述 FDM 工作原理及常用打印材料。
3. 简述 SLA 的工作原理。
4. 简述 3DP 的工作原理。
5. 简述 DLP 的工作原理。

第二章　数据转换及常用切片软件

第一节　STL 格式文件与转换

引导问题

要用什么格式的文件进行 3D 打印？什么是 G 指令？

先把三维模型文件输出为 STL 格式文件，再把 STL 格式文件输出为 G 指令。

一、STL 格式文件

Standard Template Library（平面印刷）的缩写为 STL，STL 格式图片如图 2-1 所示。STL 格式文件由封闭相连的三角形片面构成，广泛用于快速成型、增材制造和计算机辅助制造（CAM）。STL 格式文件仅描述三维物体的表面几何形状，没有颜色、材质贴图或其他常见三维模型的属性。STL 格式文件分为 ASCⅡ明码和二进制格式。

图 2-1　STL 格式图片

现在以“.stl”为后缀的 STL 格式 3D 模型文件已经成为增材制造的标准文件，几乎所有的增材制造设备都可以接收 STL 文件格式进行打印。当三维模型文件被保存成 STL 格式文件之后，模型所有表面和曲线都会被转换成网格。网格一般由一系列的三角形组成，代表模型原型中的精确几何含义。有很多三角形的面可以表现流畅的曲线，这就需要导出高分辨率的 STL 文件，但如此一来有些三角形会变得相当小以致于机器无法识别，这就需要在保存 STL 格式文件时将 STL 文件保存为合适的分辨率。

不同分辨率对比如图 2-2 所示。

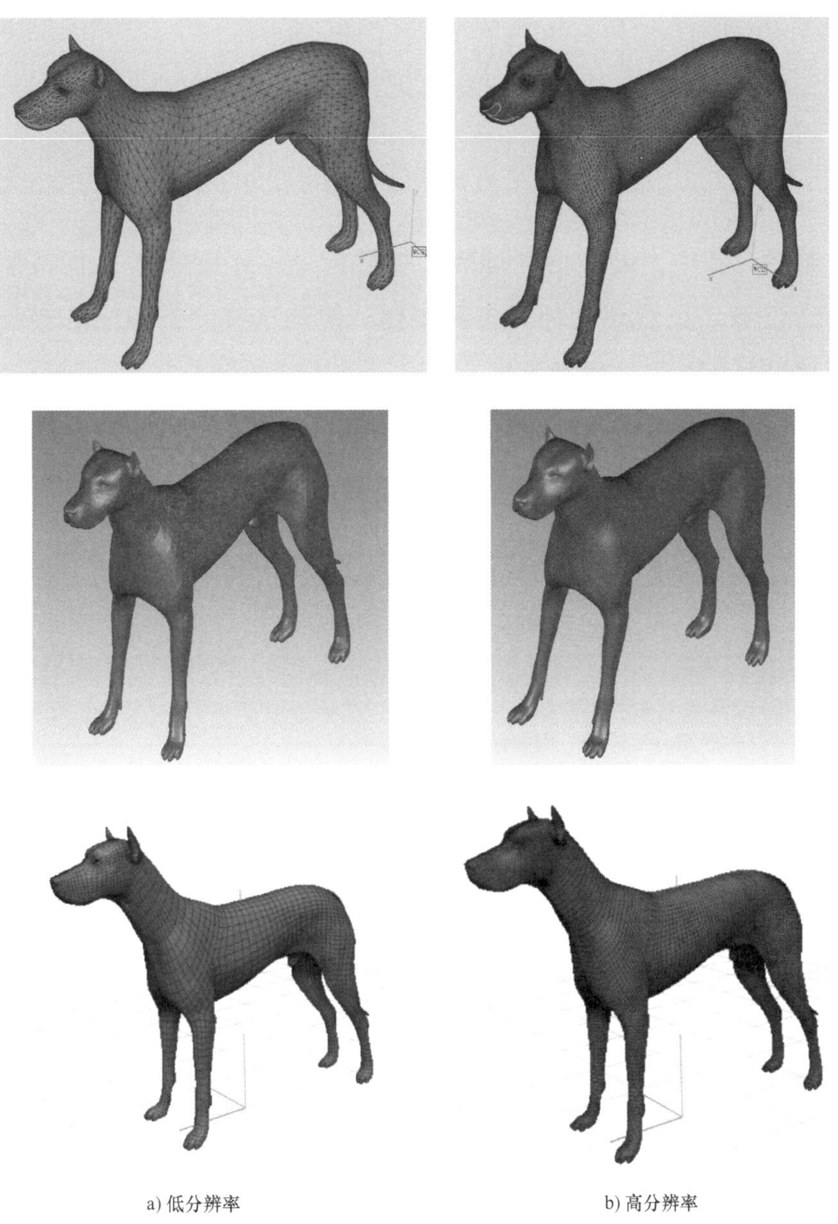

a) 低分辨率　　b) 高分辨率

图 2-2 不同分辨率对比

二、G 指令

1. G 指令定义

在常用的 FDM 设备中，Gcode 文件在本书中简称 G 指令，指的是 3D 模型在导入增材制造设备实际打印之前，必须要经过切片器处理而生成一种中间格式文件，其流程如图 2-3 所示。这种中间格式文件的内容，实际上每一行都是增材制造设备硬件所能理解的命令。这些命令也称为 Gcode 命令，是增材制造设备和计算机之间最重要的沟通桥梁。

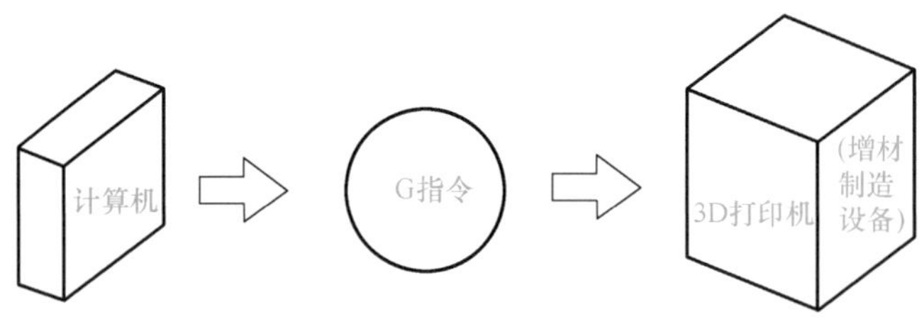

图 2-3　流程图

在增材制造设备中，硬件负责解释这些 G 指令（M 指令），从而按照指令规定的方式完成打印任务。虽然硬件种类多种多样，但和这些硬件匹配的指令集绝大多数都相同，即都是 RepRap G–M 指令集。

由于 Marlin 硬件使用得最为广泛，下面就以 Marlin 硬件的指令集为例做详细介绍。G–M 指令中有时候还会掺杂一些其他字母标示参数，如 T、S、F、P 等，其具体意义见表 2-1 。

表 2-1　固件的指令集

序号	字母	含义	备注
1	Gnnn	标准 Gcode 命令，例如移动到一个坐标点	nnn 表示数字
2	Mnnn	RepRap 命令，例如打开一个冷却风扇	
3	Tnnn	选择工具指令。在 RepRap 指令集中，工具通常是打印头	
4	Snnn	命令参数，例如电动机的电压	
5	Pnnn	命令参数，频率，单位：次 /ms	
6	Xnnn	X 坐标，通常用于移动命令	
7	Ynnn	Y 坐标，通常用于移动命令	
8	Znnn	Z 坐标，通常用于移动命令	
9	Ennn	挤出长度，用于控制挤出线材的长度	
10	Innn	参数——较少使用（定义）	
11	Jnnn	参数——较少使用（定义）	
12	Fnnn	打印头移动速度 单位：mm/min	
13	Rnnn	参数——与温度相关	
14	Qnnn	参数——较少使用（定义）	
15	Nnnn	行码，在发送错误情况后，用来重复输入某行指令（命令）	
16	*nnn	校验码，用于检测通信错误	

例如：指令“G1 X20 Y30 Z0 F1200”。其中字母 G 是移动指令，X、Y、Z 指的是坐标信息，F 代表打印头的速度。

2. 常用的 G 指令

常用 G 指令及含义见表 2-2。

表 2-2　常用 G 指令及含义

序号	G 指令	含义	备注
1	G0	快速移动	
2	G1	直线运动，可沿着 X、Y、Z 方向	
3	G2	可控顺时针方向圆弧移动，CW ARC	
4	G3	可控逆时针方向圆弧移动，CCW ARC	
5	G4	暂停，S 或 P	
6	G10	根据 M207 设置材料回抽（包括距离、速度、Z 轴提升）等信息	
7	G11	根据 M208 设置设备回抽后挤出距离和挤出速度等信息	
8	G28	移动到原点	
9	G29	在自动调平的情况下，让 Z 轴探头，探测热床上 3 个或 4 个点进行自动调平	
10	G30	让打印机在当前 XY 位置进行 Z 轴探测	
11	G90	使用绝对坐标	
12	G91	使用相对坐标	
13	G92	设置各轴当前的坐标值	

3. 常用 G 指令生成方法

G 指令的生成方法是在切片软件中单击“文件”，在弹出下拉菜单中单击“保存 Gcode 代码”命令保存 Gcode 指令，如图 2-4 所示。

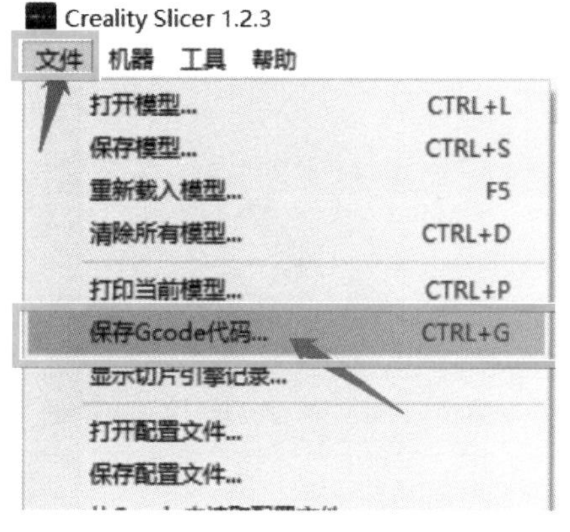

图 2-4　G 指令的生成

三、各类软件实体图转换成 STL 文件的方法

1. AutoCAD 实体图转换成 STL 文件的方法

QR 微课视频直通车 01：

手机微信扫描右侧二维码来观看学习吧。

打开一般 CAD 软件，执行以下操作：选择菜单中的“文件”→“输出”，在文件类型中选择 STL 格式，根据提示在绘图区中选择要输出的模型。

1）打开 AutoCAD 软件，在软件窗口“文件”菜单中选择“输出（E）”，如图 2-5 所示。

2）在弹出的“输出数据”对话框中的“文件类型（T）”下拉选项中选择“平面印刷 *.stl”类型，输入文件名，单击“保存”按钮，如图 2-6 所示。

图 2-5　CAD 窗口菜单

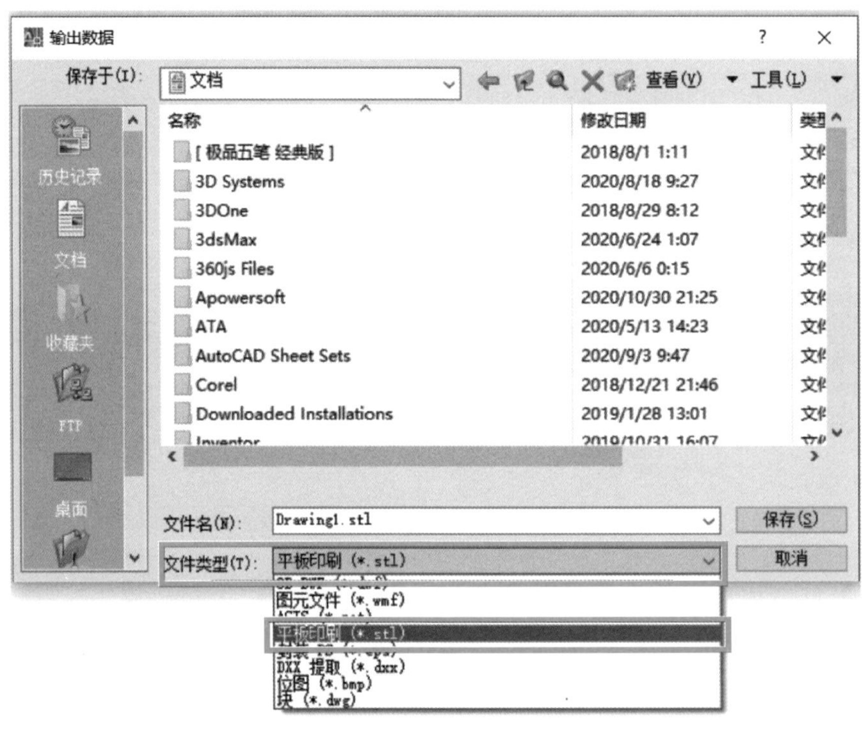

图 2-6　选择文件类型

3）在 CAD 的命令提示栏中显示提示“命令：_export 为 STL 输出选择单个实体：”，选择要输出的实体，命令提示栏显示“找到 1 个实体”，将自动保存到“C：\Users\pc\AppData\Local\Temp\Drawing1_1_1_0041.sv$ …”。选择实体示意图如图 2-7 所示。

2. NX 实体图转成 STL 文件的方法

QR 微课视频直通车 02：

手机微信扫描右侧二维码来观看学习吧。

1）打开 NX 软件，在 NX 软件窗口菜单中选择“文件”→“导出”→“STL”命令。NX 软件窗口菜单如图 2-8 所示。

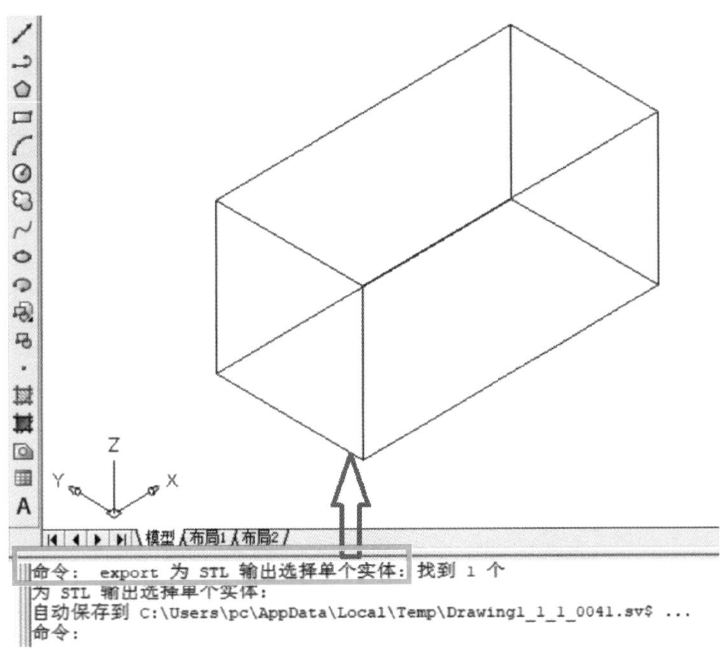

图 2-7 选择实体示意图

图 2-8 NX 软件窗口菜单

2）在弹出的“STL 导出”对话框中，“选择对象”为要导出的实体模型，“导出至”栏中设置导出的位置与导出对象文件的名称，“选项”中的“弦公差”设置为“0.01mm”。值越小，导出的分辨率越高。“STL 导出”对话框如图 2-9 所示。

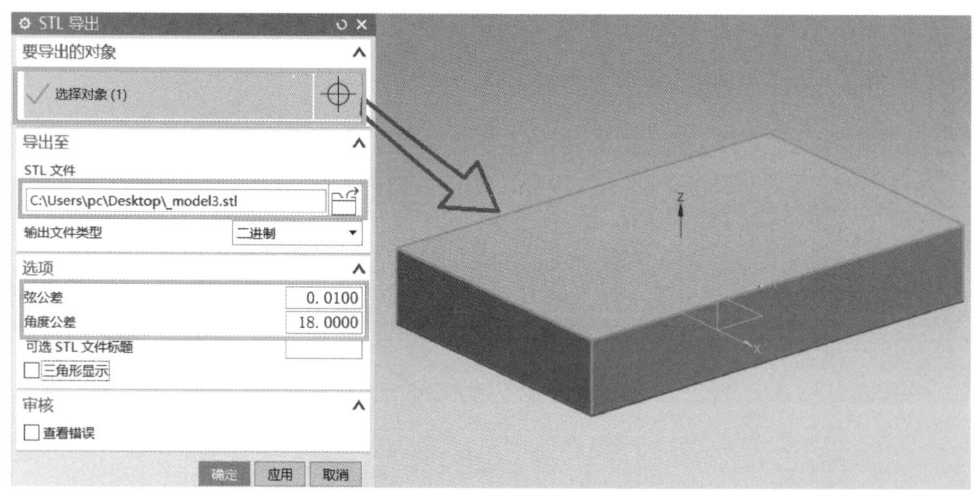

图 2-9 “STL 导出”对话框

3）最后单击“确定”按钮进行保存。

3. Inventor 实体图转成 STL 文件的方法

QR 微课视频直通车 03：

手机微信扫描右侧二维码来观看学习吧。

1）打开 Inventor 软件，在 Inventor 软件窗口菜单中选择“文件”→“导出”→“CAD 格式”命令。Inventor 软件窗口菜单如图 2-10 所示。

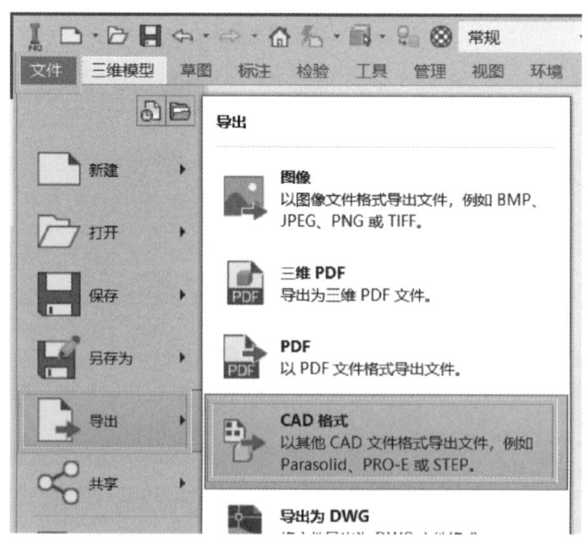

图 2-10 Inventor 软件窗口菜单

2）在弹出的“另存为”对话框中选择保存位置，输入保存文件的名称，在保存类型中选择“STL 文件（*.stl）”。选择保存类型界面如图 2-11 所示。

3）在“另存为”对话框中选择“选项（P）”功能，在弹出的对话框中选择“格式”的单位为“毫米”，然后单击“确定”按钮。“STL 文件另存为选项”对话框如图 2-12 所示。

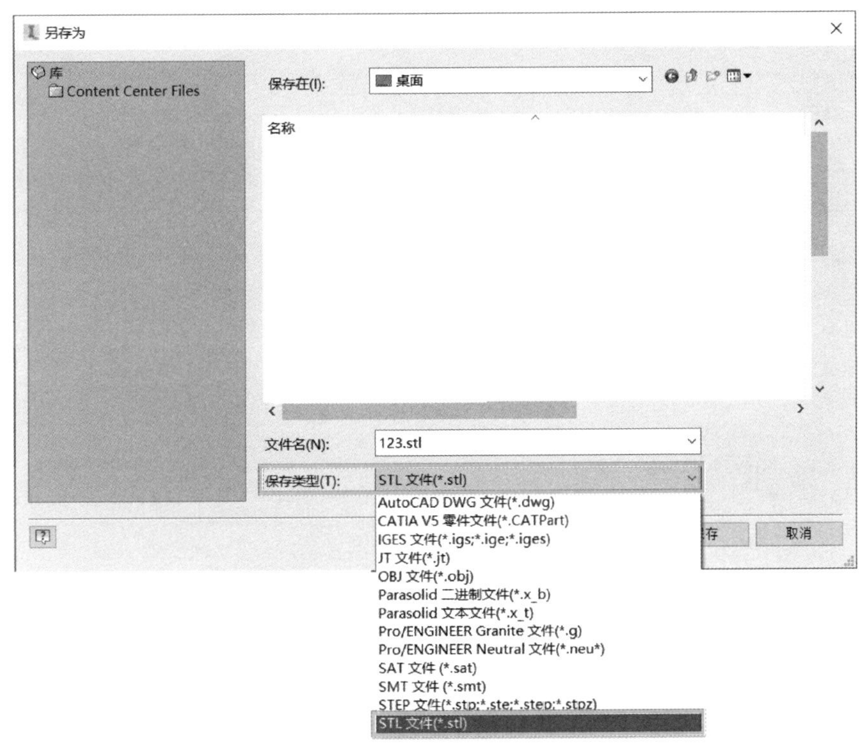

图 2-11　选择保存类型界面

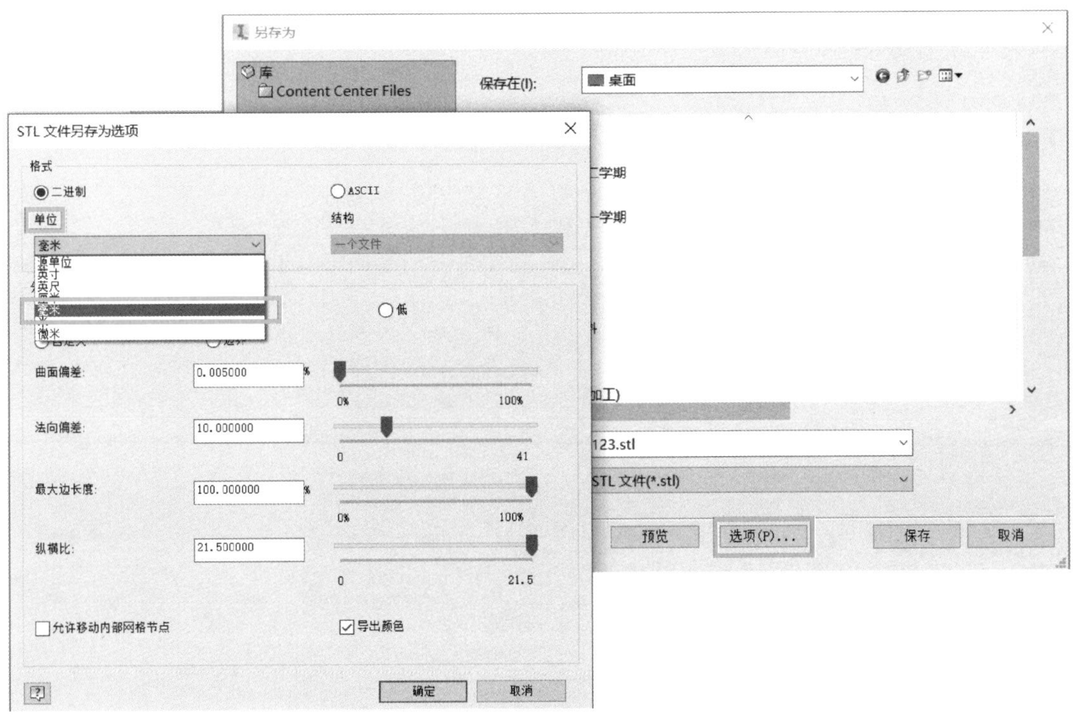

图 2-12　“STL 文件另存为选项”对话框

4）最后单击“保存”按钮保存。

4. ZBrush 图形转成 STL 文件的方法

QR 微课视频直通车 04：

手机微信扫描右侧二维码来观看学习吧。

1）打开 ZBrush 软件，选择下拉菜单中的“Z 插件”→“3D 打印工具集”→“设置导出大小”→“导出到 STL”命令。Z 插件菜单如图 2-13 所示。

2）在弹出的“Export to STL file”（导出到 STL 文件）对话框中输入文件名，选择保存类型为 STL 格式，然后单击“保存（S）”按钮保存。选择保存类型界面如图 2-14 所示。

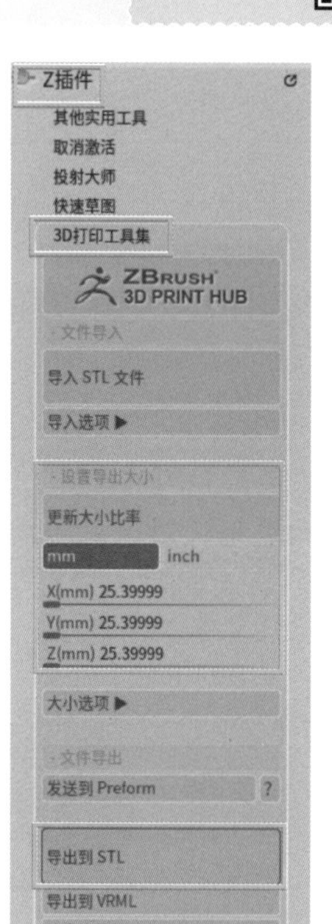

图 2-13　Z 插件菜单

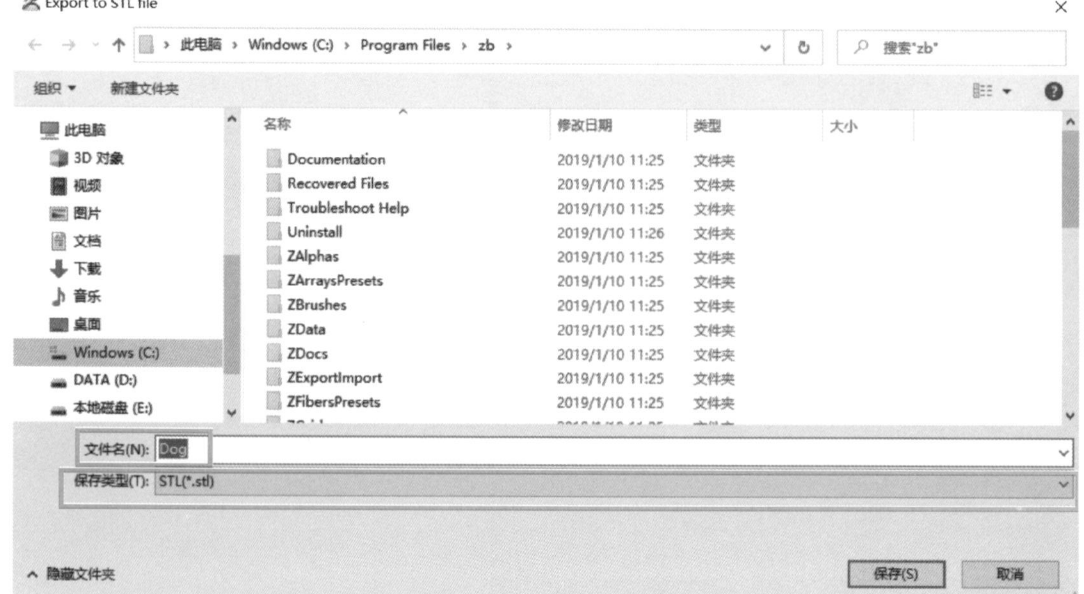

图 2-14　选择保存类型界面

5. Geomagic 实体图转成 STL 文件的方法

QR 微课视频直通车 05:

手机微信扫描右侧二维码来观看学习吧。

1）打开 Geomagic 软件，在 Geomagic 软件窗口菜单中选择“文件”→“另存为”命令。Geomagic 软件窗口菜单如图 2-15 所示。

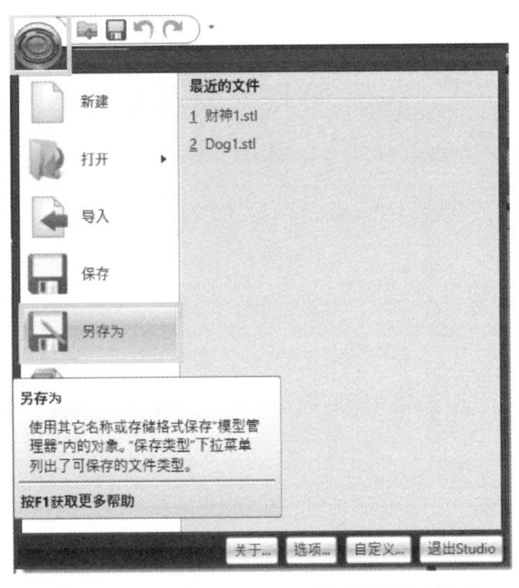

图 2-15 Geomagic 软件窗口菜单

2）在弹出的“另存为”对话框中选择保存类型为“STL（ASCII）文件（*.stl）”。选择保存类型界面如图 2-16 所示。

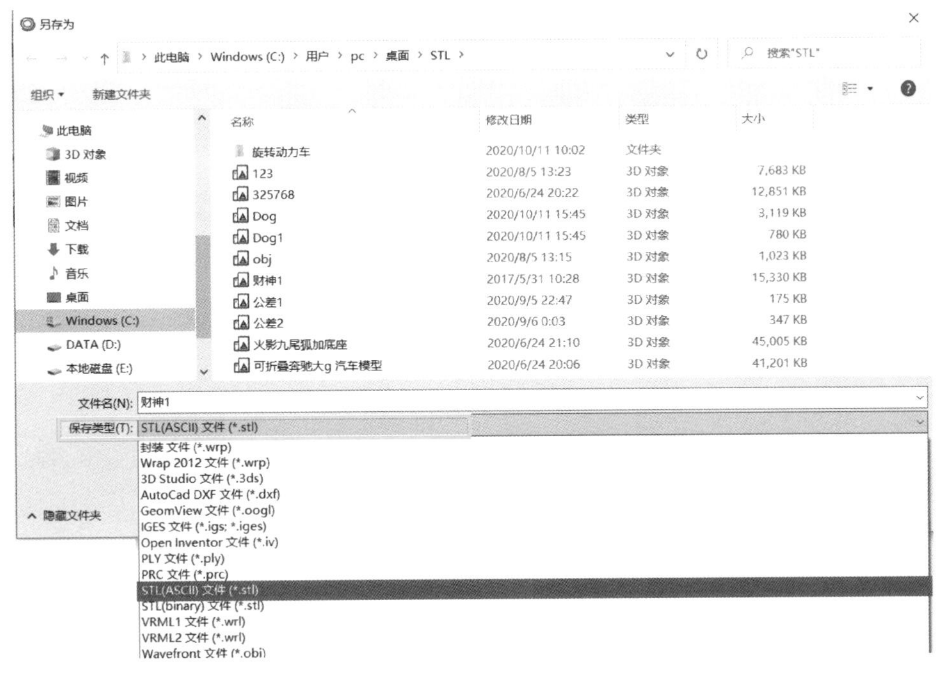

图 2-16 选择保存类型界面

3）输入文件名后单击“保存”按钮保存。

注意：Geomagic Design X 实体图形转为 STL 格式文件时，要将实体图形执行“转变为面片”命令，再进行 STL 格式文件的输出。

四、练习

使用常用的三维绘图软件，把三维实体图转化为 STL 格式。转化时注意模型的单位及公差设置方法。

第二节　常用切片软件介绍

一、Cura 切片软件

Cura 是由 Ultimaker 公司开发的一种开源的切片软件，主要用于 FDM 设备切片。Cura 切片软件如图 2-17 所示。

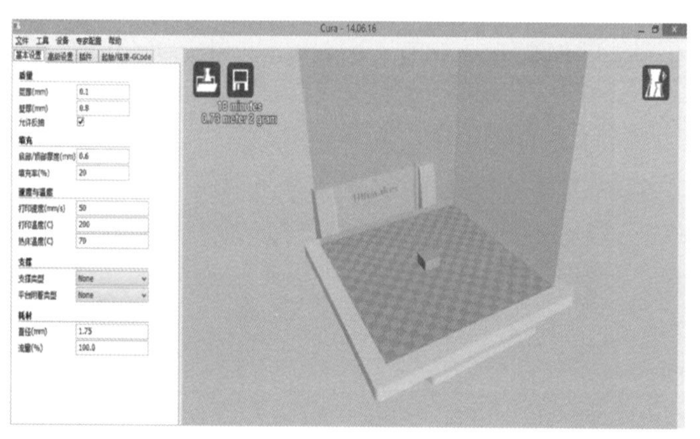

图 2-17　Cura 切片软件

图 2-18　基本设置

1. 基本设置（图 2-18）

（1）层厚　层厚为每一层丝的厚度，最大层厚一般超过喷头直径的 80%，针对直径 0.4mm 的喷嘴，支持层厚为 0.05 ～ 0.3mm，推荐在 0.1 ～ 0.2mm 之间取值。

效果：层厚越小，表面越精细，打印时间越长。

（2）壁厚　壁厚是模型外壁厚度，一般设置为喷头直径的整数倍，每 0.4 mm 为一层丝，推荐在 0.8 ～ 2.0mm 之间取值。

效果：壁厚越大，强度越好，打印时间越长。

（3）允许反抽　打印的时候将丝回抽。

效果：如果不反抽会产生拉丝，影响成型效果。

（4）底部/顶部厚度　模型底部和顶部的厚度。

效果：如果打印模型出现顶部破孔，可以适当调大这个数值。

（5）填充率　它指模型内部的填充密度，默认参数为18%，可调范围为0～100%。0为全部空心，100%为全部实心，根据打印模型强度需要自行调整，一般设为20%。

效果：减少填充率可以节省打印时间，但是影响产品强度。空心的实体模型有时候会因为壁厚太薄，无法完成模型打印，适当的填充率是必要的。

（6）打印速度　推荐40～60mm/s。

效果：适当地调低制件速度，让打印的时候有足够的冷却时间，可以使模型打印得更好。

（7）打印温度　打印时挤出头的温度，ABS材料推荐210～230℃，PLA材料推荐190～220℃。

效果：如果温度太低则无法挤出材料，会卡住喷头无法出丝。

（8）热床温度　ABS材料推荐90～110℃，PLA材料推荐70～80℃。

效果：温度太低，耗材黏性不够，会造成模型粘不紧，出现翘边的情况。

（9）支撑类型　打印的过程中因为有悬空的地方，丝材会因为重力作用掉下来，所以需要添加支撑，但是不是所有悬空都需要支撑的。None：无支撑。Touching buildplate：外部支撑；在模型有外部悬空的地方增加支撑，内部不添加支撑。Everywhere：在模型任何悬空的地方都添加支撑，包括模型内部。

效果：模型如果悬空则需要添加支撑，不添加支撑悬空地方的打印丝材会掉下来。

（10）平台附着类型　增加一个底座，可以让打印的模型粘得更紧。None：不添加底座；Brim：加厚底座，并在周围增加附着材料；Raft：网状的底座。

效果：添加底座可以让平台粘得更紧，Raft类型底座更省材料。

（11）直径　它指耗材直径。

（12）流量　它指打印时丝材的流速。

效果：直径和流量这两个参数是配合使用的。耗

基本设置 | 高级设置 | 插件 | 起始/结束-

设备	
喷嘴直径(mm)	0.4
反转	
反转速度(mm/s)	40.0
反转长度(mm/s)	4.5
质量	
初始层高度(mm)	0.3
切除底部(mm)	0.0
双头重叠(mm)	0.15
速度	
移动速度(mm/s)	150.0
底层打印速度	20
填充速度(mm/s)	0.0
外壁速度(mm/s)	0.0
内壁速度(mm/s)	0.0
冷却设定	
层最小打印时间(sec)	5
打开喷嘴冷却风扇	☑

图2-19　高级设置

材直径越大，出丝越慢；流量越大，出丝越快。

2. 高级设置（图 2-19）

（1）喷嘴直径　打印机喷嘴的直径，一般为 0.4mm。

（2）反转速度　它指反抽的速度。

效果：理论上速度快一些会更好，但是有可能导致不出丝。

（3）反转长度　它指反抽回去丝的长度。这两个参数是在“基本设置”里选择“允许反抽”才有意义。

效果：反抽回去丝的长度如果太短有可能造成拉丝，如果太长则有可能不出丝。

（4）初始层高度　它指第一层的厚度，这个参数一般和首层打印速度关联使用，稍厚的厚度和稍慢的速度都可以让模型更好地打印完第一层而且更好地粘贴在工作台上。

效果：第一层设置得厚一点，可以让模型粘得更紧。

（5）切除底部　有些模型底部不平，或者接触面比较少的时候，可以切掉一部分。

效果：对于底部不是很重要或者需要分开打印的模型，可以设置切除一定高度来进行打印，效果会更好。

（6）双头重叠　有两个打印头的机器这个设置才有意义。它指设置双头打印时候的重复挤压量。

效果：设置一定的重复挤压量，可以让两种颜色粘得更紧。

（7）移动速度　它指打印头移动的速度。

效果：移动速度越快，打印时间越短。

（8）底层打印速度　打印底层的速度，低速可以粘得更紧。

效果：适当调低底层的打印速度，可以让底部粘得更紧，这样才能更好地制件。

（9）填充速度　它指打印填充的速度。

效果：加快填充速度，可以打印得更快。

（10）外壁速度　它指打印外壁的速度，低速打印可以让外壁打印得更好。

效果：降低外壁打印速度，可以让表面更光滑。

（11）内壁速度　它指打印内壁的速度。打印速度快些可以缩短打印时间。

效果：加快内壁打印速度，可以缩短打印时间。

（12）层最小打印时间　它指每层打印的最短时间，在打印太快的时候，机器会根据这个“层最小打印时间”调低速度，确保足够的冷却时间。

效果：控制机器每层的最短打印时间，以确保有足够的冷却时间。

（13）打开喷嘴冷却风扇　打开喷嘴冷却风扇可以加快冷却。

效果：打印时用于加速冷却，成型效果更好，ABS材料打印时慎用，模型容易裂开。

二、HORI 切片软件

HORI 切片软件是弘瑞公司独立自主研发出的一套专为弘瑞增材制造设备（3D 打印机）量身打造的增材制造切片及控制系统。HORI 切片软件界面如图 2-20 所示，其工具栏上主要按钮介绍如下：

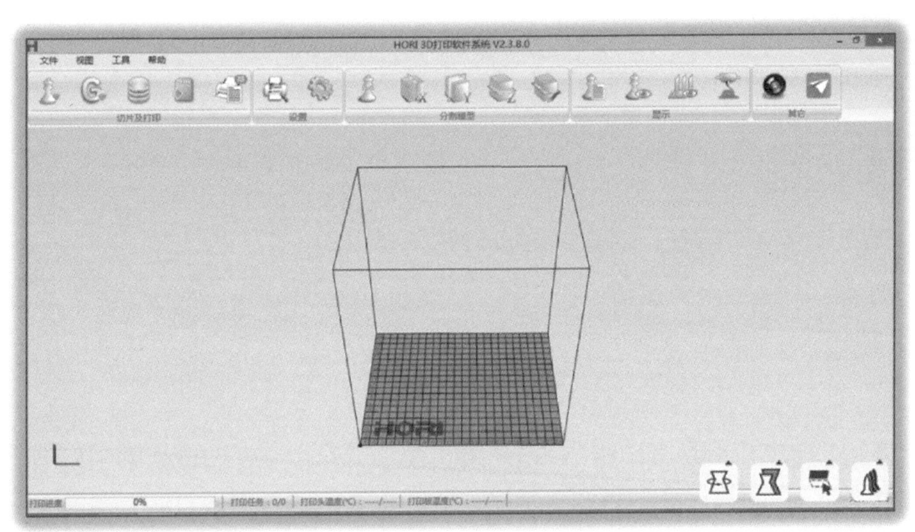

图 2-20　HORI 切片软件界面

1. 设置打印机参数

依据打印机不同型号设置参数，以保证模型大小与打印机匹配。

2. 导入模型

能够进行切片打印的三维模型现在主要使用的文件格式有 *.stl、*.obj 和 *.3mf。

3. 进行切片

单击切片按钮后对模型进行切片，蓝色为切割后的模型，红色为支撑结构。

4. 导出 Gcode 文件

将切片后的文件导出 Gcode 文件，放入 SD 卡中，再将 SD 卡插入 3D 打印机即可打印。

三、Simplify3D 切片软件

Simplify3D 的功能非常强大，可自由添加支撑，支持双色打印和多模型打印，可以预览打印过程，切片速度快，附带多种填充图案，参数设置齐全。Simplify 3D 界面如图 2-21 所示。

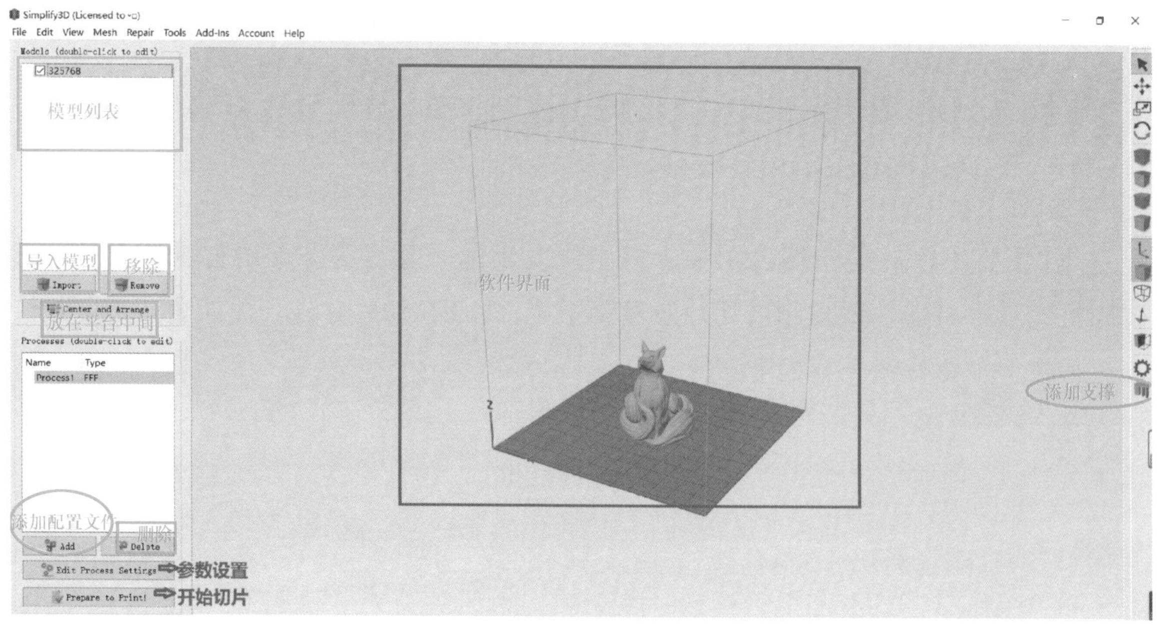

图 2-21　Simplify3D 界面

四、UPBOX+ 切片软件

太尔时代 UP BOX+ 是 UP BOX 的升级机型，在 UP BOX 的基础上增加了对 WIFI 的支持；用户可以通过安装在自己手机上的 APP 或者用 iPad 上的 APP 打印模型，控制和检测设备的状态。太尔时代 UP BOX+ 窗口介绍、模型调整轮功能介绍，如图 2-22、图 2-23 所示。

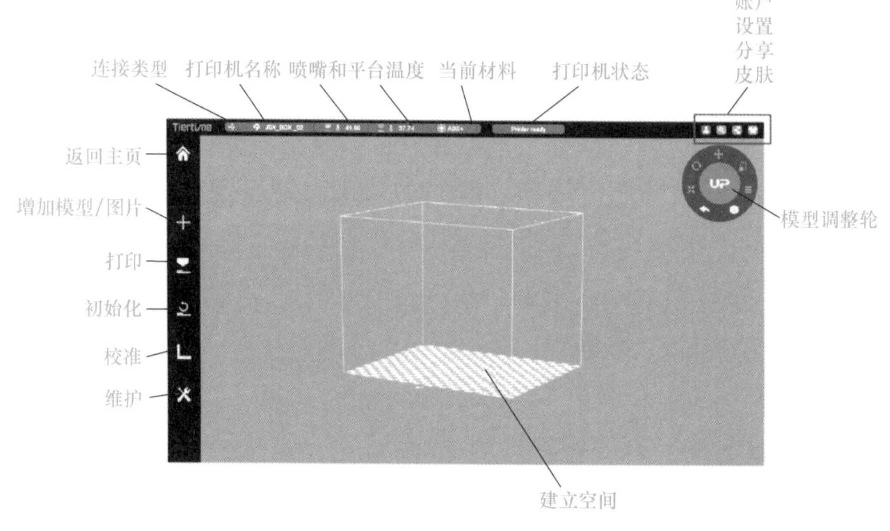

图 2-22　太尔时代 UP BOX+ 窗口介绍

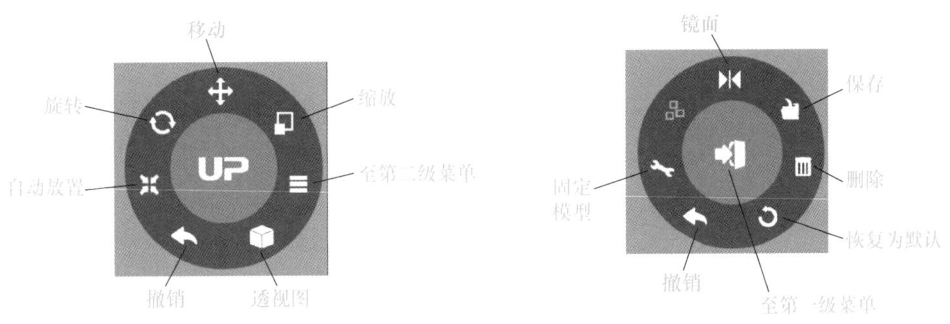

图 2-23　模型调整轮功能介绍

五、Materialise Magics 切片软件

Materialise Magics 软件的主要功能是用于模型修复、加工准备、添加支撑、切片等增材制造上机前特有的工艺、工序。Materialise Magics 软件使用中比较常用的是菜单栏、工具栏、视图区。Materialise Magics 软件界面如图 2-24 所示。

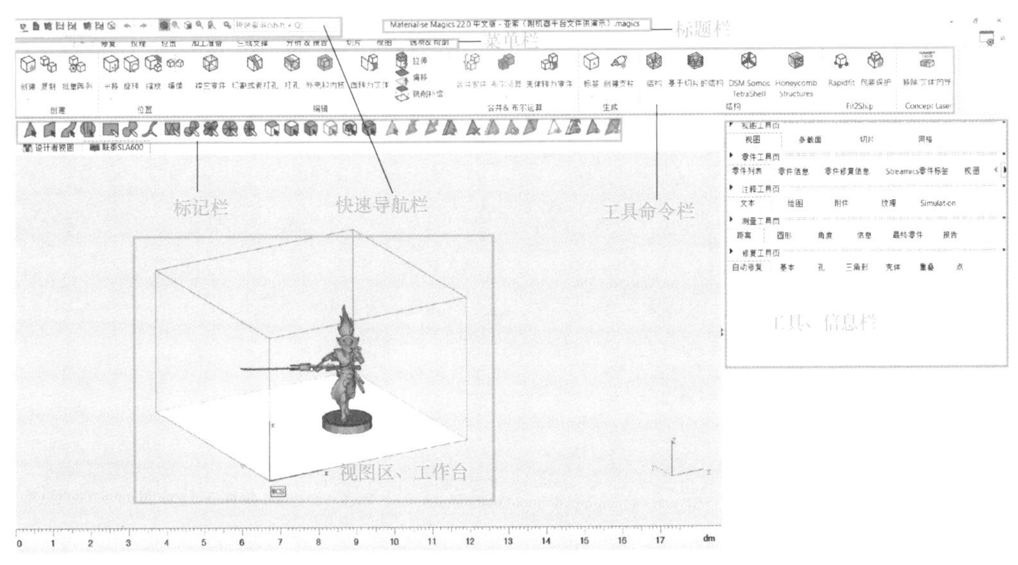

图 2-24　Materialise Magics 软件界面

六、本章练习

安装好常用的切片软件，熟悉其基本界面与参数设置。

学习单元二　正向建模与打印

第三章　FDM 设备操作

在使用 FDM 设备打印时，通常要先进行打印平台的调平和机器界面的熟悉。如果没有调平打印平台，则零件会出现翘边、零件不能很好地吸附在平台上的问题而导致打印失败，或者因打印喷嘴距离平台太近而导致出现出料堵塞等问题。虽然目前市面上的 FDM 3D 打印机型号较多，但是只要掌握 FDM 设备的打印原理，其打印界面也很容易掌握，因为设备原理是相通的，当掌握了一种机型的操作方法同时能独立解决操作过程中出现的问题，那么根据打印机的原理，其他机型的操作稍加摸索也能很快掌握，出现的问题也能很快解决。

一、弘瑞 E3 FDM 设备的基本操作

QR 微课视频直通车 06：

手机微信扫描右侧二维码来观看学习吧。

（一）基本操作

1. 开机

按下 3D 打印机机箱后面的电源按钮即可开机，注意不同机型电源开关所在位置可能不同，自己要仔细查找，如图 3-1 所示。

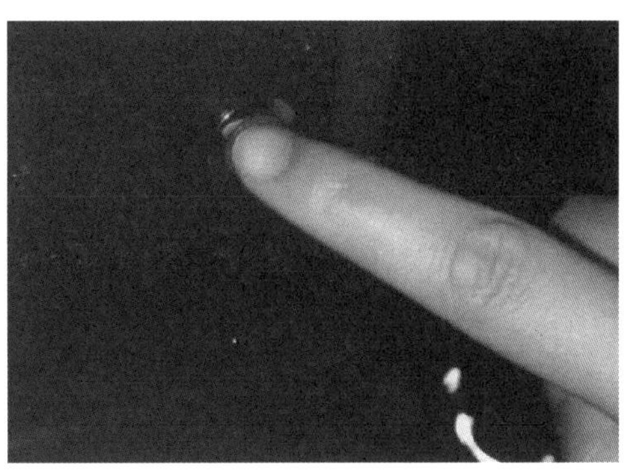

图 3-1　电源开关

2. 操作界面

（1）状态页面（图 3-2） 如图 3-3 所示，这是设置喷头 1 的温度的界面，每单击“+”（“-”）按钮一次，喷头目标温度升高（降低）5℃。双击“+”（“-”）按钮则设置目标温度为 200℃（0℃）。如果超过 200℃，升温时，每双击一次增加 30℃，260℃为极限温度；降温时，每双击一次降温 30℃，过了 200℃则直接为 0℃。

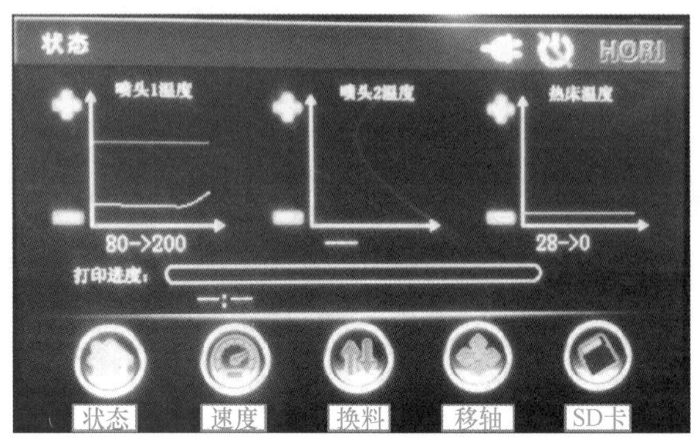

图 3-2 调节喷头 1、喷头 2 和热床的温度

（2）热床设置（图 3-4） 热床设置同理。

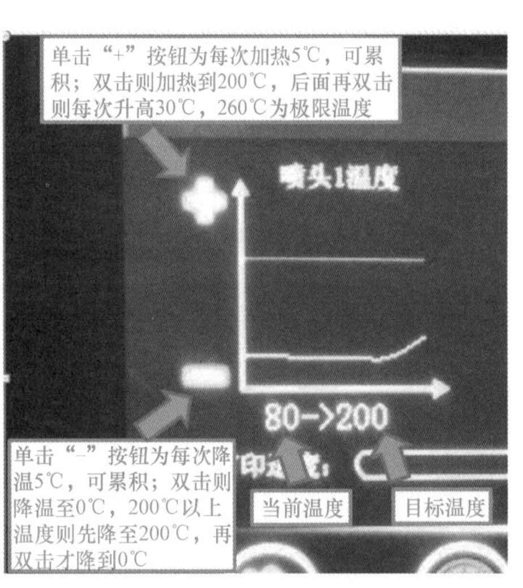

图 3-3 设置喷头 1 的温度界面

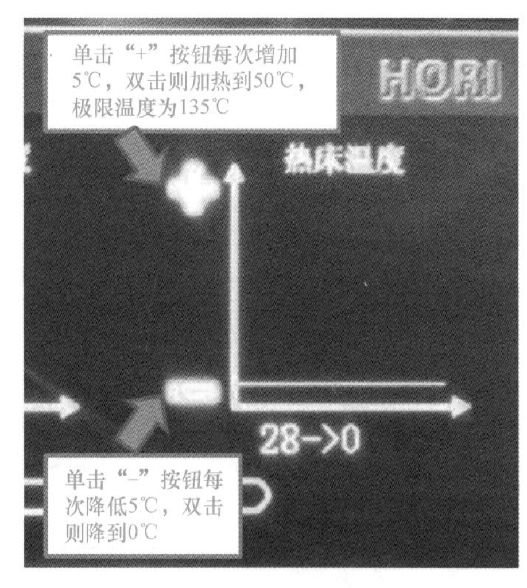

图 3-4 热床设置

（3）打印速度界面 如图 3-5 所示，该页面可以设置打印速度、喷头风扇转速、材料流量。其中打印速度是在程序设置的打印速度基础上增减，打印速度可以设置的范围为 0% ～ 300%；风扇转速是在程序设置的转速基础上增减，设置范围为 0% ～ 300%；材料流量最少可减少到程序设定材料流量的 80%，最多可增加到程序设定材料流量的 120%。

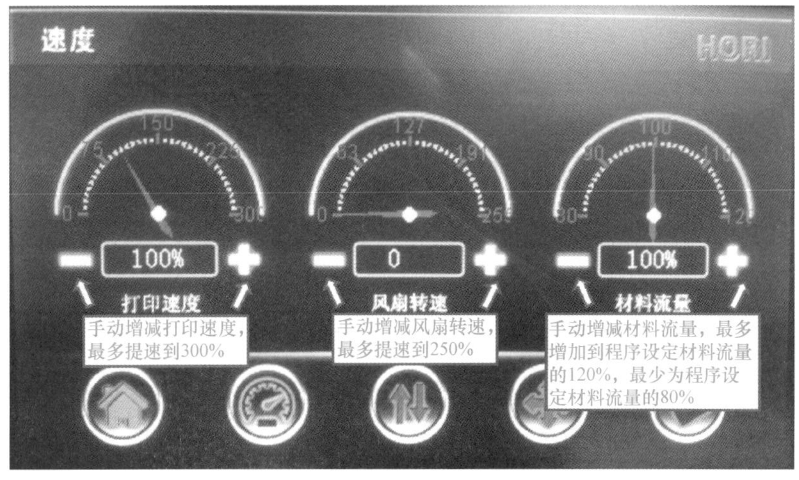

图 3-5　打印速度、风扇转速、材料流量设置界面

（4）换料界面　如图 3-6 所示，在换料界面中可以选择使用的打印机喷头、要打印的材料、进料或者退料。调平打印平台时要 4 点调平，例如按 1 点，则打印机喷头就走到 1 点位置，这时候需要手动调整喷头与平台的距离，调平后再按 2 点，平台就会离开喷头，喷头再走到 2 点，这时再手动调整喷头与平台距离，重复此操作即可调平平台。

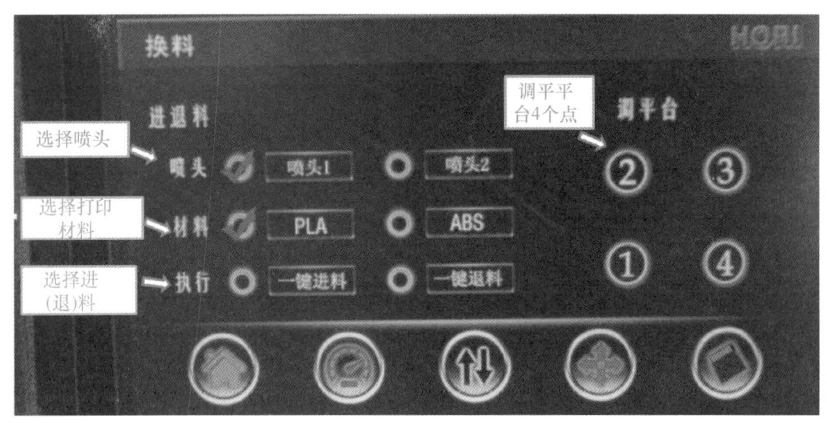

图 3-6　换料界面

（5）移轴界面　如图 3-7 所示，在移轴界面可以设置手动移轴、移动快慢、X/Y/Z 三轴的移动、喷头进退料和复位等。单击解锁按钮后可以手动移动喷头，移轴的移动单位有三级可以调节，分别是每单击一次移动，轴移动的距离为 10mm、1mm、0.1mm。单击箭头则是 X、Y 轴移动方向，中间键为复位键。Z 轴和喷头进（退）料也是按箭头方向移动和设置。

（6）SD 卡界面　如图 3-8 所示，在 SD 卡界面能读取 SD 卡上的打印文件，可以选择打印文件进行打印；在该界面可以看到制件的打印时长、打印温度、层高等信

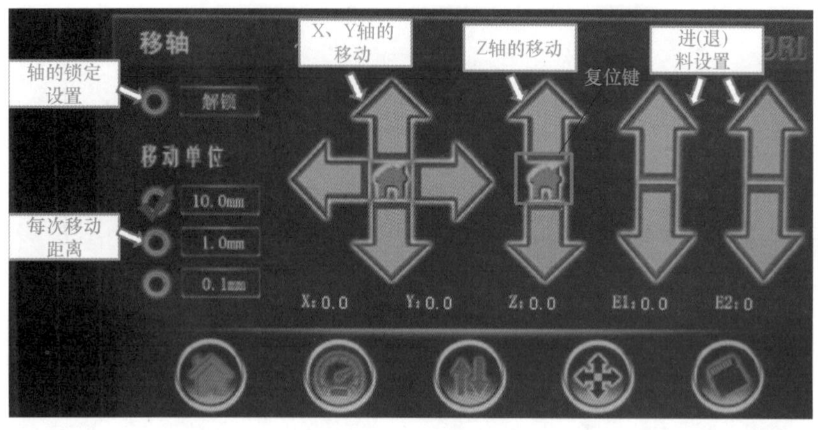

图 3-7　移轴界面

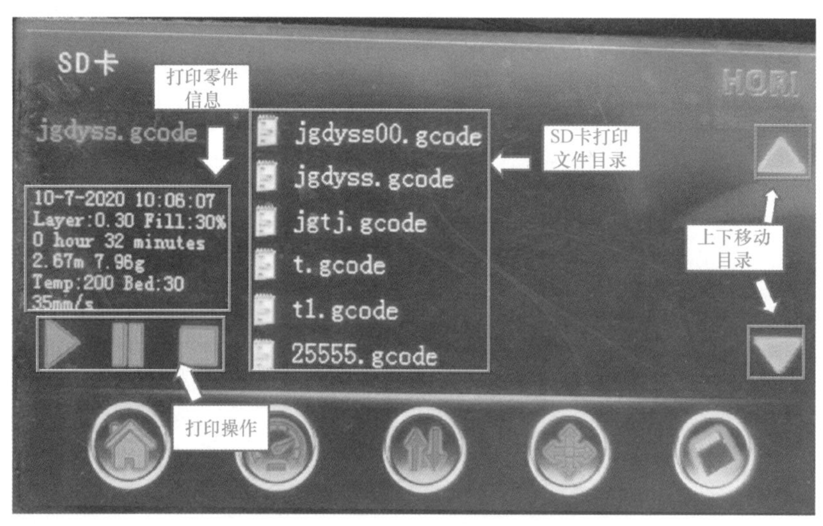

图 3-8　SD 卡界面

息。选择开始打印零件、暂停打印、停止打印零件。其中当按暂停打印按钮时，打印喷头退回 X、Y 原点，Z 轴不变，当再次按打印按钮时，Z 轴退到安全位置并进料，然后 Z 轴回到刚暂停的层，再回到暂停位置继续打印。

（二）调平操作

第一步，在主界面打开换料界面，如图 3-9 所示。按换料按钮，开始换料。

第二步，按调平台 4 点中的第 1 点，调平第 1 点，如图 3-10 所示，这时打印平台会移动到 1 点的位置，注意这时喷头不能加热，否则容易损坏玻璃平台。

第三步，在打印平台和喷头间插入一张 A4 纸，来回移动纸张测试距离，如图 3-11 所示。

第四步，如果纸张很容易移动，说明打印平台与喷头之间距离较大，这时应从

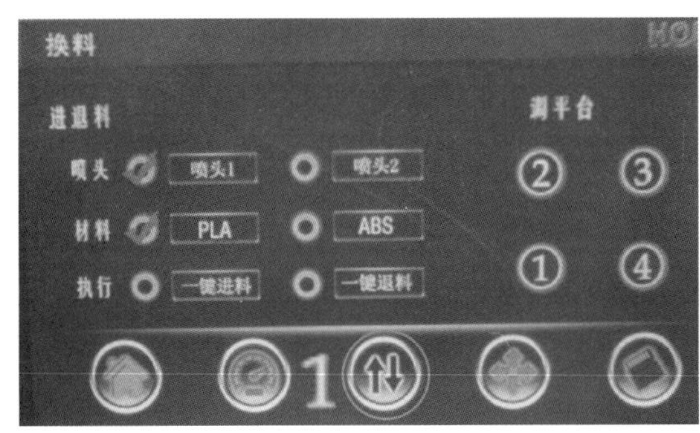

图 3-9　换料界面

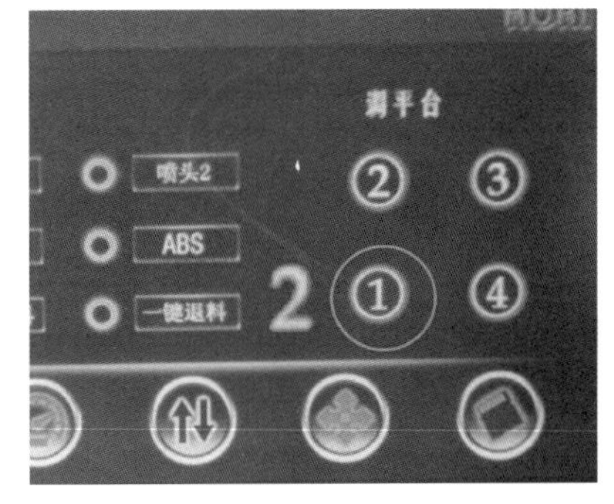

图 3-10　按调平台 4 点中的第 1 点

右往左旋转螺母，释放弹簧，缩小平台和喷头之间距离；如果纸张很难移动，则说明平台和喷头之间距离太小，这时应从左向右旋转螺钉，拉紧弹簧，增大平台和喷头之间的距离。反复测试调节，直到平台和喷头距离适合为止，如图 3-12 所示。

图 3-11　插入白纸测试距离

图 3-12　调节螺钉控制距离

第五步，按调平台第 2 点，调平第 2 点。这时打印平台会移动到 2 点位置，再重复调平第 1 点时操作即可，如图 3-13 所示。

第六步，在打印平台和喷头间插入一张 A4 纸，来回移动纸张测试距离，如图 3-14 所示。

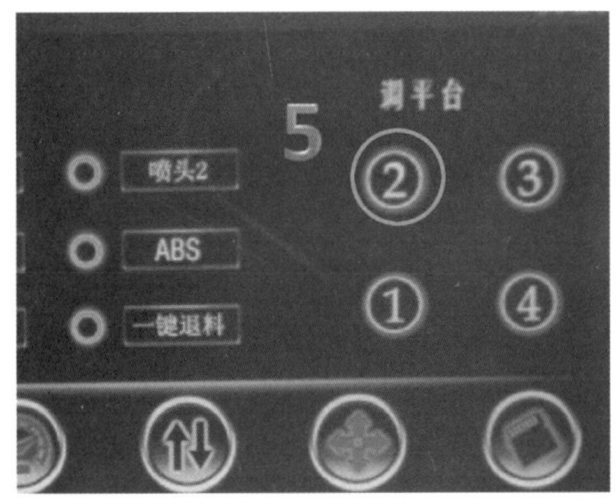

图 3-13　按调平台第 2 点

图 3-14　插入白纸测试距离

第七步，重复第四步操作，反复测试，调节螺钉，直到平台和喷头距离适合为止，如图 3-15 所示。

第八步，按调平台第 3 点，重复第一～四步操作，调平第 3 点，如图 3-16 所示。

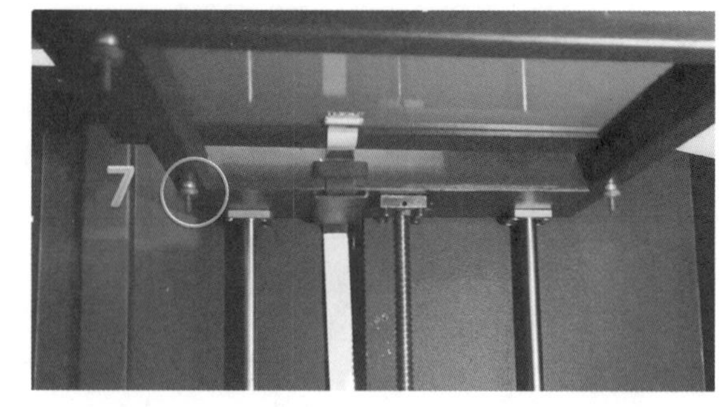

图 3-15　调节螺钉控制距离

第九步，按调平台 4 个点中的第 4 点，这时打印平台会移动到 4 点位置，再重复第八步操作即可，如图 3-17 所示。

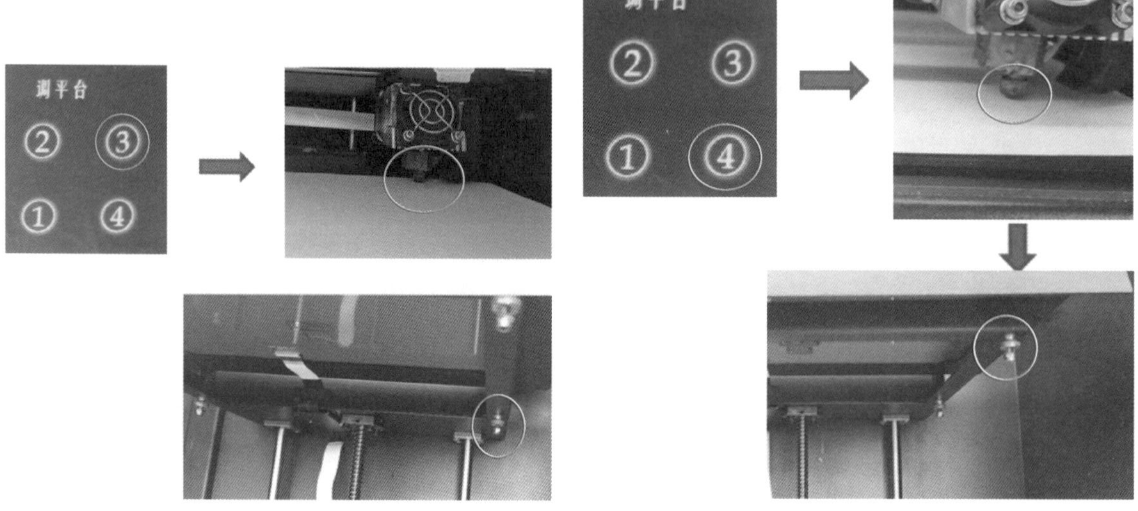

图 3-16　调平第 3 点

图 3-17　调平第 4 点

（三）换料操作（表 3-1）

表 3-1　换料操作

步骤	操作内容	操作图示
1	加热喷头，三轴回到参考点。有“一键进料”功能的机型此步骤也可以按“一键进料”按钮完成	状态 双击“+”按钮，升温至200℃ 喷头1温度 喷头2温度 27->200

（续）

步骤	操作内容	操作图示
2	将材料安装在打印机侧面	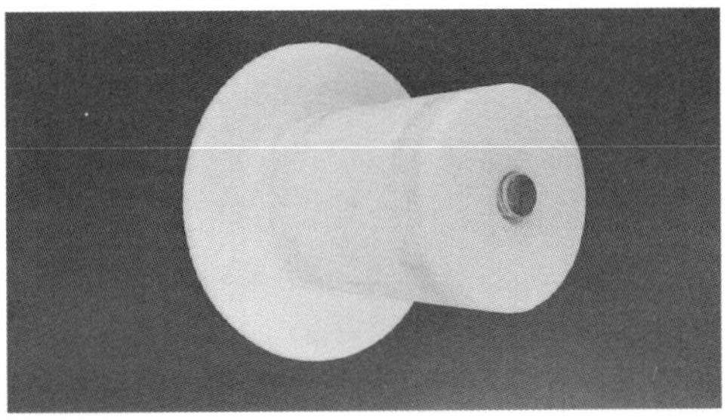 
3	把材料从料管装进去，材料顺着料管到机器内部并延伸出来	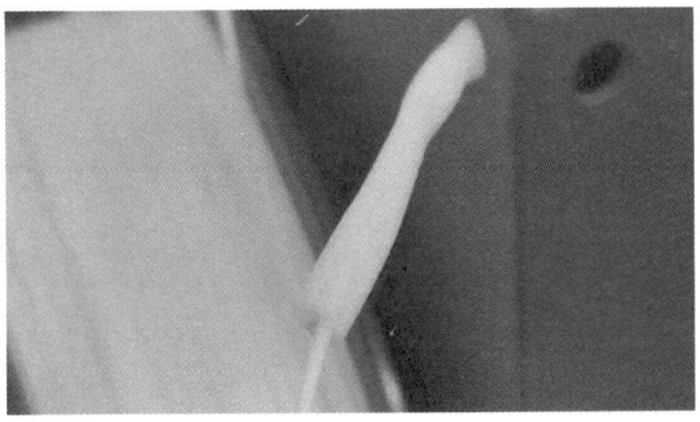 
4	按喷头“E1”进料按钮，将材料插入进料口，感觉材料有咬紧感时即可，然后再按几次进料按钮，这时观察喷头出料情况（此步骤也可以直接按“一键进料”按钮完成）	
5	退料时先加热喷头，然后先按一次进料按钮，等喷头前头变形的材料喷出时，再按几次退料按钮（此步骤也可以直接按“一键退料”按钮完成）	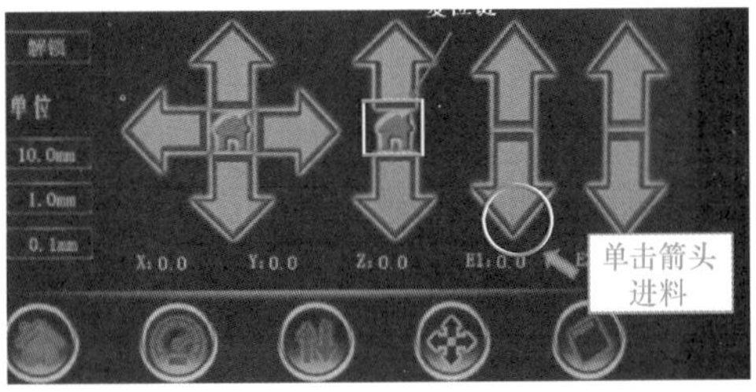 单击箭头进料

（续）

步骤	操作内容	操作图示
6	感觉材料没有被咬合力拉紧的感觉，即可拉出材料	
7	注意为了进料容易，通常在进料前把材料头剪尖	

（四）打印操作（表 3-2）

表 3-2　打印操作

<table>
<tr><th>步骤</th><th colspan="2">操作内容</th><th>操作图示</th></tr>
<tr><td rowspan="2">1</td><td rowspan="2">起动电源，按电源起动按钮</td><td>起动电源</td><td></td></tr>
<tr><td>起动 UPS</td><td></td></tr>
</table>

（续）

步骤	操作内容		操作图示
2	调整平台	依次按调平台的几个点，插入A4纸检测，调整平台螺母	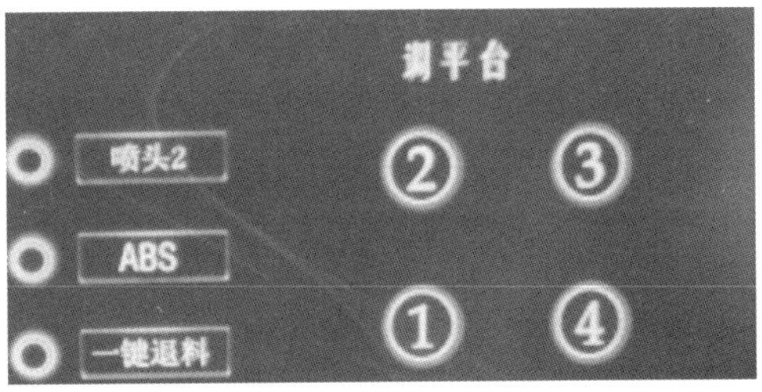 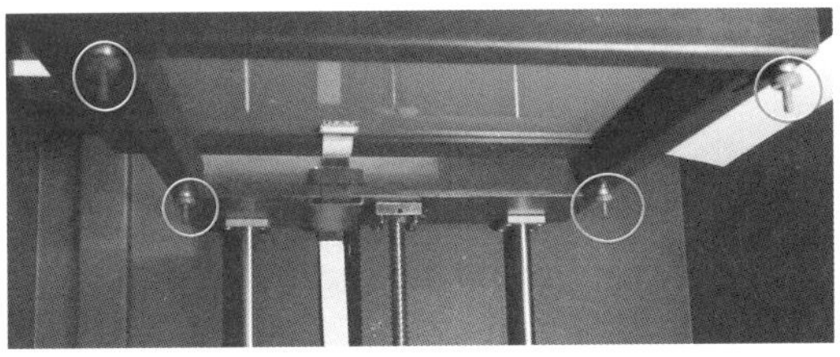
3	加热喷头和打印平台	双击喷头和热床的“+”按钮，进行温度加热	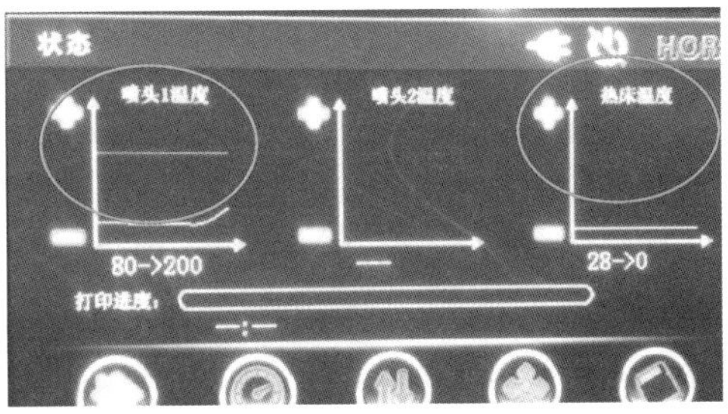
4	安装打印材料	安装料盘	
		进料	 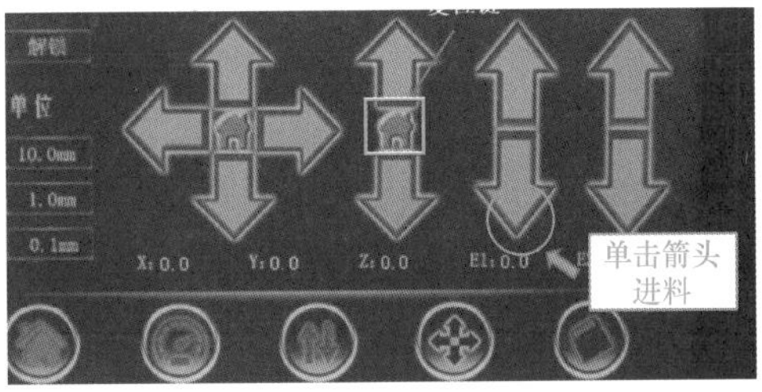

（续）

步骤	操作内容		操作图示
5	把打印文件复制到U盘或SD卡	把切片好的G指令文件复制到SD卡或U盘	
6	把U盘或SD卡插进打印机插槽	插入打印机插槽	
7	读取打印文件	把打印文件从U盘或SD卡中选取出来	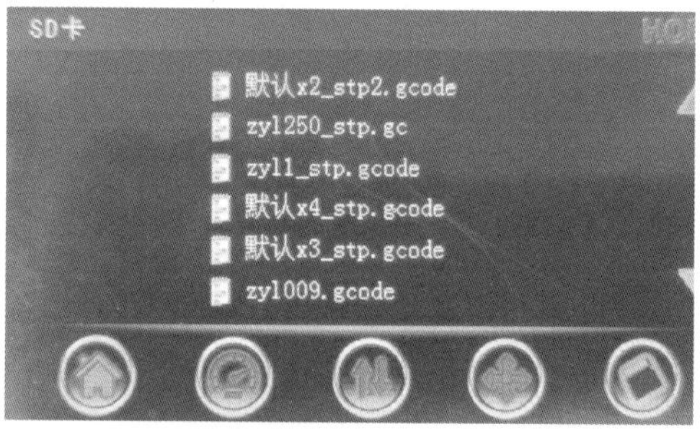
8	打印平台涂胶水	把水溶性胶水均匀涂在打印平台上	 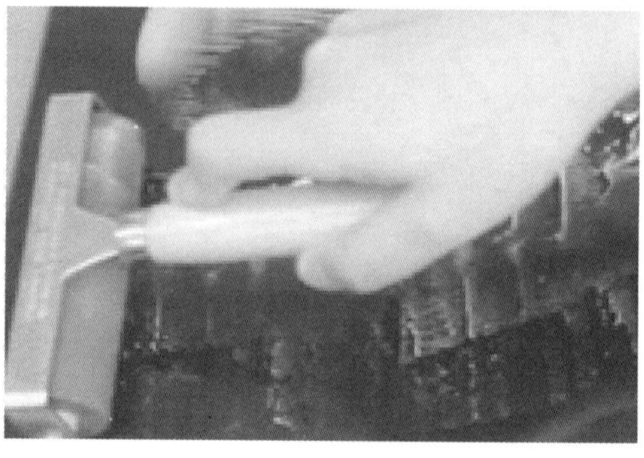

（续）

步骤	操作内容		操作图示
9	开始打印	双击打印文件，再按打印按钮	
10	完成打印后，降温，铲下零件	打印完成后喷头会自动降温，回参考点。然后把零件从打印机铲下来	
11	去除支撑和后处理	去除支撑，进行打磨等后处理操作	
12	清洗平台	用水清洗玻璃板残留的水溶性胶水，待干后把玻璃板装回平台	
13	关机	按关机按钮	

二、奥基德信 FDM 设备的基本操作

（一）调平操作

QR 微课视频直通车 07：

手机微信扫描右侧二维码来观看学习吧。

1）在主界面按“工具”图标，如图 3-18 所示。

2）在工具选项中按“调平”图标，如图 3-19 所示。

图 3-18　工具选项

图 3-19　调平选项

3）如图 3-20 所示，按向右的箭头，这时喷头回参考点，然后再到第 1 调平点，进行手动调平。

4）如图 3-21 所示，调整当前点喷头与热床的距离。塞入一张 A4 纸，纸张能在喷头和热床之间移动，调节热床螺钉，如图 3-22 所示，直到调整到使纸张运动有一定咬合力，但不影响纸张运动即可。

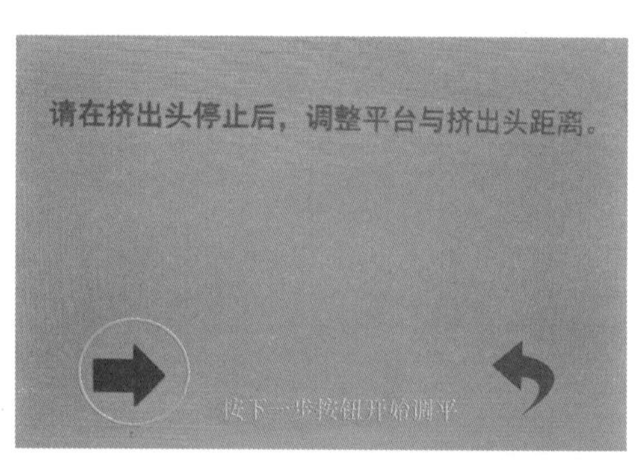

图 3-20　手动调平

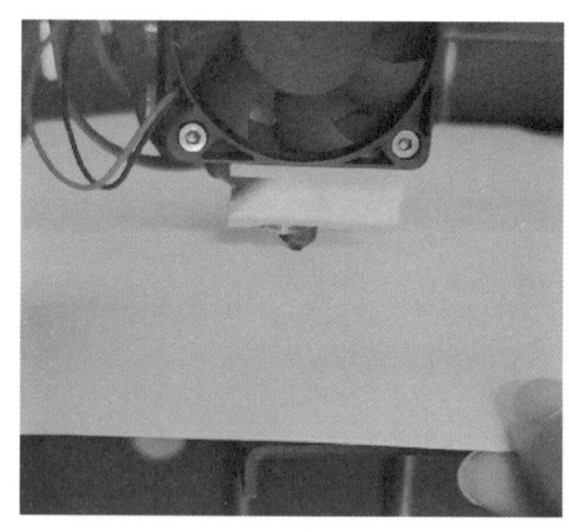

图 3-21　用 A4 纸测试喷头与热床的距离

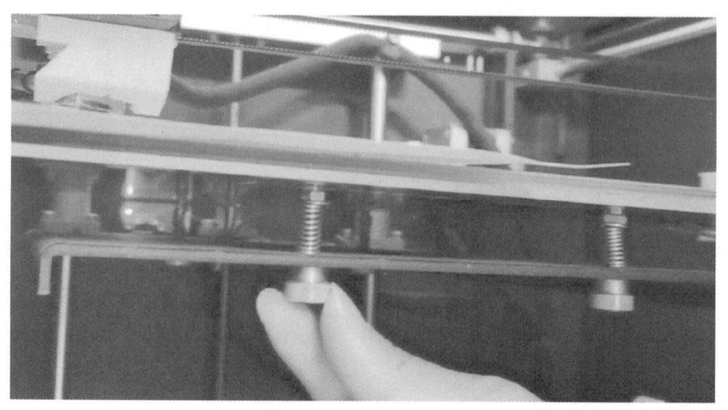

图 3-22　调节螺钉

5）如图 3-23 所示，调平完第 1 点后，再按下一步按钮，这时喷头会移动到下一点，继续重复刚才调平操作，直至 4 个点调整完毕即可。

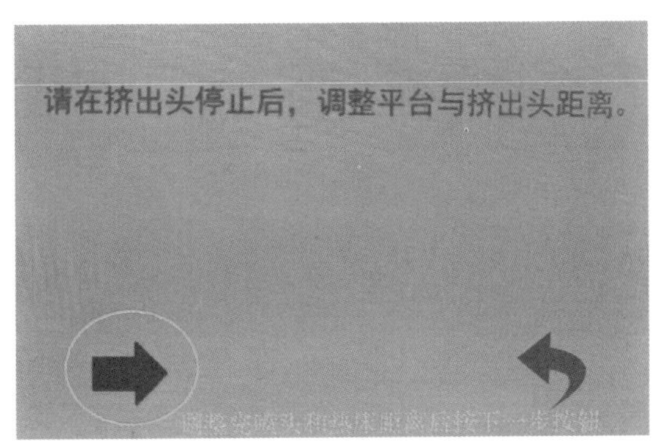

图 3-23　下一步调平下一点

（二）换料操作（表 3-3）

表 3-3　换料操作

步骤	操作内容	操作图示
1	加热喷头，三轴回参考点	 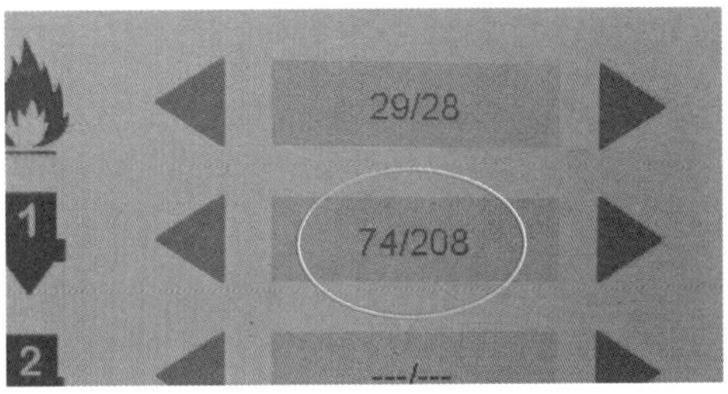
2	将材料安装在打印机背面	

（续）

步骤	操作内容	操作图示
3	把材料从料管装进去，从挤出机上端放入挤出机	
4	按装拆材料按钮，再按“E1”下料，等材料从喷头挤出即可	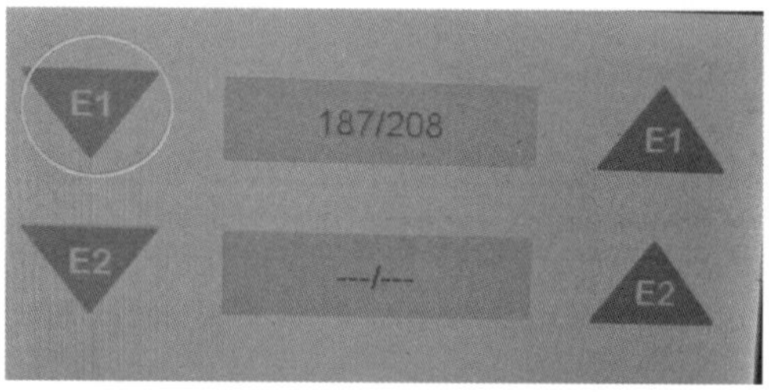 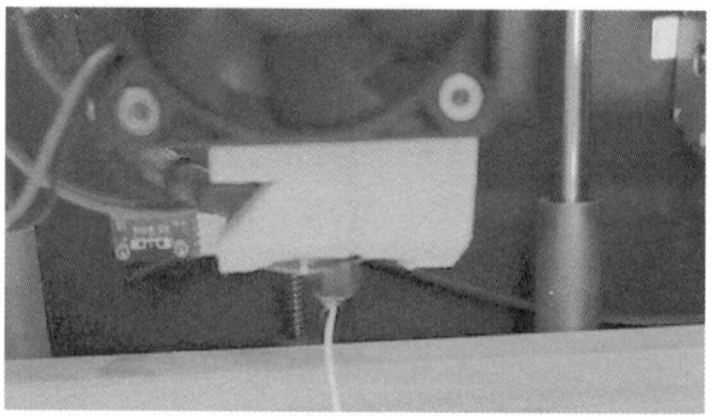
5	退料时先加热喷头，然后先按进料按钮，等前头变形的材料喷出时，再按几次退料按钮	 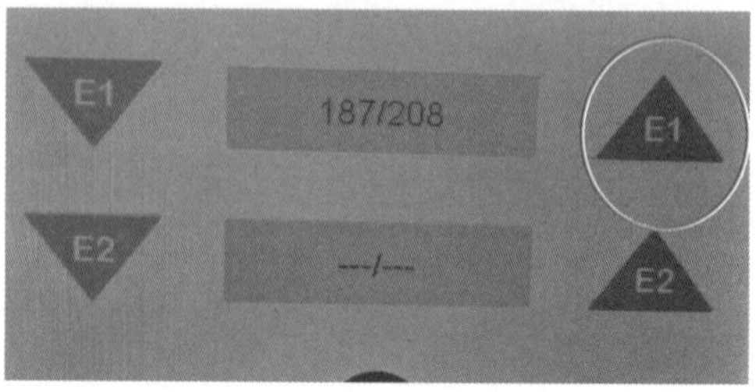

（续）

步骤	操作内容	操作图示
6	感觉材料没有被咬合力拉紧的感觉时，即可拉出材料	

（三）机器操作（表 3-4）

QR 微课视频直通车 08：

手机微信扫描右侧二维码来观看学习吧。

表 3-4　打印操作

步骤	操作内容		操作图示
1	起动电源，按电源起动键	1）起动电源	
		2）起动 UPS	
2	调整平台	依次按调整平台的几个点，插入 A4 纸检测，调整平台螺钉	请在挤出头停止后，调整平台与挤出头距离。

（续）

步骤	操作内容		操作图示
2	调整平台	依次按调整平台的几个点，插入 A4 纸检测，调整平台螺钉	 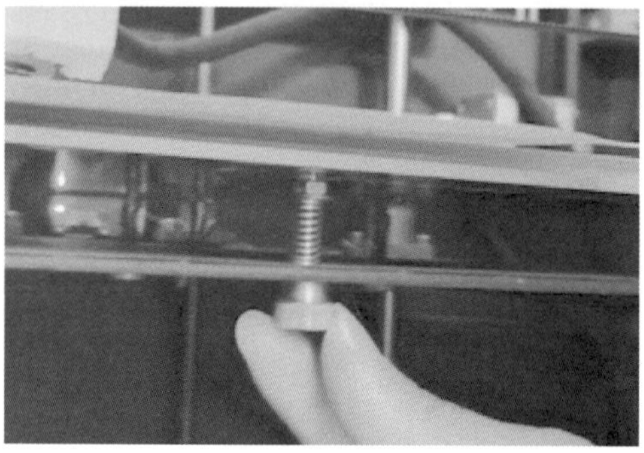
3	加热喷头和打印平台	按两次喷头和热床的“+”按钮，进行温度加热	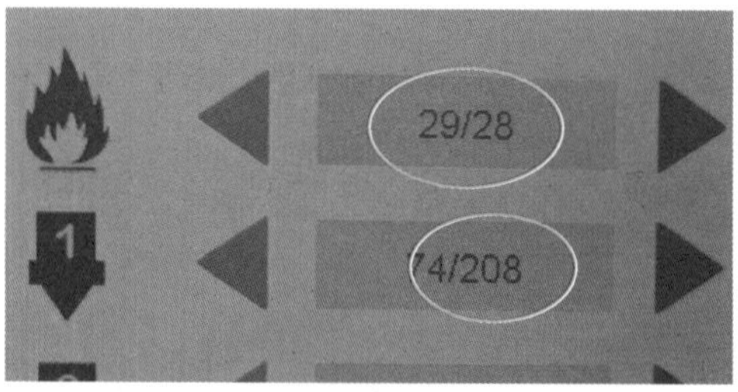
4	安装打印材料	1）安装料盘	

（续）

步骤	操作内容		操作图示
4	安装打印材料	2）进料	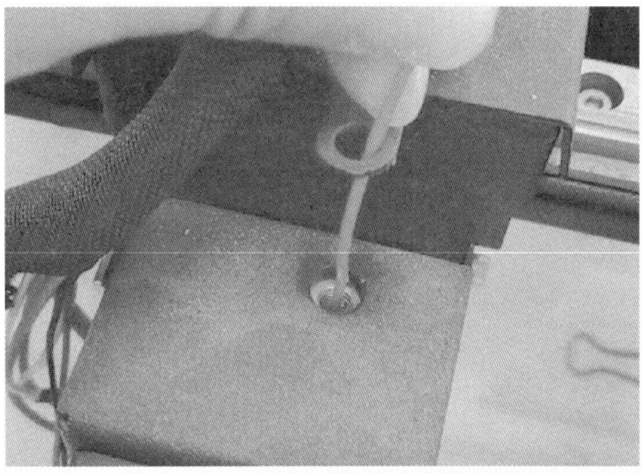 
5	把打印文件复制到 SD 卡	把切片好的 G 指令文档复制到 SD 卡	
6	把 U 盘或 SD 卡插入打印机插槽	插入打印机插槽	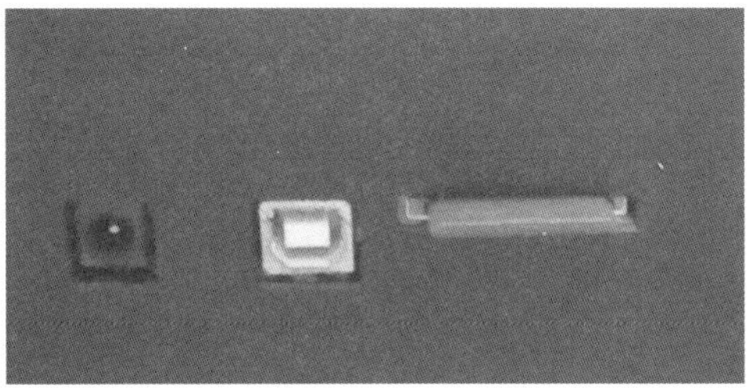
7	读取打印文件	把打印文件从 U 盘或 SD 卡中选取出来	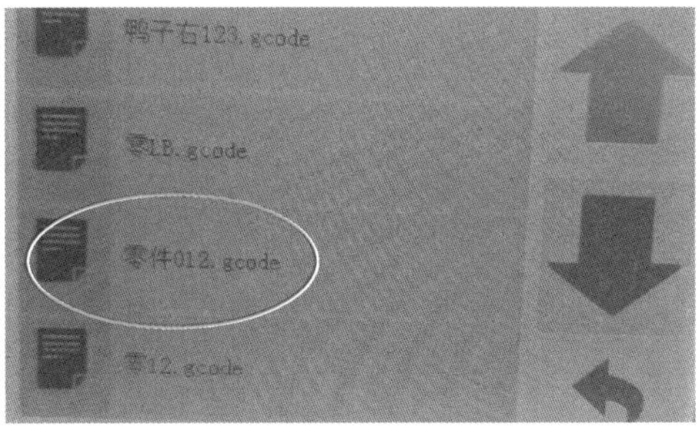

（续）

步骤	操作内容		操作图示
8	对打印平台贴好美纹胶布	把美纹胶布均匀贴在对打印平台上	
9	开始打印	选取打印文件后再按打印按钮	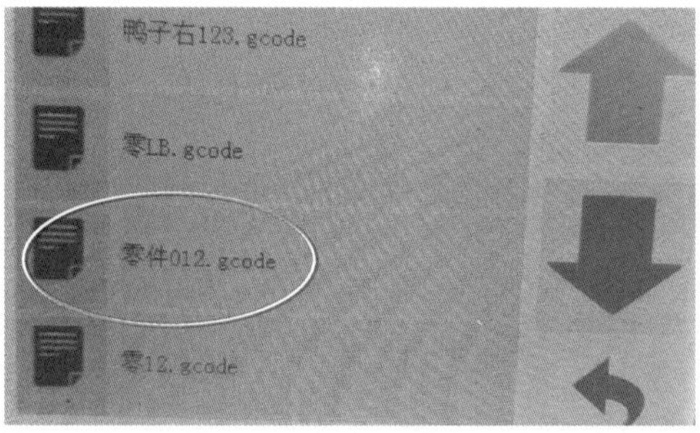  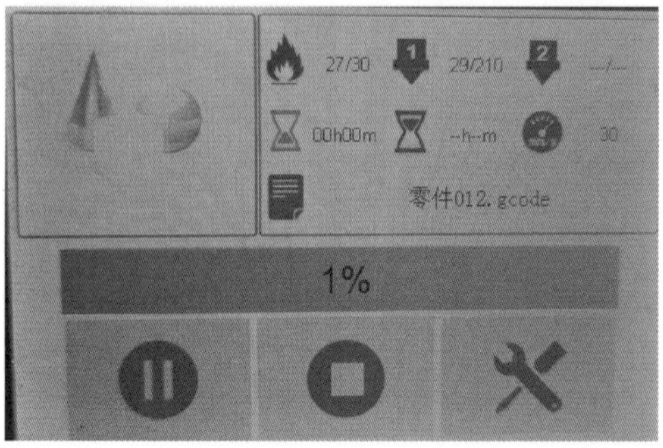

（续）

步骤	操作内容		操作图示
10	完成打印后，降温，铲下零件	打印完成后喷头会自动降温，回参考点。然后把零件从打印机铲下来	
11	去除支撑，后处理	去除支撑，进行打磨等后处理	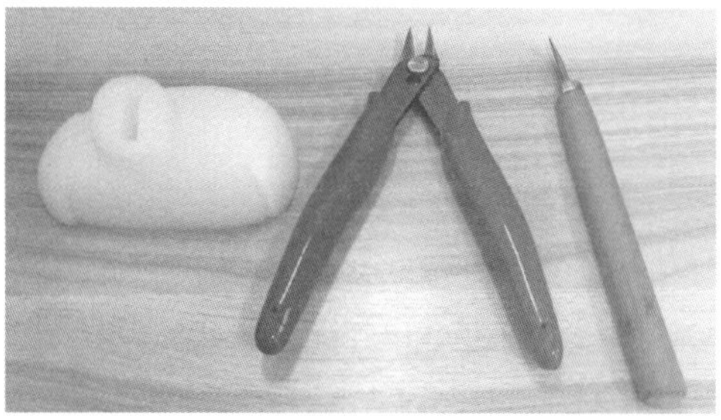
12	清洗打印平台，关机	1）更换美纹胶布 2）关机	 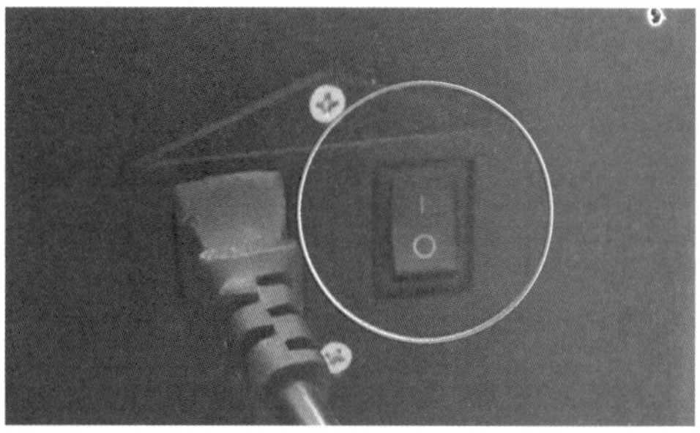

三、太尔时代 FDM 设备调平与操作

QR 微课视频直通车 09：

手机微信扫描右侧二维码来观看学习吧。

四、FOM 设备保养和常见故障处理

3D 打印机使用过程中，我们经常需要对其进行保养和维护，这样才能减少打印的故障发生率，延长打印机的使用寿命，那么保养的要求和方法有哪些呢?

1. 机器保养要求和方法

（1）保养要求

1）维护 3D 打印机时，禁止用水清洗或者擦拭设备。用水清洗设备容易造成设备生锈，影响设备正常运行和影响打印精度。

2）有铜套的机型不用加润滑油，有轴承的机型则需要加润滑油，但要注意加润滑油时要适量。

3）3D 打印机一般每半个月保养一次，包括清理灰尘和打印残留废料、用少量酒精擦拭杠杆、给轴承加润滑油，最后清理送料齿轮上的残余材料。

4）清洁打印平台时，将玻璃板取下，用湿布擦拭干净，晾干后放回打印平台。由于平台安装方式因机型而异，重装平台后并不能保证平台足够水平，所以一般需要重新调平打印平台。

（2）保养方法

1）使用 3D 打印机一段时间后，为避免灰尘进入打印头内，应对打印头进行清理。

2）用面巾纸或者软布蘸少量酒精，擦拭 X 轴和 Y 轴的光杠。

3）滚珠丝杠涂抹少许润滑脂，按移轴按钮，使平台上下移动，保证润滑脂涂抹均匀。

4）打开前风扇盖板，用镊子或者尖锐的工具，刮拭齿轮内的残料，再用毛刷清理。

（3）耗材保存

1）打印完成后，存放未用尽耗材时，需将料头固定至料盘固定孔内。

2）耗材日常存放应放置在常温、干燥、避光的环境下。

3）拆开的耗材尽量在 1 个月内用完。

我们日常使用3D打印机的过程中经常会出现一些问题，或者在打印过程中出现问题导致打印失败，如何解决常见的问题呢？

2. 常见故障问题与解决办法

(1) 残料堵塞、进料和出丝不顺问题的处理

1）故障现象如图 3-24 所示。

图 3-24　残料堵塞、进料和出丝不顺

2）故障分析。

a. 因为材料弯曲，进料时由于材料前端弯曲变形，不能垂直向下输送。

b. 残料堵在喉管处。

c. 材料加热温度不正确。

d. 特氟龙管（图 3-25）损坏变形。

e. 材料质量差。

f. 打印时喷头离打印平台过近，导致没有足够的空间让熔化的材料流出。

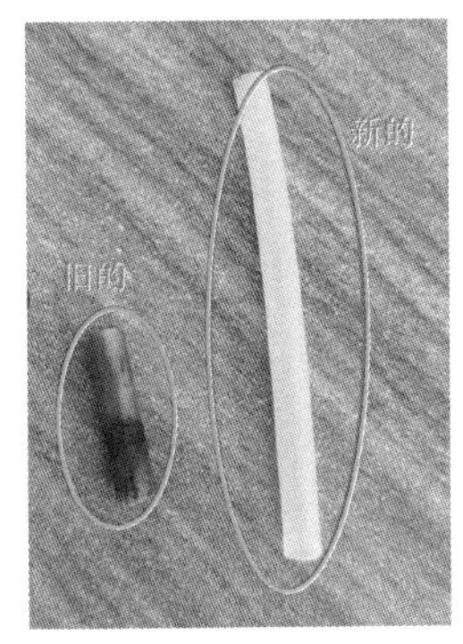

图 3-25　特氟龙管

3）故障解决办法。

a. 进料操作时，需要先将材料捋直，保证材料在进料过程中能保持垂直向下输送。

b. 当退料操作错误时，会导致残料被遗留在喉管或送料器内，堵塞新材料进料的通道，这时需要把喷头升温至 200℃，再拆卸盖板，如图 3-26 所示，再把残料去除。

c. 不同耗材使用的加热温度不同，如果没有达到所需温度，就会导致出丝不顺，这时就需要把耗材加热到所需温度。

d. 喉管中的特氟龙管在长时间高温作用下也会变软，如果有材料剐蹭到就会变形，而变形的特氟龙管一方面会妨碍耗材运动，另一方面也起不到保护作用，这时需要更换新的特氟龙管：

首先加热喷头至 200℃，如图 3-27 所示。

然后用专用工具拧下喷头，如图 3-28 所示。

a) 拆卸盖板　　b) 去除残余料

图 3-26　拆卸盖板和去除残余料

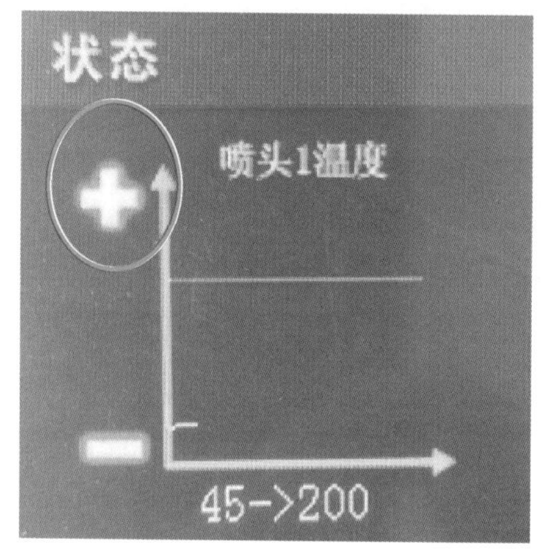

图 3-27　加热喷头至 200℃

图 3-28　拧下喷头

再用 M3 的钻头钻入喉管内，从喉管内钻出特氟龙管残渣，如图 3-29 所示。最后把新的特氟龙管插入喉管内，再装上喷嘴即可。

e. 更换材料打印即可。

f. 喷头和打印平台距离过近，打印时在第 3 层或第 4 层才会流出耗材，处理方法是重新调整打印平台，拉开喷头和平台距离、调整切片软件设定的第一层层高，或增加 Z 轴偏移量。

(2) 错层故障处理

1) 故障现象：模型左右或前后发生错位现象，如图 3-30 所示。

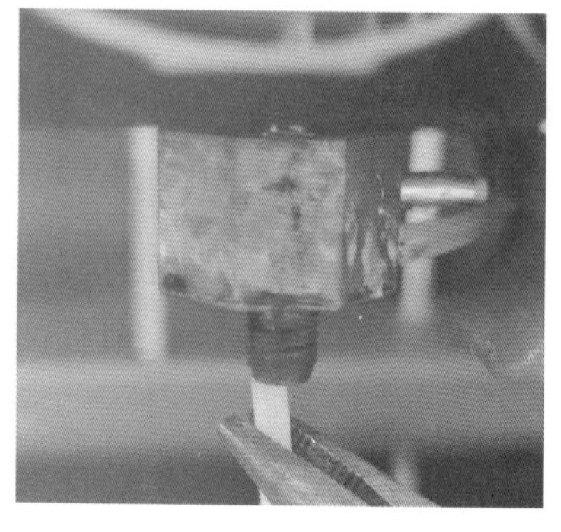

图 3-29　拔下特氟龙管

图 3-30　错位现象

2）故障分析。

a. 打印头运动过程中受阻导致电动机失步。

b. 丝材打结。

c. 打印速度过快。

d. 打印过程中玻璃板没有固定好导致玻璃板移动。

e. 同步带松动或同步轮没有锁紧在电动机的轴上。

3）故障解决。

a. 首先留意打印过程中打印件有无碰到打印喷头导致发生位移，其次按解锁按钮，然后用手左右前后移动喷头，查看是否有阻力，如果阻力大，说明该方向的光杆脏了，需要用酒精清洗光杆（图 3-31），直至喷头可以在光杆上无阻力运动。

b. 留意一下丝材送料情况，看看丝材在送丝中途或在料盘里有没有出现打结现象，如果有则理顺丝材。

c. 降低打印速度，如图 3-32 所示。

d. 重新安装好打印平台。

e. 如图 3-33 所示，检查同步带是否松动，如果松动则拧松紧定螺钉，拉紧同步带或者加上扭力弹簧，如图 3-34 所示；如果同步轮松动，则拧紧紧定螺钉。

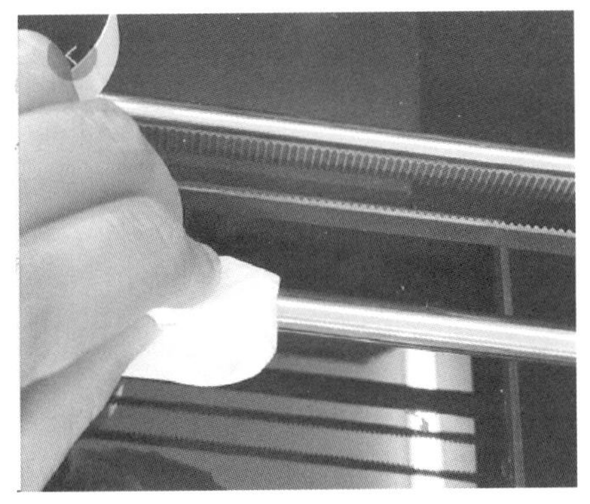

图 3-31　清洗光杆

图 3-32　降低打印速度

图 3-33　同步带和同步带紧定螺钉

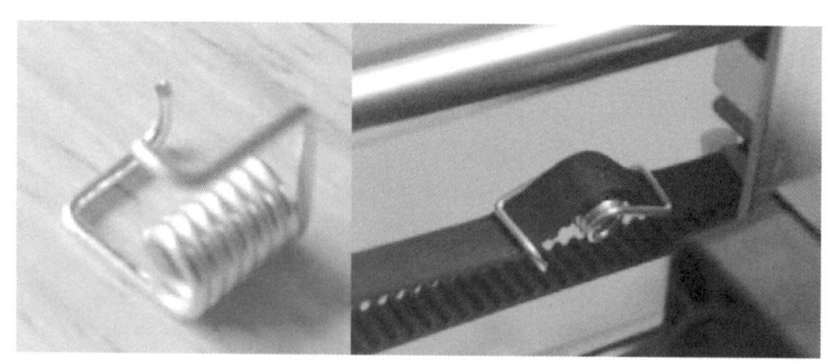

图 3-34 扭力弹簧

（3）翘边、拉丝问题处理

1）故障现象。

a. 模型边缘处不与打印平台玻璃板粘合在一起，导致发生翘边，如图 3-35 所示。

b. 在挤出头移动的情况下，耗材从喷嘴漏出，在穿越无打印件空间时导致拉丝，产生残留线状物体。

2）故障分析。

a. 翘边是因为塑料在冷却的过程中会收缩，当打印较大零件时，每单位面积产生的收缩累积起来产生的向内拉力就很大，从而造成模型边缘翘边。

b. 拉丝产生的主要原因是回抽距离不足，回抽速度过慢，或者打印温度过高，穿越移动距离过长。

3）故障解决。

① 翘边问题处理。

a. 在切片设置时，选择“防翘边底垫”，如图 3-36 所示，设置合适的边缘扩展值。

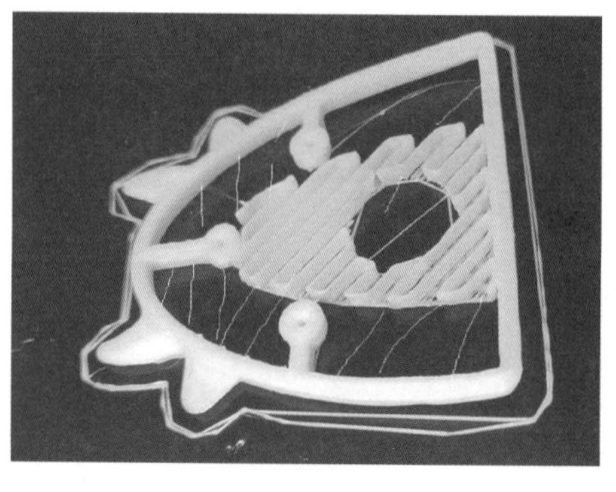

图 3-35 翘边

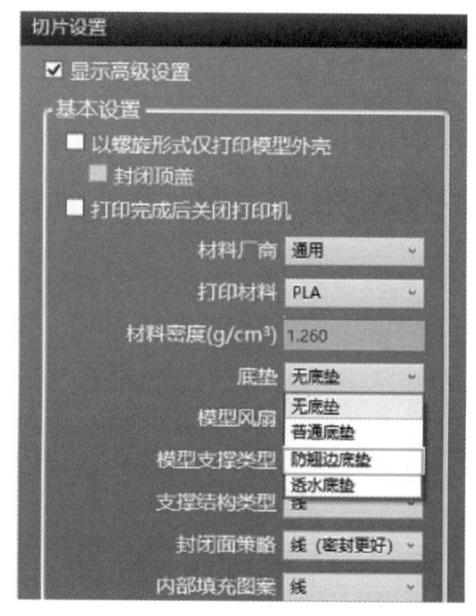

图 3-36 切片设置时选择使用防翘边底垫

b. 打印前在平台上涂抹专用胶水。

c. 打印时要加热平台，打印 PLA 材料设置成 30℃；打印 ABS 材料设置成 60 ～ 80℃。

d. 打印平台要调平，喷嘴与打印平台的距离对第 1 层打印质量影响很大。距离太远，零件不能粘在平台上，距离太近，妨碍喷嘴流出耗材打印。

② 拉丝问题处理。

a. 解决回抽距离不足的问题，是设定合适的回抽距离，如图 3-37 所示，可以尝试在切片软件里设置，每次增加 1mm 来测试回抽距离是否合格。

b. 回抽速度如图 3-38 所示，其设定值决定了耗材以多快的速度抽离，抽离过慢，熔化的耗材依然会流出。

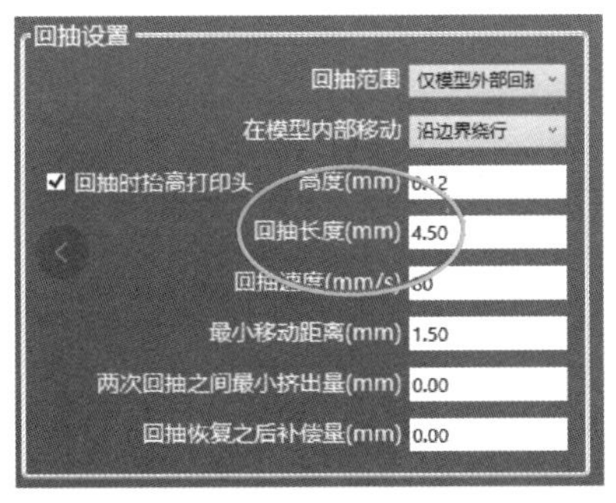

图 3-37 设定回抽距离

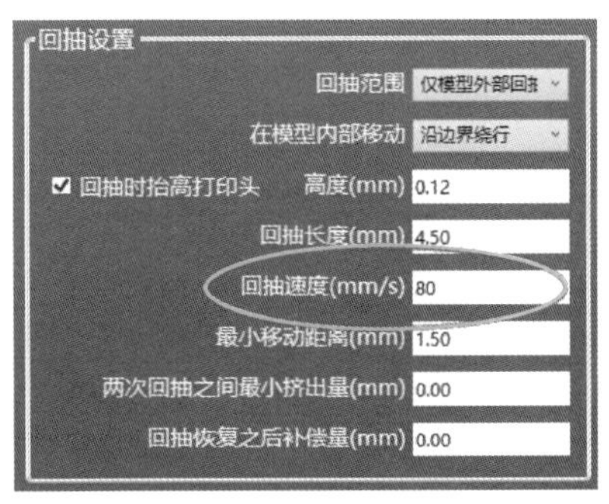

图 3-38 设定回抽速度

c. 打印温度过高，耗材就会非常黏稠，也容易出现拉丝的情况，可以尝试将喷头的温度调低 3 ～ 10℃，这样在其他参数都正常的情况下拉丝现象能有改善。

d. 移动距离过短，材料没时间流出喷嘴，但移动距离过长，材料就容易流出来，产生拉丝现象，所以打印时，在切片软件里应将零件拉近点再打印。

（4）打印平台无法校准问题处理

1）故障现象：打印平台经过多次调平（图 3-39），依然无法调平。在调节过程中，4 颗调节螺钉都拧在最紧或最松状态，打印平台依然无法调平。

2）故障分析。如果调节过程中，4 颗调节螺钉都拧在最紧或最松状态，但打印平台依然不平，这是由于 Z 轴限位螺钉松动，平台位置发生变化，影响其调平操作。

3）故障解决。

a. 调整打印平台右后方的限位螺钉（图 3-40），注意螺钉越往上拧，打印平台距离喷头就越远。

b. 再次进行平台调平操作，使平台与喷头的距离达到最佳打印距离即可。

（5）测温异常问题处理

1）故障现象：出现低温报警或检测不到喷头温度，如图 3-41 所示。

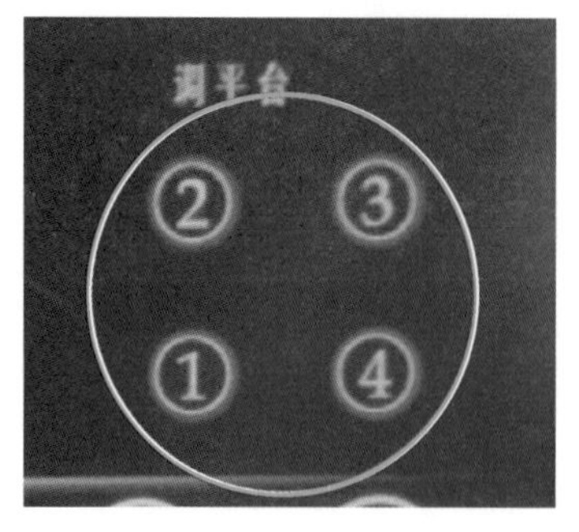

图 3-39　调平平台

图 3-40　限位螺钉

2）故障分析。

a. 热敏电阻（图 3-42）损坏或没有接好。

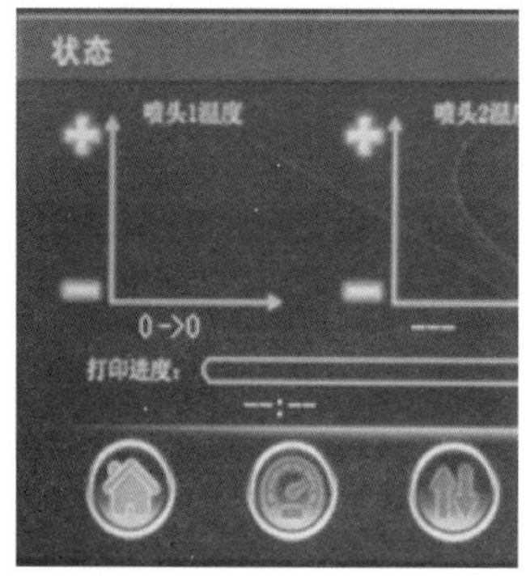

图 3-41　检测不到喷头温度

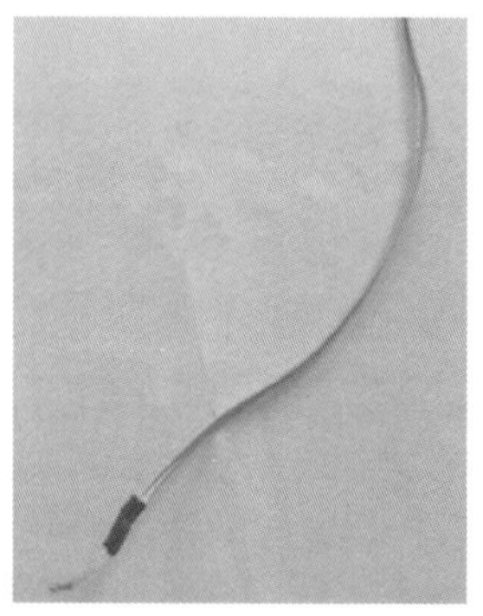

图 3-42　热敏电阻

b. 转接板损坏或没接好。

c. 排线断开或没接好。

3）故障解决。

a. 检测热敏电阻是否损坏，检测其是否安装好，如图 3-43 所示。

图 3-43　热敏电阻插口

b. 检测插口是否松动，如果松动重新插上。

c. 检测电线、排线是否断开，断开则更换。

（6）不能加热或加热不到指定温度问题处理

1）故障现象：按加热喷头按钮却无法加热，如图 3-44 所示，或者加热不到指定温度。

2）故障分析。

a. 加热棒（图 3-45）损坏或没有插好。

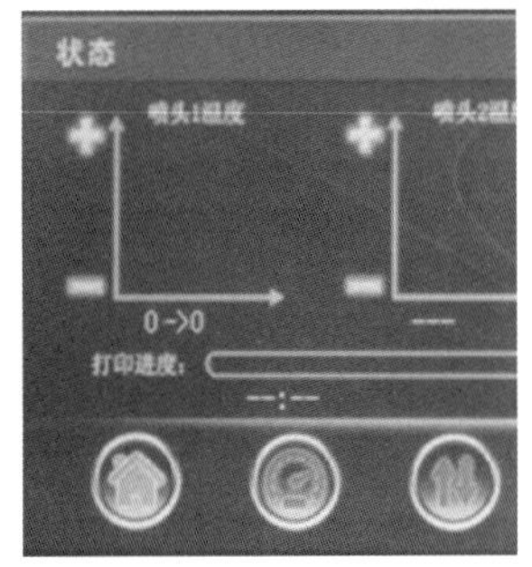

图 3-44 加热喷头没有加热

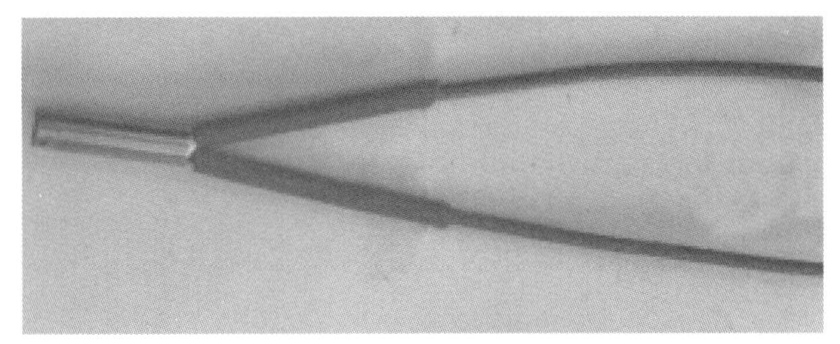

图 3-45 加热棒

b. 线路断开。

c. 转接板插口松动。

d. 电压是否够 24V。

3）故障解决。

a. 检查加热棒是否损坏或插入喷头模块。加热棒、插口线路图如图 3-46 所示。

b. 检查线路是否断开。

c. 检查插口是否松动。

图 3-46 加热棒、插口线路图

d. 用万用表测量转接口电压和电池输出电压，看是否够 24V，如果不够则考虑电池老化问题，调整电池电压或更换电池。

（7）风扇故障问题处理

1）故障现象：风扇停止转动，如图 3-47 所示。

2）故障分析：检查风扇电线是否折断、风扇接口是否松动。

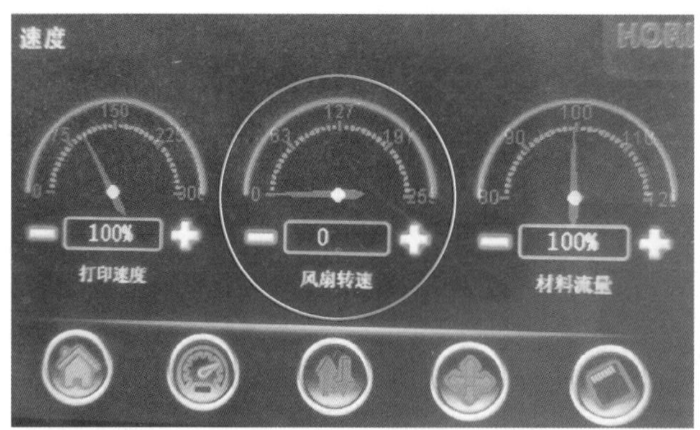

图 3-47　风扇转速为 0

3）故障处理：如图 3-48 所示，更换风扇，接好电线，检查转接板和主板风扇接口是否松动，松动则重新插紧。

（8）打印质量差的问题处理

1）故障现象。

a. 打印中途不出丝，如图 3-49 所示 。

b. 打印零件出现切口，如图 3-50 所示。

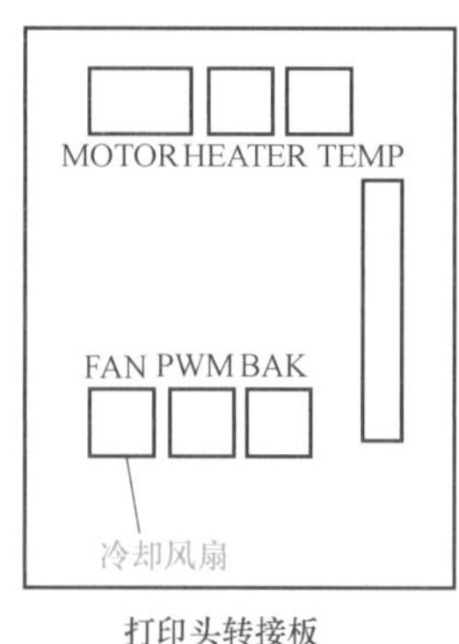

MOTOR：挤出机电机
HEATER：加热棒
TEMP：热敏电阻
FAN：冷却风扇
PWM：涡轮风扇
BAK：预留端口

图 3-48　风扇接口及线路示意图

图 3-49　打印中途不出丝

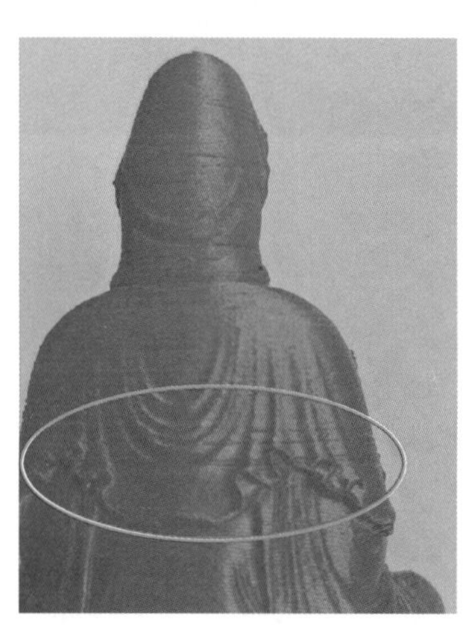

图 3-50　打印零件出现切口

c. 模型细节丢失，如图 3-51 所示。

d. 模型表面呈现斑点及条纹，如图 3-52 所示。

图 3-51　模型细节丢失

图 3-52　模型表面呈现斑点及条纹

e. 模型顶层、侧面薄壁有缝隙，如图 3-53 所示。

f. 模型弱填充，如图 3-54 所示。

图 3-53　顶层、侧面薄壁有缝隙

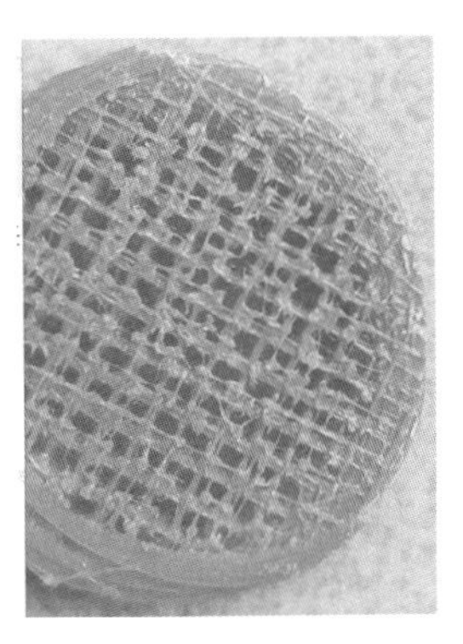

图 3-54　模型弱填充

2）故障分析。

a. 以上故障现象主要原因可以从以下项目检查：耗材用尽、发生咬丝问题、堵头、挤出机步进电动机驱动芯片过热。

b. 因为每一层之间结合得非常牢固才能得到结实的物件，否则物件就有可能发生层分离及出现切口的问题，因此可以检查是否是层高（层厚）值太高、打印温度过低。

c. 大多数 3D 打印机采用的是 ϕ0.4mm 的喷嘴，但在打印一些细节比喷嘴直径还小的物件时，会出现细节丢失的问题。

d. 打印时，每次回抽和挤出过程中会产生额外的振动，或者每层打印结束时，喷头会回到开始打印的地方，再继续下一层打印，这样就会产生痕迹。

e. 模型顶层（层数）厚度不够，填充比率比较低，挤出量偏低。

f. 填充图形设为线填充、快速蜂窝形；填充挤出量不足。

3）故障处理。

a. 更换耗材，提高打印温度，如图 3-55 所示，疏通喷头，在驱动芯片上添加更加有效的散热系统。

b. 大多数 3D 打印机所配备的喷嘴直径是 0.3 ～ 0.5mm，一般层高（图 3-56）设定值应小于喷嘴直径的 20%，这样理想的层高才能打印出来合格物件。新一层会稍有压力地印在旧的一层上，这样两层才会结实地黏结在一起。相比较低的打印温度，较高的打印温度可以使耗材黏结得更好。如果确定层高没有问题，那么就可以从打印温度上查找原因，尝试依次增加 10℃来测试打印效果，直到找到合适的打印温度。

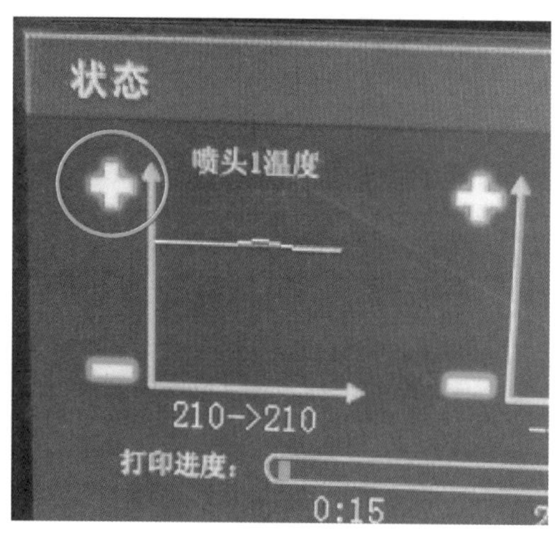

图 3-55　提高打印温度

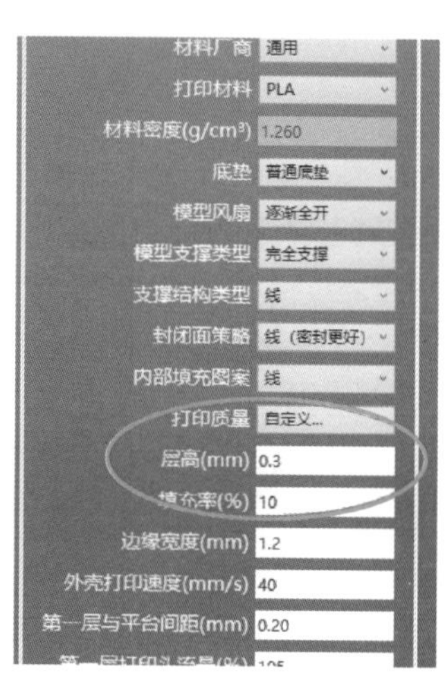

图 3-56　层高

c. 更换喷嘴或将小于喷嘴直径的细节调整为等于或大于喷嘴直径。

d. 避免不必要的回抽；将打印开始的地方设置在背面等看不见的地方，回抽设置如图 3-57 所示。

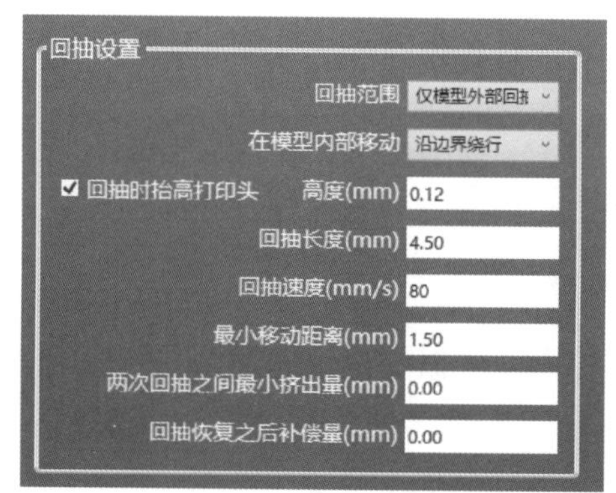

图 3-57　回抽设置

e. 在切片软件中增加层高、填充率设置，提高挤出量，调整挤出宽度，如

图 3-58 所示。

f. 内部填充图案设置为网格、蜂窝形、三角形查看效果；填充率调整为 200%，如图 3-59 所示。

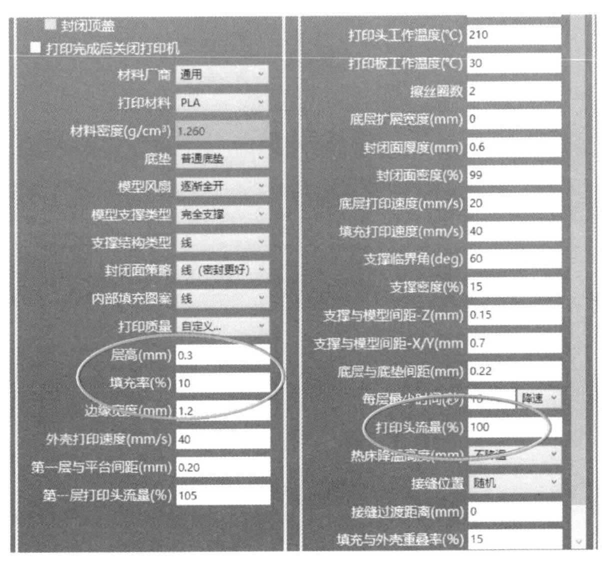

图 3-58　层高及打印头流量

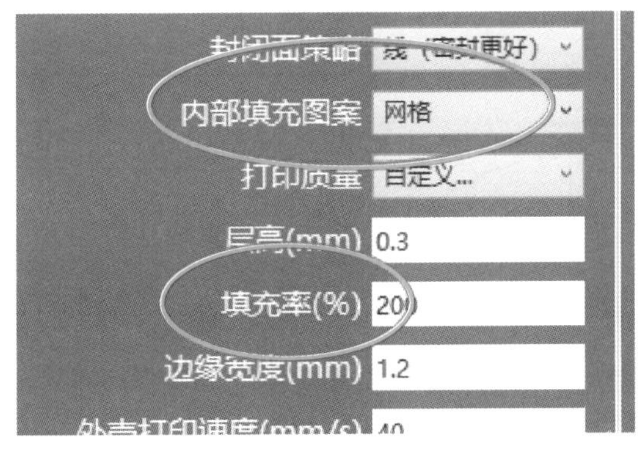

图 3-59　填充图案设置

五、本章练习

1. 练习 FDM 设备的调平、换料、打印等基本操作。
2. 简述 FDM 设备保养要求和方法。
3. 简述 FDM 设备打印过程中常见故障问题与解决办法。

第四章 项目实训

第一节 校徽的设计与打印案例

任务与图样要求

根据图 4-1 所示给出的图样用 NX 软件进行设计，输出 STL 格式文件后分配切片参数和打印。要求打印出实物。

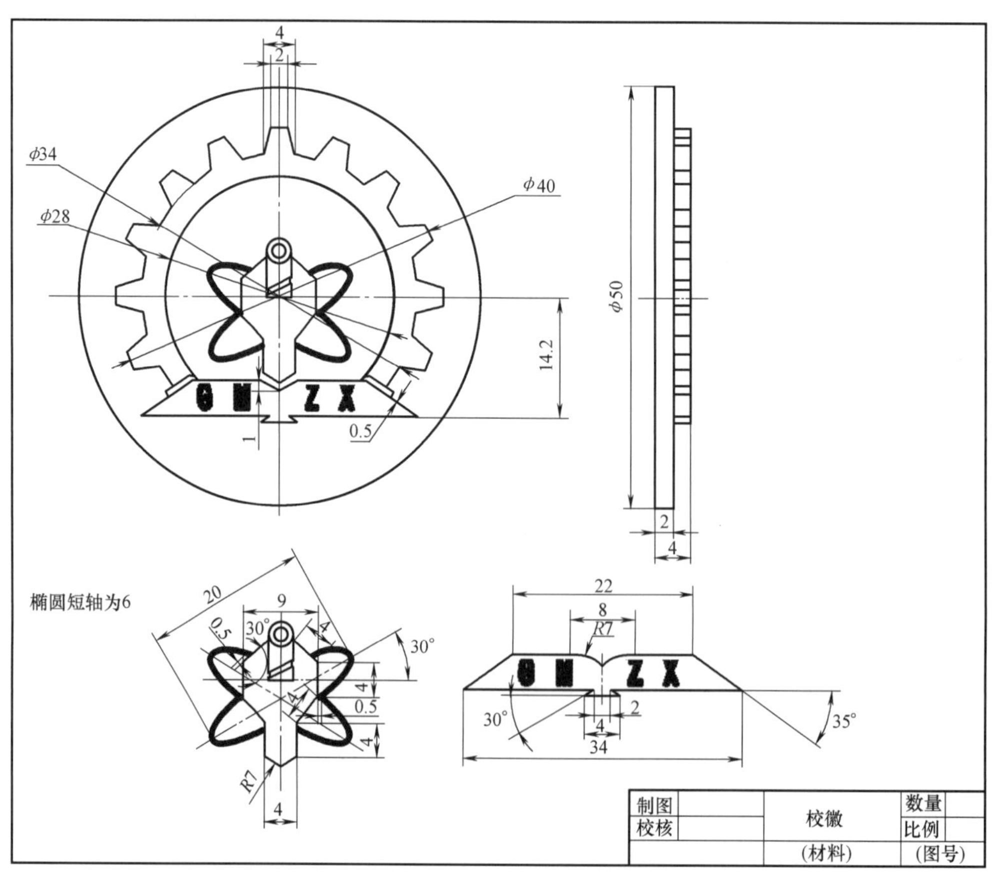

图 4-1 校徽图样

任务实施

QR 微课视频直通车 10：

手机微信扫描右侧二维码来观看学习吧。

（1）绘制校徽

选择绘制草图环境。1）在 NX 软件中单击工具栏中的“草图”图标，在弹出的对话框中单击“确定”按钮，默认选择 XY 平面。按尺寸绘制草图，如图 4-2 所示，再单击工具栏中的“完成草图”图标。

图 4-2　草图

2）单击工具栏中的“拉伸”图标，拉伸各高度 2mm（其中字体高为 0.3mm），单击“确定”按钮，拉伸体如图 4-3 所示。

（2）生成切片文件　参考第二章方法生成切片文件。

1）检查生成的 STL 文件，如图 4-4 所示。

图 4-3　拉伸体

图 4-4　生成的 STL 文件

2）打开切片软件，如图 4-5 所示。

3）在“基本”与“高级”选项卡里设置参数，如图 4-6 所示。

4）导入 STL 文件。

单击图 4-7 中左上角的 Load 图标，在弹出的“打开 3D 模型”对话框中选择好文件目录，选择要打开的 STL 模型，单击“打开（O）”按钮，如图 4-7 所示。

（3）生成 G 指令　单击菜单栏中“文件”→“保存 Gcode 代码”命令，在弹出的对话框中选择保存文件目录，输入名称，单击“保存（S）”按钮，如图 4-8 所示。

图 4-5　切片软件界面

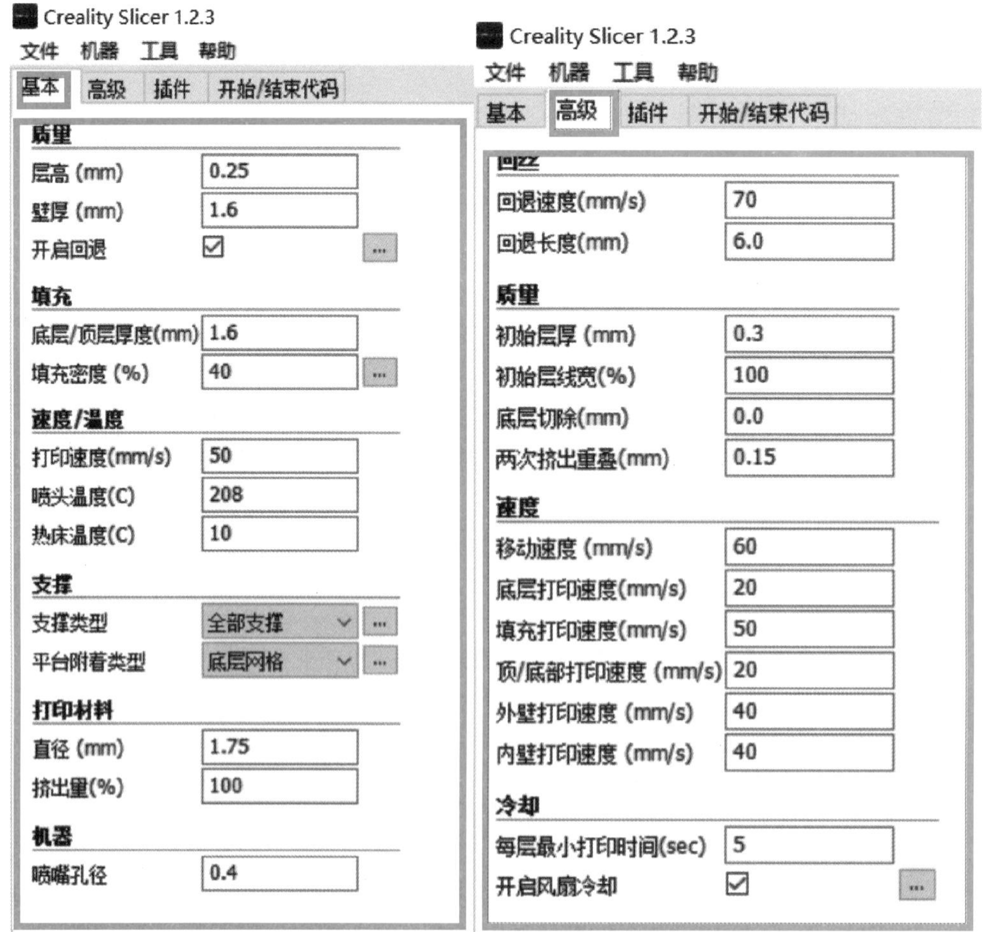

图 4-6　基本参数与高级参数设置

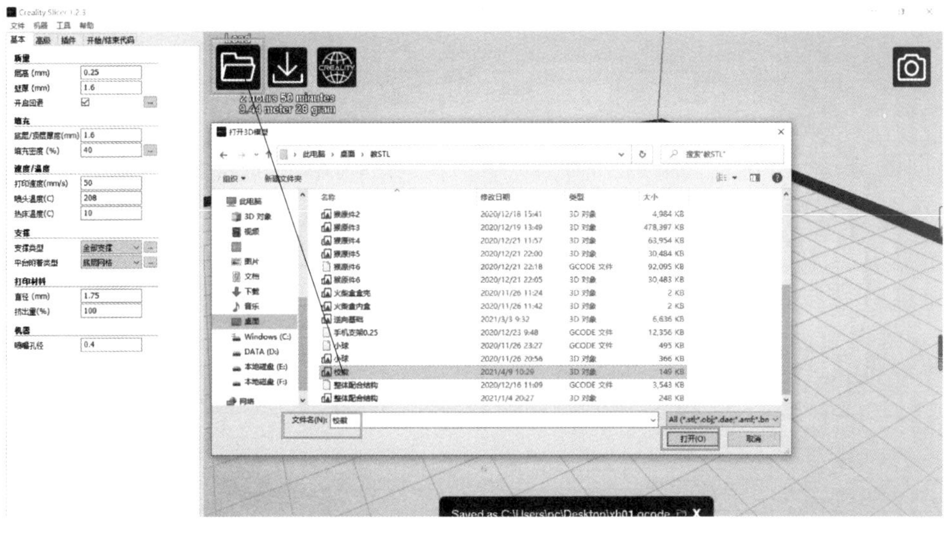

图 4-7 导入 STL

图 4-8 保存 G 指令

注：个别 3D 打印机命名必须为英文或数字名字才能识别。

（4）复制文件到 U 盘或 SD 卡　把保存好的 G 指令文件复制到 U 盘或 SD 卡。

（5）上机打印　具体操作查看本书第三章 FDM 设备操作，打印结果如图 4-9 所示。

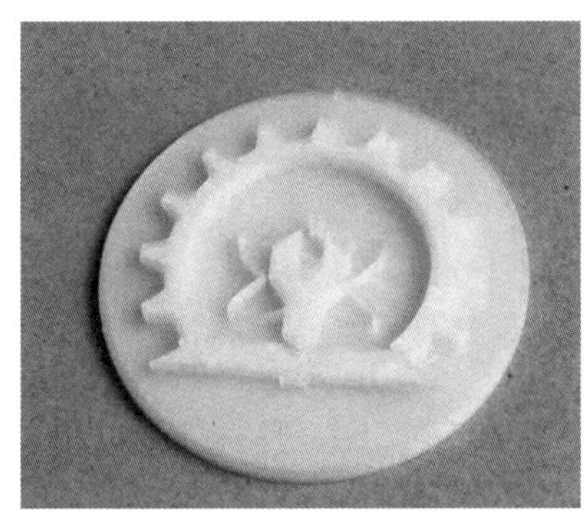

图 4-9 校徽打印结果

练习

根据图 4-10 所示给出的肥皂盒图样，使用 NX 软件进行设计，输出 STL 格式文件后分配切片参数和打印。把模型比例尺寸缩放 0.5 倍打印出来。

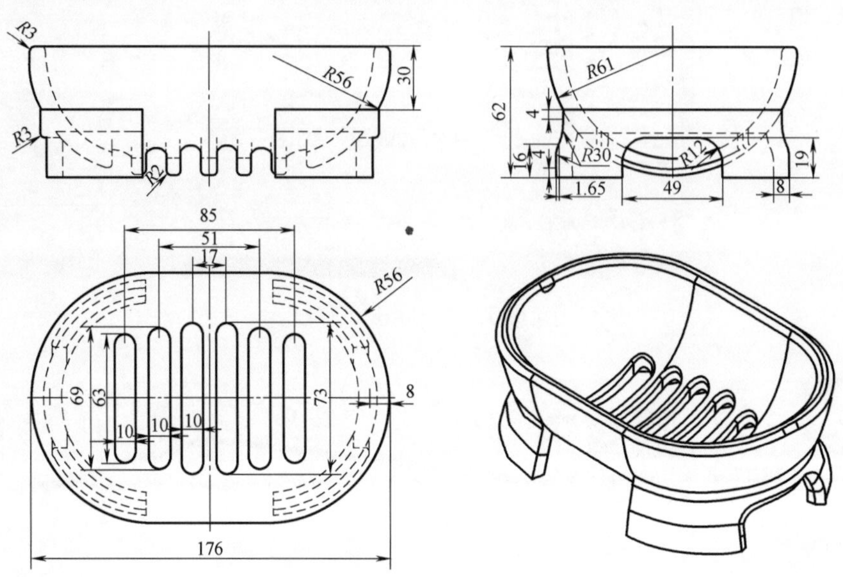

图 4-10　肥皂盒图样

实训评价表

实训评价表

考核内容		分值	备注	得分
1. 环保与节能（5 分）	打印耗时			
	打印耗材 /g			
	打印任务没结束留守打印机			
	打印结束后退丝			
2. 团队协作能力（5 分）	小组长沟通协调能力			
	小组成员基本操作熟练能力			
	存在问题通过集体沟通解决能力			
	各小组与指导老师的沟通能力			
	发现问题与改进能力			
3. 操作规范与纪律（5 分）	佩戴工作手套			
	不能触碰打印头（高温达 260℃）			
	不能单独拆装机器（由老师操作）			
	不能单独离开工位			
	课堂纪律			

（续）

考核内容		分值	备注	得分
4. 产品尺寸与装配（80 分）	三维模形的正确性			
	设计产品的外观			
	打印基准面选择合理			
	打印工艺合理			
	尺寸与装配			
	有创意设计			
	产品成品完成度			
5. 工量具与环境整洁（5 分）	工量具规范摆放			
	维护工位及其周边环境整洁			
团队总分				

第二节　火柴盒的设计与打印案例

任务与图样要求

如图 4-11 所示，此任务包括盒壳与内盒两张图，根据给出的图样使用 NX 软件进行设计，输出 STL 格式文件后切片和打印。要求盒壳与内盒打印出来后能完美地装配起来，如图 4-12 所示。

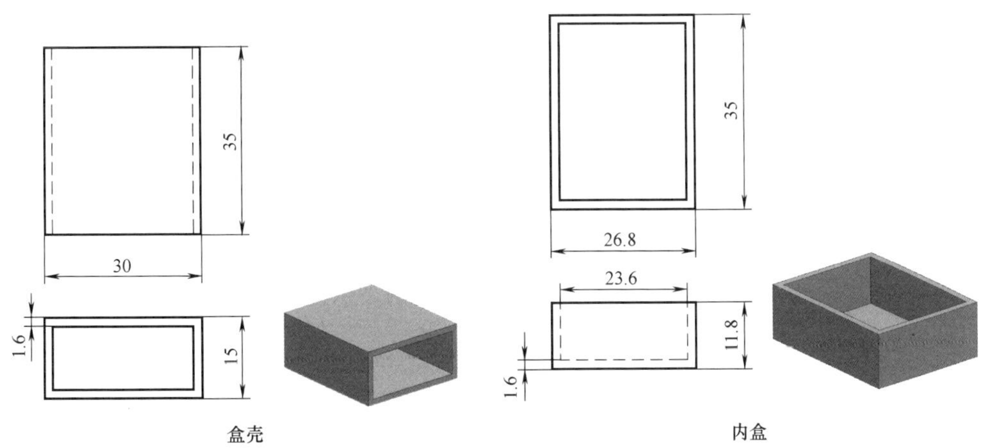

图 4-11　盒壳与内盒尺寸示意

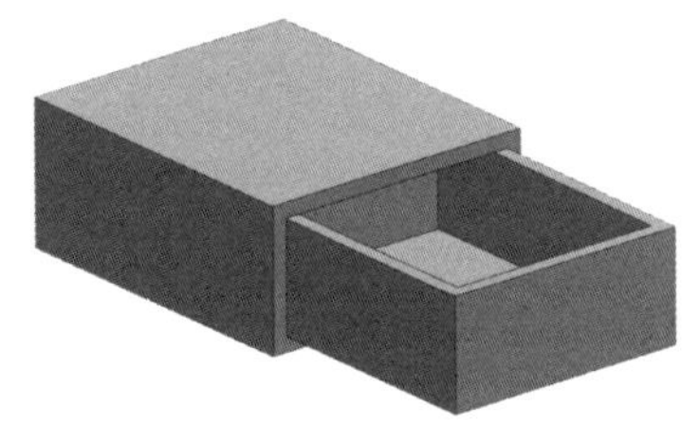

图 4-12　火柴盒装配示意

任务实施

QR 微课视频直通车 11：

手机微信扫描右侧二维码来观看学习吧。

（1）导出 STL 数据　设计完成后，导出 STL 数据，如图 4-13 所示。

a) 火柴盒盒壳

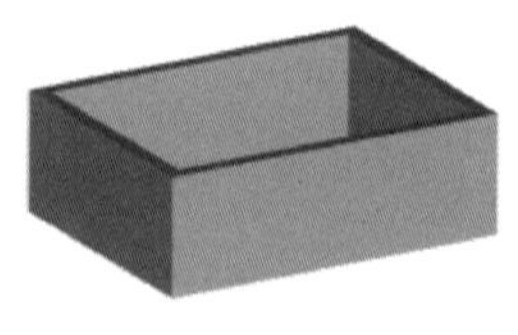

b) 火柴盒内盒

图 4-13　STL 数据

（2）打开切片软件　切片软件界面如图 4-14 所示。

（3）参数设置　在基本与高级参数选项卡里设置参数，如图 4-15 所示。

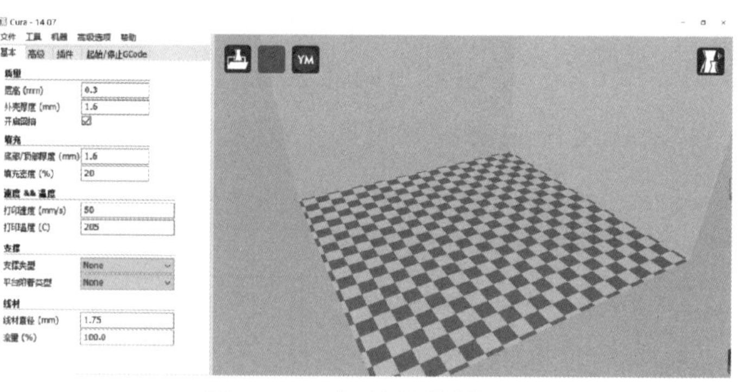

图 4-14　切片软件界面

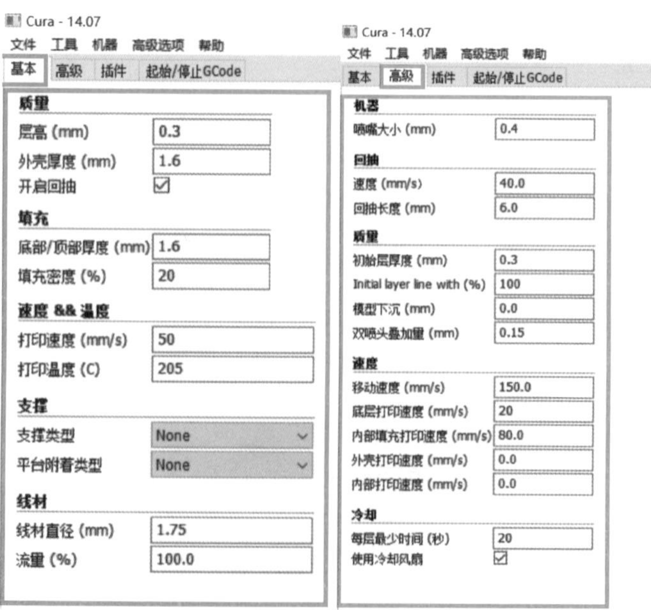

图 4-15　基本与高级参数设置

（4）导入 STL 文件

1）单击图 4-16 左上角 图标，在弹出的“打开 3D 模型”对话框中选择好文件目录，选择要打开的 STL 模型，单击“打开（O）”按钮，如图 4-16 所示。

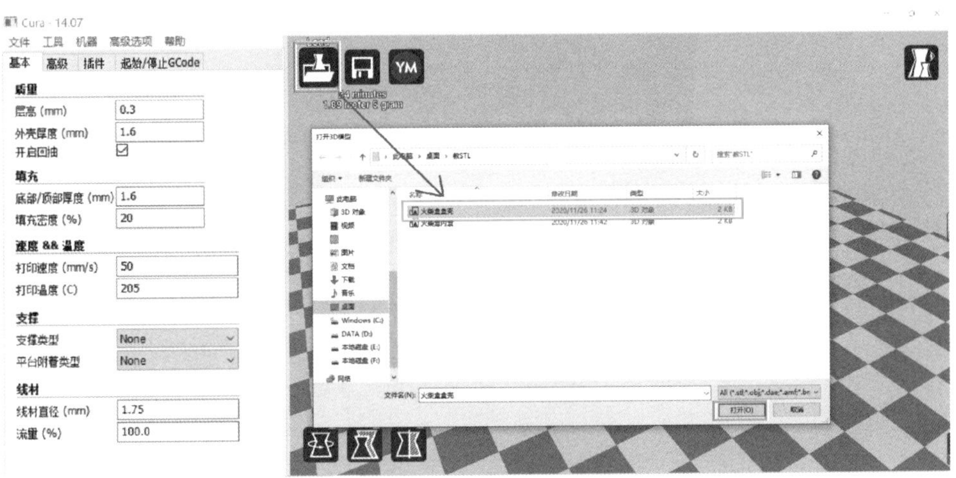

图 4-16　导入 STL 文件

2）单击图 4-17 左下角的 图标，移动鼠标光标到黄色圆圈中单击拖动角度为 90°，将模型翻转，如图 4-17 所示，静等系统计算时间（分层切片中，需要时间计算）。

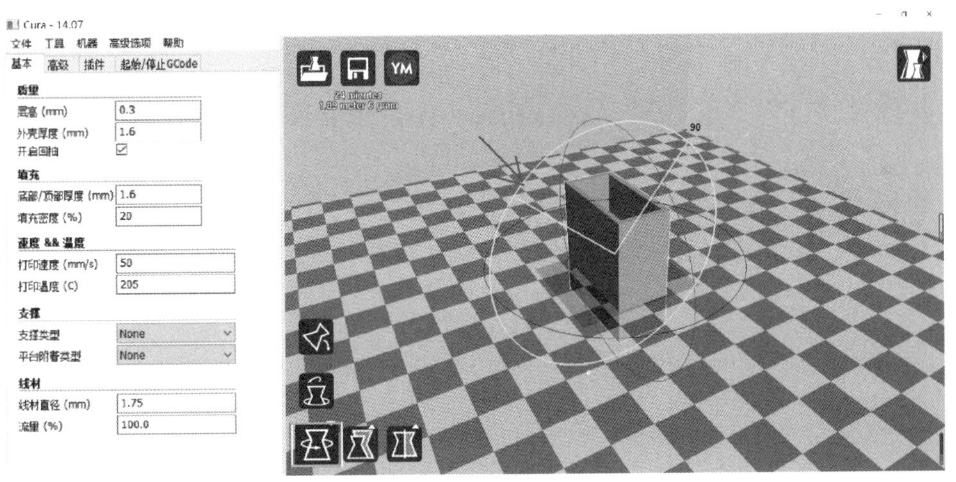

图 4-17　模型翻转

（5）生成 G 指令　单击菜单栏中“文件”→“保存 Gcode 代码”命令，在弹出的“保存路径”对话框中选择好保存文件目录，输入名称，单击“保存（S）”按钮，如图 4-18 所示。

（6）复制文件进 U 盘或 SD 卡　把保存好的 G 指令文件复制到 U 盘或 SD 卡。

重复上面步骤，将内盒 STL 文件生成 G 指令，按照图 4-19 模型的角度摆放好位置。

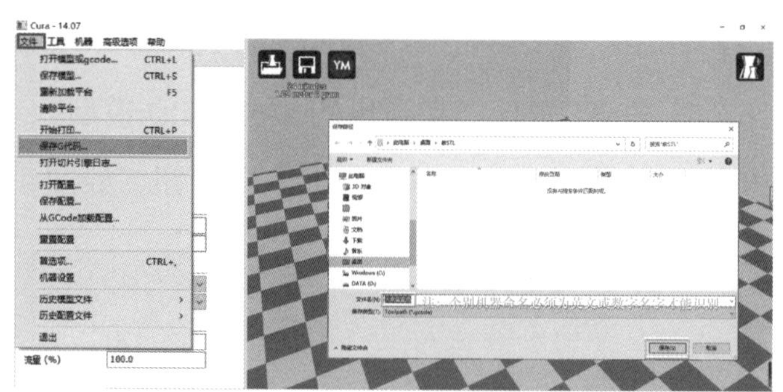

图 4-18　保存 G 指令

注：个别 3D 打印机命名必须为英文或数字名字才能识别。

图 4-19　内盒 STL 文件

总结提升

由于FDM设备使用的PLA材料有热胀冷缩的特点，设备本身也存在打印误差，因此在设计过程中把内盒设计得相对小一点，方便装配，请思考一下，内盒尺寸要怎么样设计得才好？修改尺寸后的装配示意如图 4-20 所示。

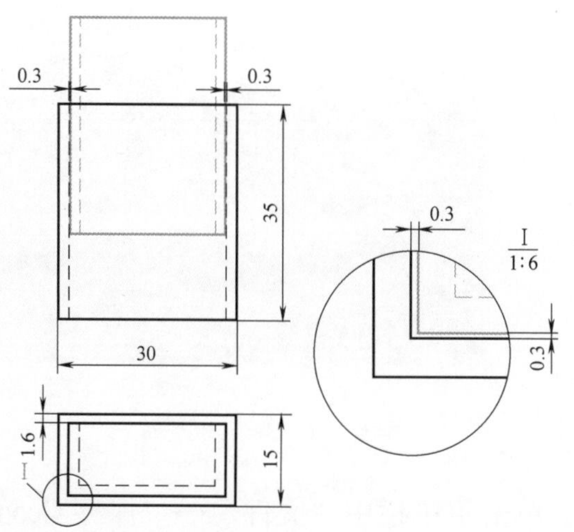

图 4-20　修改尺寸后的装配示意

提示

FDM 设备一般喷嘴直径为 $\phi 0.4$mm。

实训评价表

实训评价表

考核内容		分值	备注	得分
1. 环保与节能（5 分）	打印耗时			
	打印耗材 /g			
	打印任务没结束留守打印机			
	打印结束后退丝			
2. 团队协作能力（5 分）	小组长沟通协调能力			
	小组成员基本操作熟练能力			
	存在问题通过集体沟通解决能力			
	各小组与指导老师的沟通能力			
	发现问题与改进能力			
3. 操作规范与纪律（5 分）	佩戴工作手套			
	不能触碰打印头（高温达 260℃）			
	不能单独拆装机器（由老师操作）			
	不能单独离开工位			
	课堂纪律			
4. 产品尺寸与装配（80 分）	三维模形的正确性			
	设计产品的外观			
	打印基准面选择合理			
	打印工艺合理			
	尺寸与装配			
	有创意设计			
	产品成品完成度			
5. 工量具与环境整洁（5 分）	工量具规范摆放			
	维护工位及其周边环境整洁			
团队总分				

第三节　球中球的设计与打印案例

任务与图样要求

设计一个球中球结构，并且按要求打印出来。要求大球壳厚为 1.6mm，大球里面包着实心小球，实心小球能在大球的内部空间中自由滚动。

如图 4-21 所示，此任务要求大球直径为 ϕ50mm，大球壳厚为 1.6mm，大球里面包着实心小球，实心小球直径为 ϕ15mm。

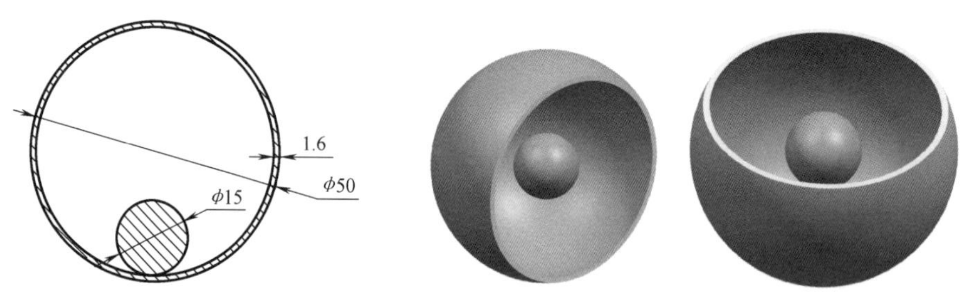

图 4-21　尺寸与模型

任务实施

绘制图形，切片导出数据并打印：

QR 微课视频直通车 12：
手机微信扫描右侧二维码来观看学习吧。

参考本书第二章、第三章。

总结提升

提示

在打印过程中，先打印小球，把小球拿出来，再打印大球，当大球打印到一半时把小球放进大球里。

实训评价表

实训评价表

考核内容		分值	备注	得分
1. 环保与节能 (5 分)	打印耗时			
	打印耗材 /g			
	打印任务没结束留守打印机			
	打印结束后退丝			
2. 团队协作能力（5 分）	小组长沟通协调能力			
	小组成员基本操作熟练能力			
	存在问题通过集体沟通解决能力			
	各小组与指导老师的沟通能力			
	发现问题与改进能力			

（续）

考核内容		分值	备注	得分
3. 操作规范与纪律（5分）	佩戴工作手套			
	不能触碰打印头（高温达260℃）			
	不能单独拆装机器（由老师操作）			
	不能单独离开工位			
	课堂纪律			
4. 产品尺寸与装配（80分）	三维模形的正确性			
	设计产品的外观			
	打印基准面选择合理			
	打印工艺合理			
	尺寸与装配			
	有创意设计			
	产品成品完成度			
5. 工量具与环境整洁（5分）	工量具规范摆放			
	维护工位及其周边环境整洁			
团队总分				

第四节 大面积模型防翘边案例

任务与图样要求

如图4-22和图4-23所示，此任务要求进行尺寸为300mm×300mm的大面积模型打印，厚度为3mm。

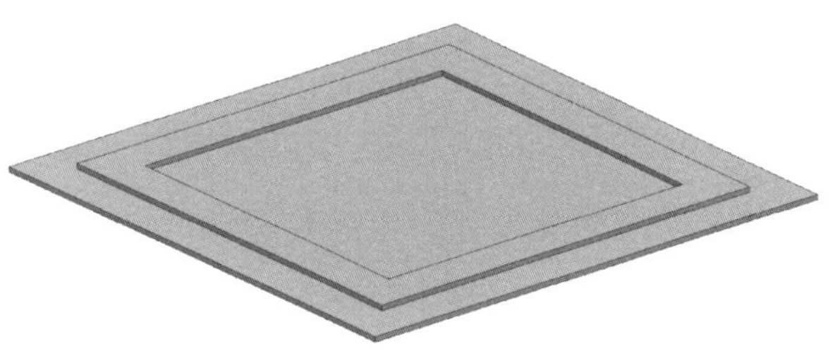

图4-22 大面积模型示意图

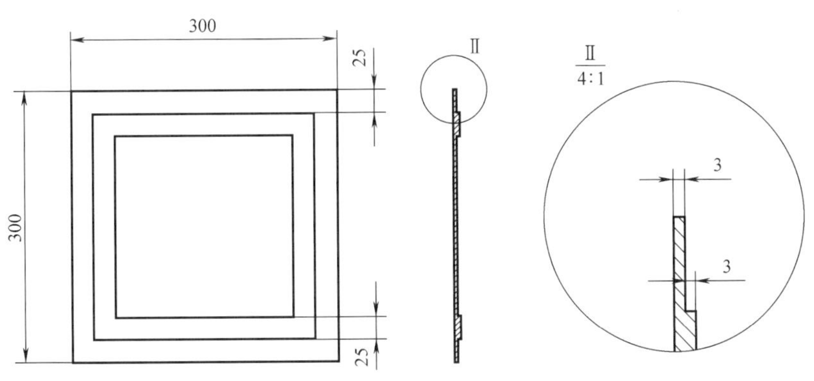

图4-23 大面积模型尺寸图

任务实施

QR 微课视频直通车 13：

手机微信扫描右侧二维码来观看学习吧。

1. 绘图、切片导出数据并打印

（1）检查生成的 STL 模型　生成的 STL 模型如图 4-24 所示。

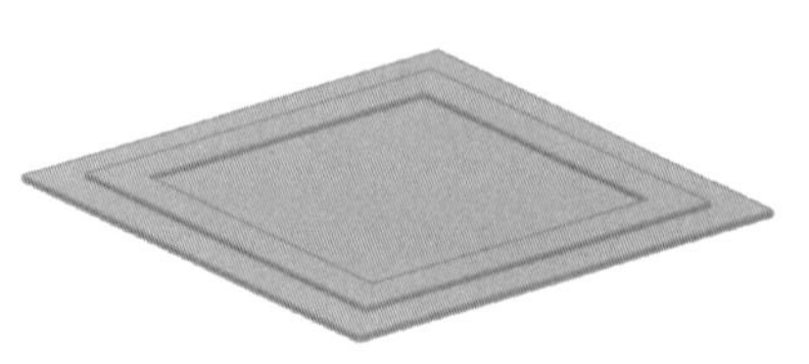

图 4-24　生成的 STL 模型

（2）打开切片软件　单击菜单栏中的“机器”→“机器设置”命令，在弹出的“机器设置”对话框中设置好机器最大成型宽度、深度、高度，要求打印设备的 XY 尺寸大于 300mm，单击“确定”按钮，如图 4-25 所示。

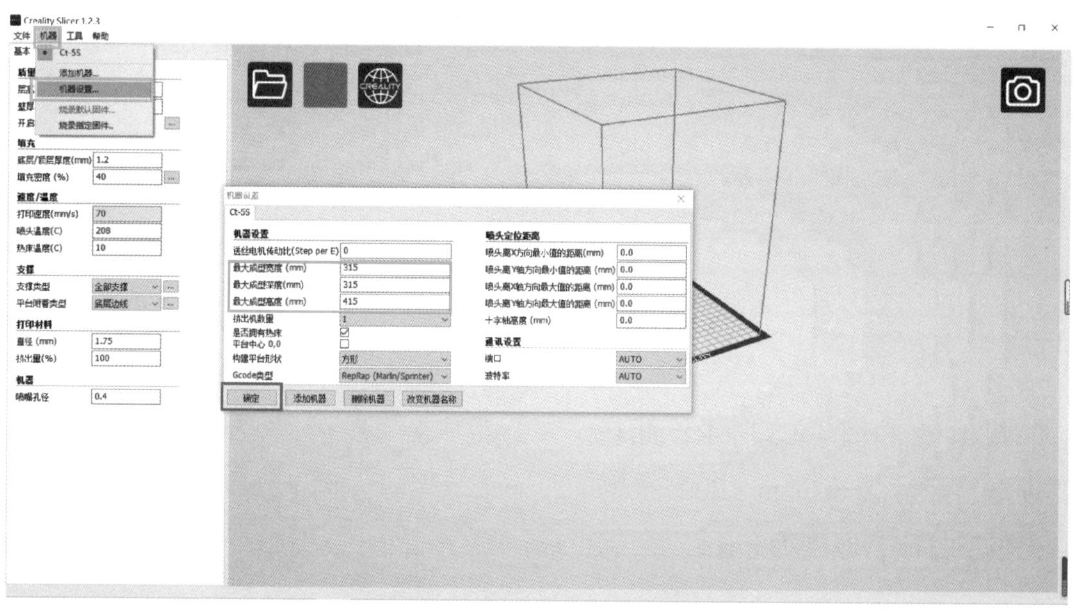

图 4-25　“机器设置”对话框

（3）参数设置　在基本与高级参数选项卡里设置参数，如图 4-26 所示。其中，“底层边线”设置“边缘线圈数”为 9 层，用于防止翘边，打印时用强边胶纸把这 9 层圈数和底板一起粘起来。

（4）导入 STL 文件　单击图标，在弹出的“打开 3D 模型”对话框中选择文件目录，选择要打开的 STL 模型，单击“打开（O）”按钮，如图 4-27 所示。

（5）生成 G 指令　单击菜单栏中“文件”→“保存 Gcode 代码”命令，在弹出的对话框中选择好保存文件目录，输入名称，单击“保存（S）”按钮，如图 4-28 所示。

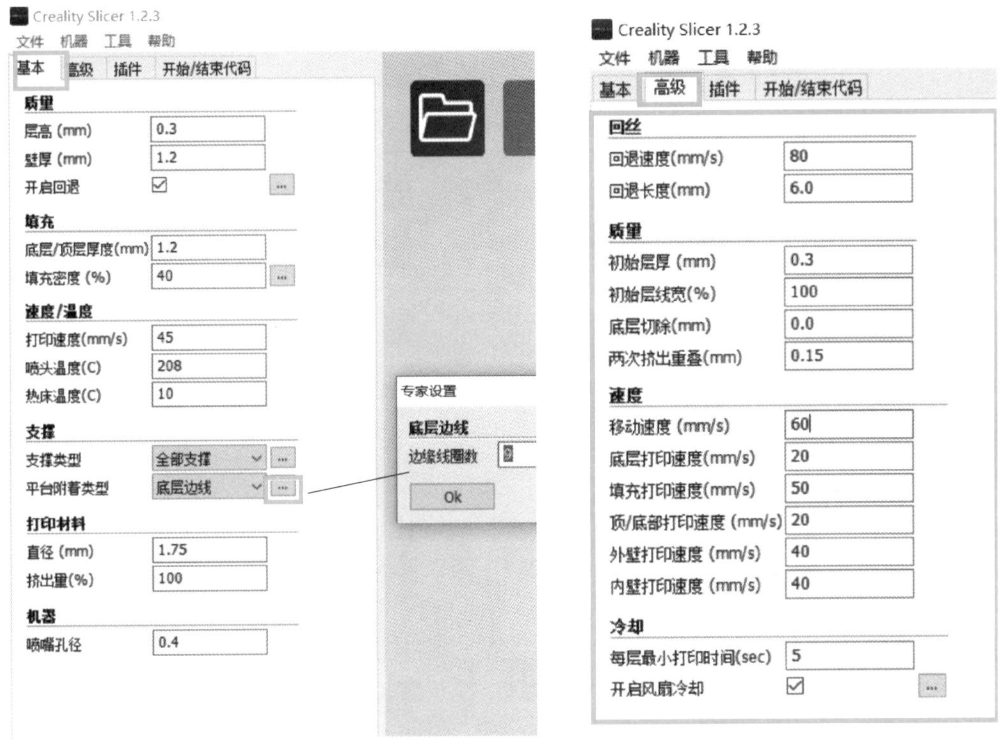

图 4-26　基本与高级参数设置

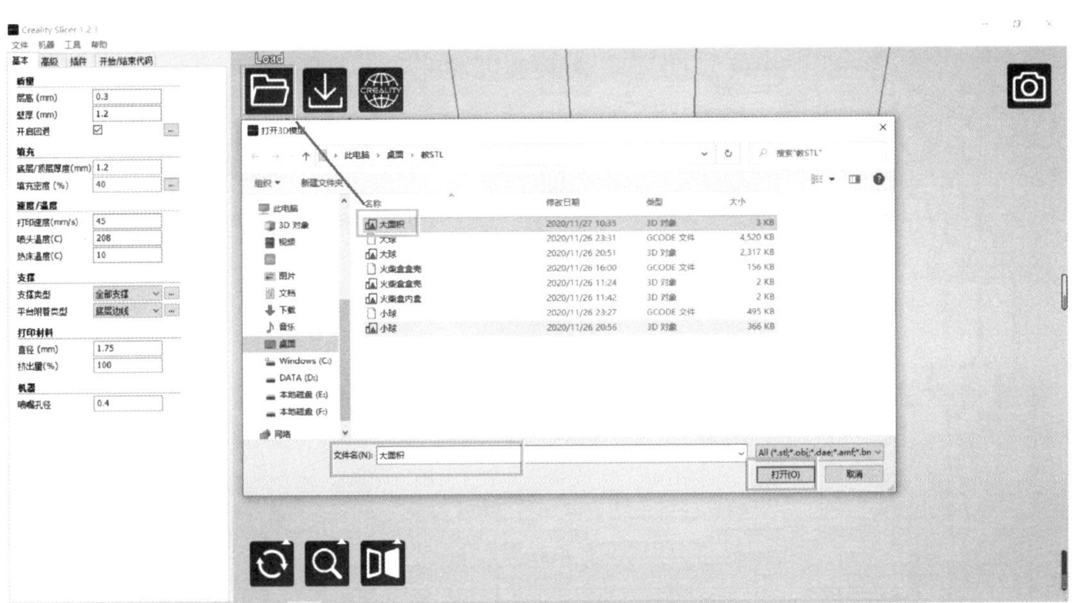

图 4-27　导入 STL 文件

（6）复制到 U 盘或 SD 卡　把保存好的 G 指令文件复制到 U 盘或 SD 卡中。

2. 上机打印

具体操作请查看本书第三章 FDM 设备操作的相关内容。

3. 模型后处理

打印结果如图 4-29 所示。

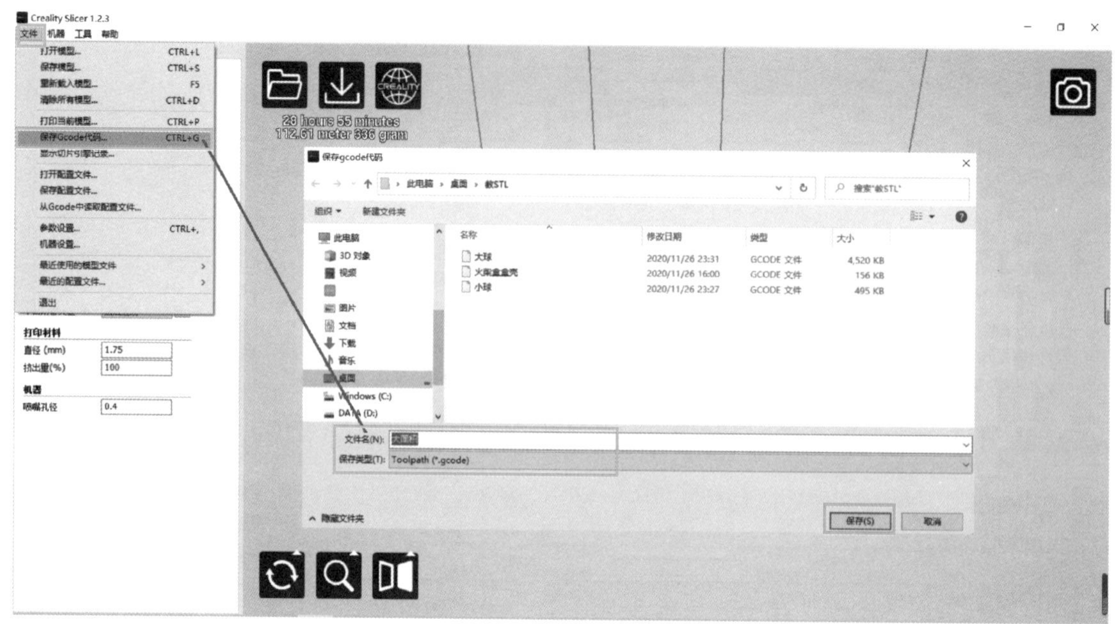

图 4-28　保存 G 指令

注：个别 3D 打印机命名必须为英文或数字名字才能识别。

总结提升

因为模型底部与机器打印平台接触的面积比较大，使用 FDM 设备进行打印时，要保证底部第一层粘贴牢固，可以采取防翘边底垫、底层边线或涂上专用的 3D 打印底层防翘边胶水的方法。

图 4-29　打印结果

实训评价表

实训评价表

考核内容		分值	备注	得分
1. 环保与节能（5 分）	打印耗时			
	打印耗材 /g			
	打印任务没结束留守打印机			
	打印结束后退丝			
2. 团队协作能力（5 分）	小组长沟通协调能力			
	小组成员基本操作熟练能力			
	存在问题通过集体沟通解决能力			
	各小组与指导老师的沟通能力			
	发现问题与改进能力			
3. 操作规范与纪律（5 分）	佩戴工作手套			
	不能触碰打印头（高温达 260℃）			
	不能单独拆装机器（由老师操作）			
	不能单独离开工位			
	课堂纪律			

（续）

考核内容		分值	备注	得分
4. 产品尺寸与装配（80 分）	三维模形的正确性			
	设计产品的外观			
	打印基准面选择合理			
	打印工艺合理			
	尺寸与装配			
	有创意设计			
	产品成品完成度			
5. 工量具与环境整洁（5 分）	工量具规范摆放			
	维护工位及其周边环境整洁			
团队总分				

第五节　整体配合结构的设计与打印案例

任务与图样要求

如图 4-30 和图 4-31 所示，此任务需要绘制整体配合结构立体图并整体打印出来。

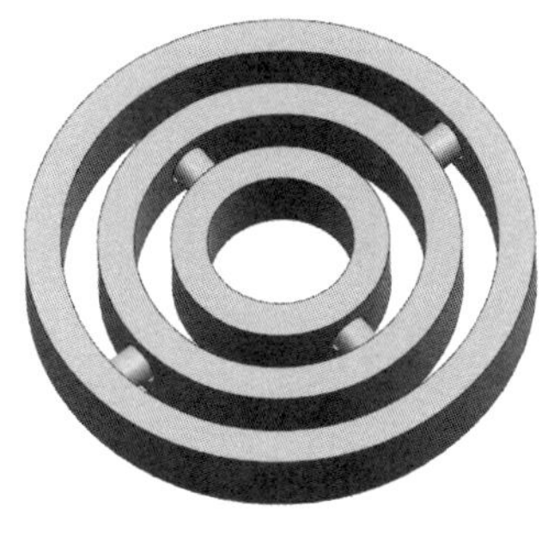

图 4-30　整体配合结构模型

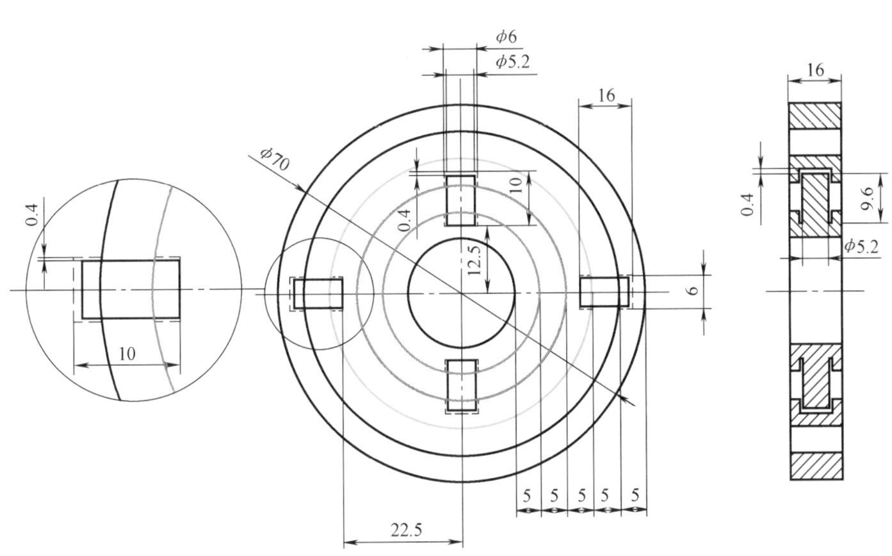

图 4-31　整体配合结构设计尺寸

任务实施

QR 微课视频直通车 14:

手机微信扫描右侧二维码来观看学习吧。

1）绘制草图，如图 4-32 所示。

2）拉伸实体。

单击工具栏主页中的“拉伸”图标，在弹出的对话框中“偏置曲线”选项中选择曲线，在“选择曲线”选项中选择相连曲线，选择图 4-32 中已经画的中间圆，结束选择“对称值”，距离为 5mm，单击“确定”按钮，如图 4-33 所示。

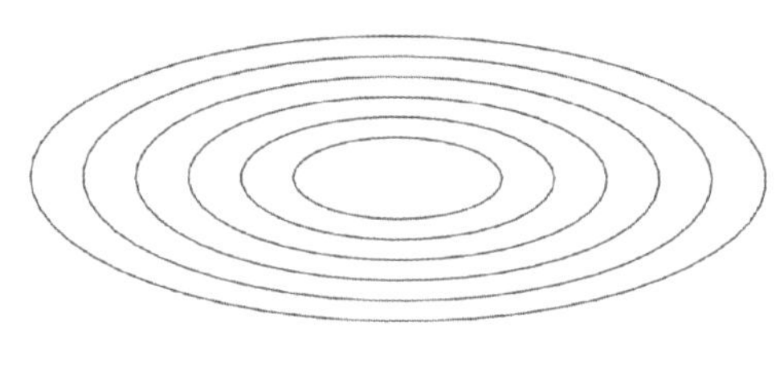

图 4-32　绘制草图

图 4-33　拉伸实体

3）绘制圆柱，如图 4-34 所示。

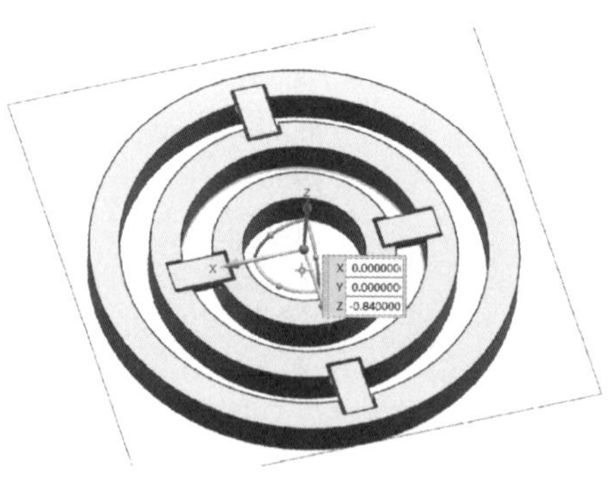

图 4-34　绘制圆柱

4）导出 STL 文件并打印。

参考本书第二章、第三章相关内容。

总结提升

打印出来后发现，圆柱松动容易掉落，影响整体装配，那么，怎么操作才能不使圆柱松动掉落呢？

方法如下：

把如图 4-35 所示的 1、2、3 部分连成一个整体，4、5、6 部分连成另一个整体，最后把连成整体的全部模型生成同一个 STL 文件导出，如图 4-36 所示。

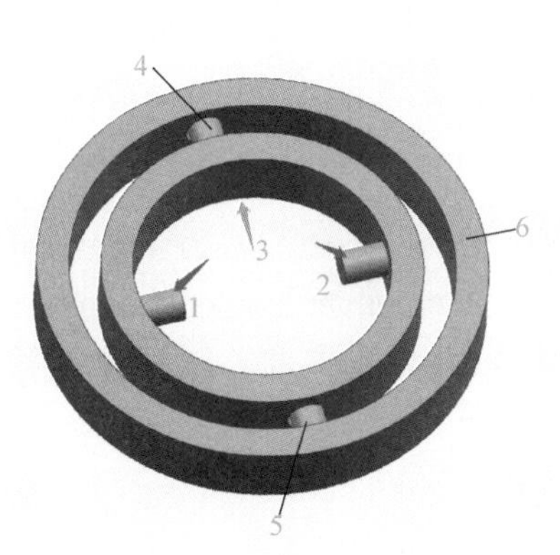

图 4-35　整体数字示意图

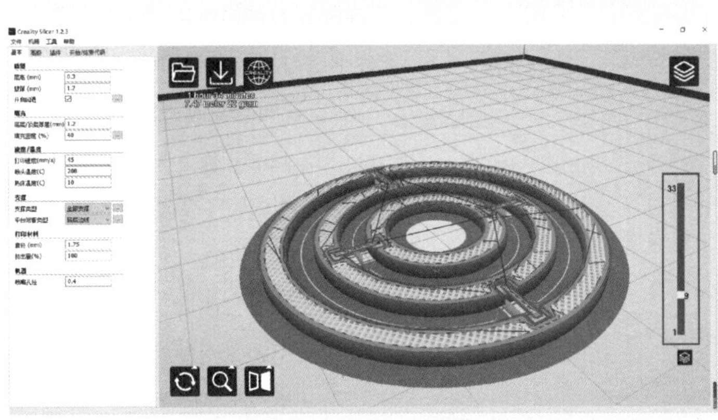

图 4-36　切片预览

模型后处理效果如图 4-37 所示。

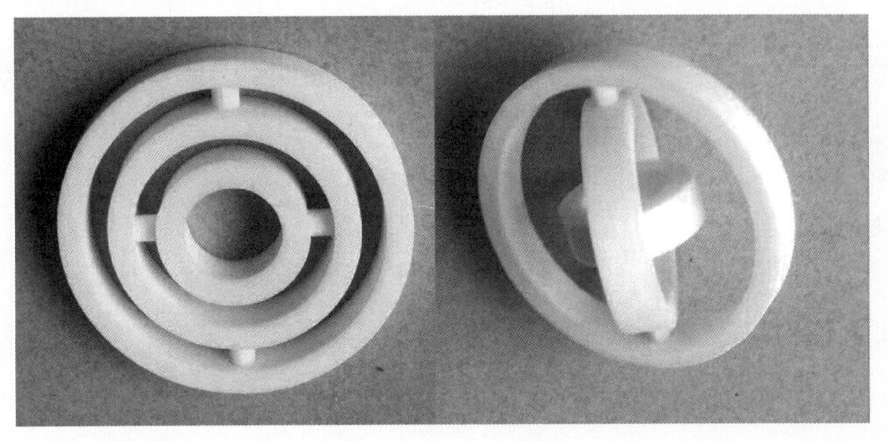

图 4-37　打印效果

实训评价表

实训评价表

考核内容		分值	备注	得分
1. 环保与节能（5 分）	打印耗时			
	打印耗材 /g			
	打印任务没结束留守打印机			
	打印结束后退丝			

（续）

考核内容		分值	备注	得分
2. 团队协作能力（5 分）	小组长沟通协调能力			
	小组成员基本操作熟练能力			
	存在问题通过集体沟通解决能力			
	各小组与指导老师的沟通能力			
	发现问题与改进能力			
3. 操作规范与纪律（5 分）	佩戴工作手套			
	不能触碰打印头（高温达 260℃）			
	不能单独拆装机器（由老师操作）			
	不能单独离开工位			
	课堂纪律			
4. 产品尺寸与装配（80 分）	三维模形的正确性			
	设计产品的外观			
	打印基准面选择合理			
	打印工艺合理			
	尺寸与装配			
	有创意设计			
	产品成品完成度			
5. 工量具与环境整洁（5 分）	工量具规范摆放			
	维护工位及其周边环境整洁			
团队总分				

第六节　电子元件配件的设计与打印案例

任务与图样要求

如图 4-38 ～图 4-40 所示，根据给出的图样用 NX 软件进行设计，输出 STL 格式文件后分配切片参数和打印。要求将模型打印出来。

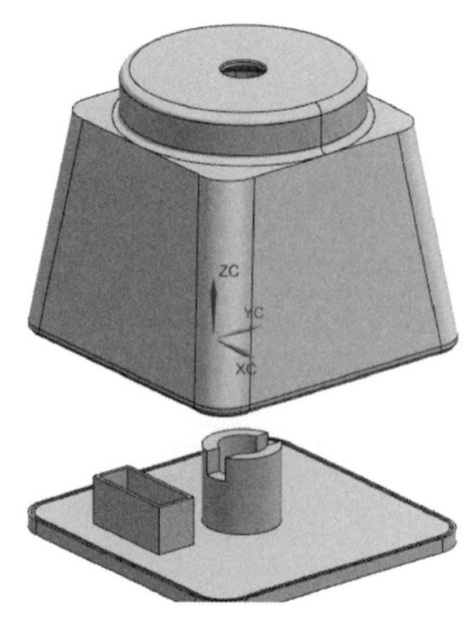

图 4-38　电子元件配件装配图

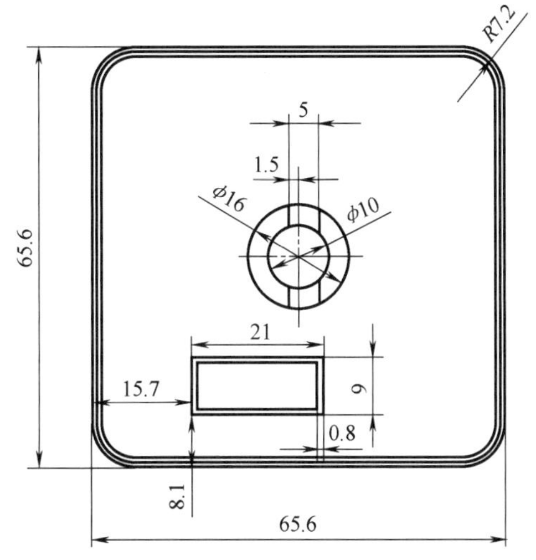

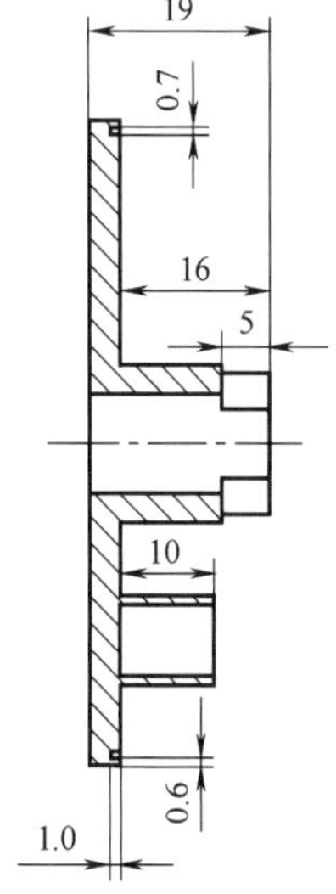

图 4-39　底座

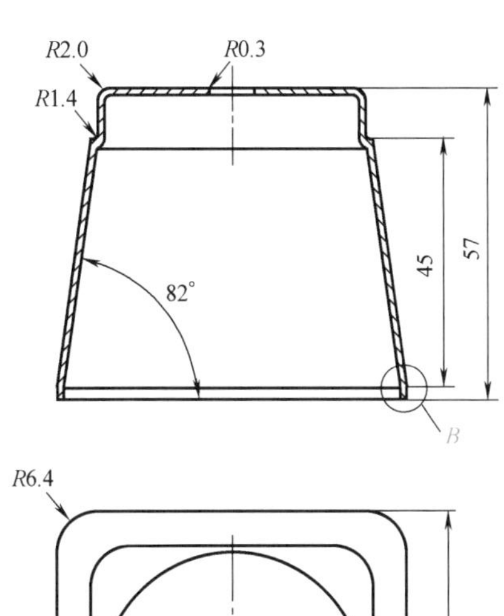

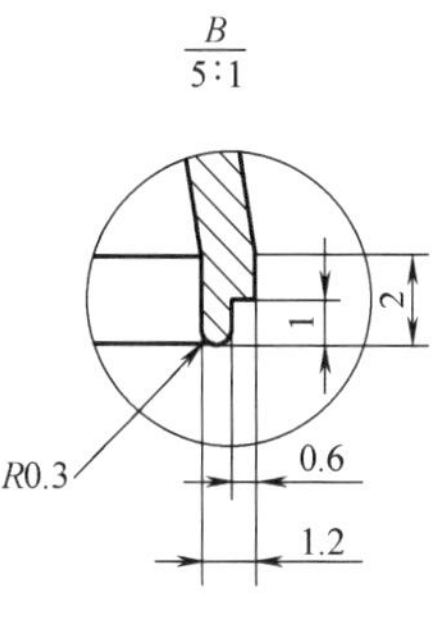

图 4-40　上盖

任务实施

QR 微课视频直通车 15：

手机微信扫描右侧二维码来观看学习吧。

电子元件配件所有零部件建模：

（1）识读图样　过程略。

（2）启动 NX 软件绘制草图并拉伸实体

1）底座模型如图 4-41 所示。

2）上盖模型如图 4-42 所示。

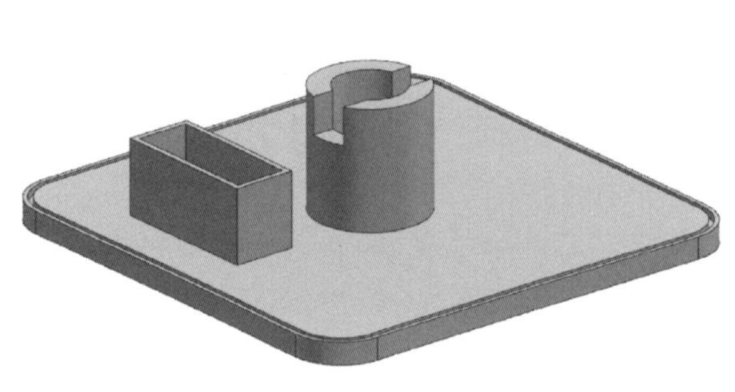

图 4-41　底座

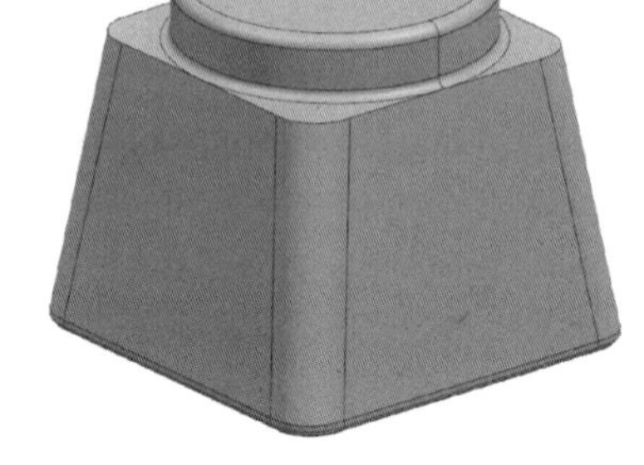

图 4-42　上盖

（3）切片导出数据　请参考本书第三章常用切片软件介绍的相关内容。

（4）上机打印　请参考本书第二章、第三章 FDM 设备打印操作的相关内容，打印效果如图 4-43 所示。

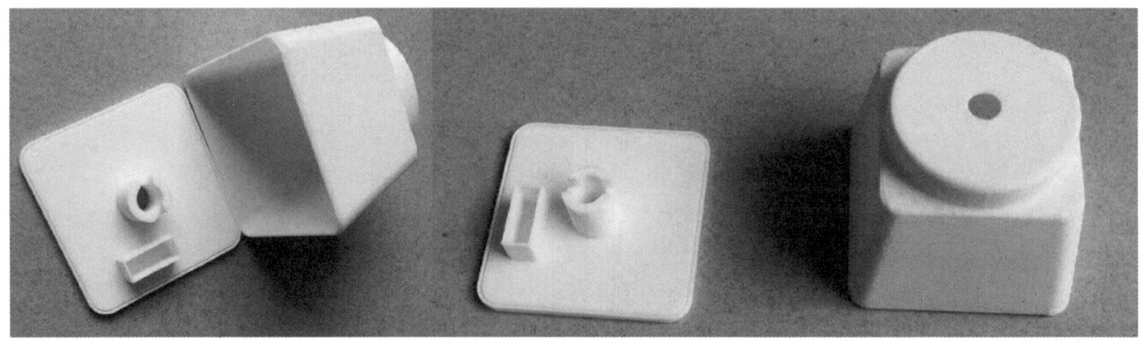

图 4-43　打印效果

实训评价表

实训评价表

考核内容		分值	备注	得分
1. 环保与节能 (5 分)	打印耗时			
	打印耗材 /g			
	打印任务没结束留守打印机			
	打印结束后退丝			

（续）

考核内容		分值	备注	得分
2. 团队协作能力（5 分）	小组长沟通协调能力			
	小组成员基本操作熟练能力			
	存在问题通过集体沟通解决能力			
	各小组与指导老师的沟通能力			
	发现问题与改进能力			
3. 操作规范与纪律（5 分）	佩戴工作手套			
	不能触碰打印头（高温达 260℃）			
	不能单独拆装机器（由老师操作）			
	不能单独离开工位			
	课堂纪律			
4. 产品尺寸与装配（80 分）	三维模形的正确性			
	设计产品的外观			
	打印基准面选择合理			
	打印工艺合理			
	尺寸与装配			
	有创意设计			
	产品成品完成度			
5. 工量具与环境整洁（5 分）	工量具规范摆放			
	维护工位及其周边环境整洁			
团队总分				

第七节 发条小车的设计与打印案例

任务与图样要求

根据图 4-44 所示的发条小车装配图用 NX 软件进行设计，输出 STL 格式文件后切片打印。要求将发条小车打印出来。

任务实施

QR 微课视频直通车 16：

手机微信扫描右侧二维码来观看学习吧。

1. 发条小车所有零部件建模

（1）绘制车轮和建模 如图 4-45 和图 4-46 所示。

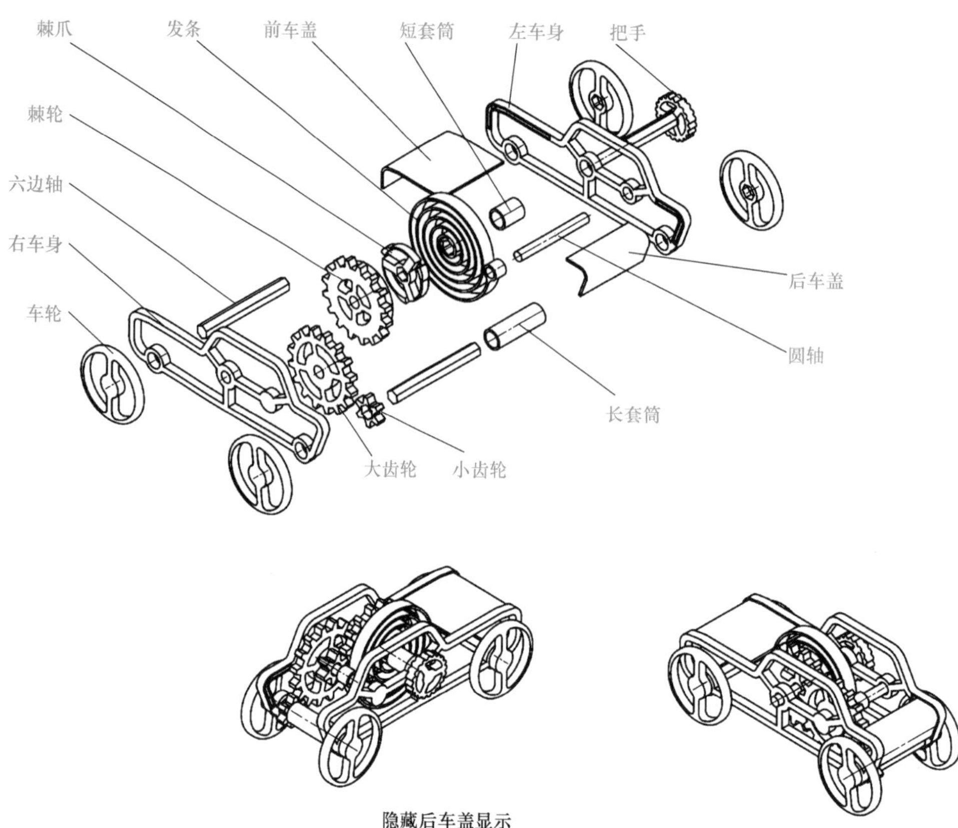

图 4-44　发条小车装配图

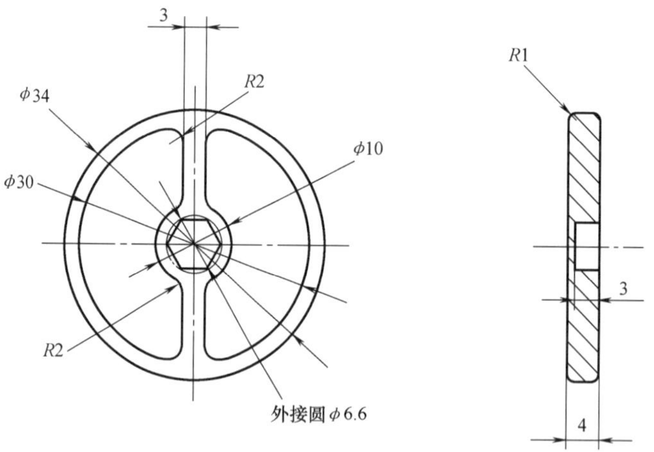

图 4-45　车轮

图 4-46　车轮模型

(2) 绘制右车身和建模　如图 4-47 所示。

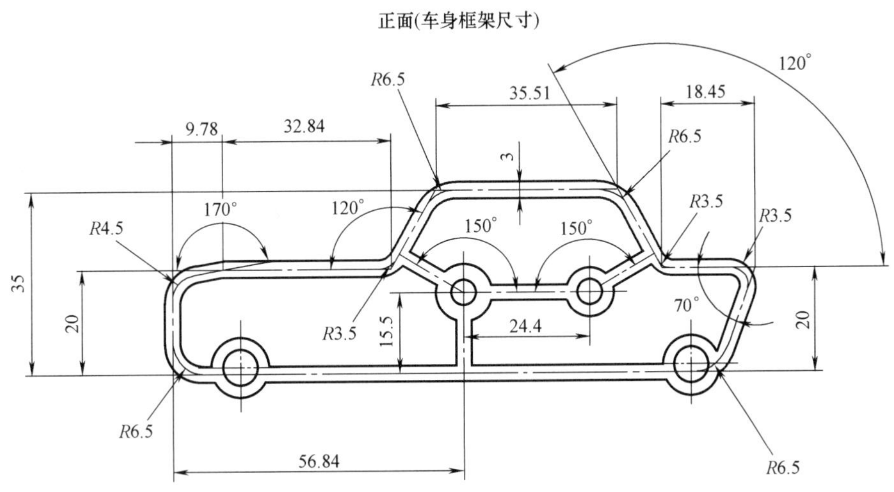

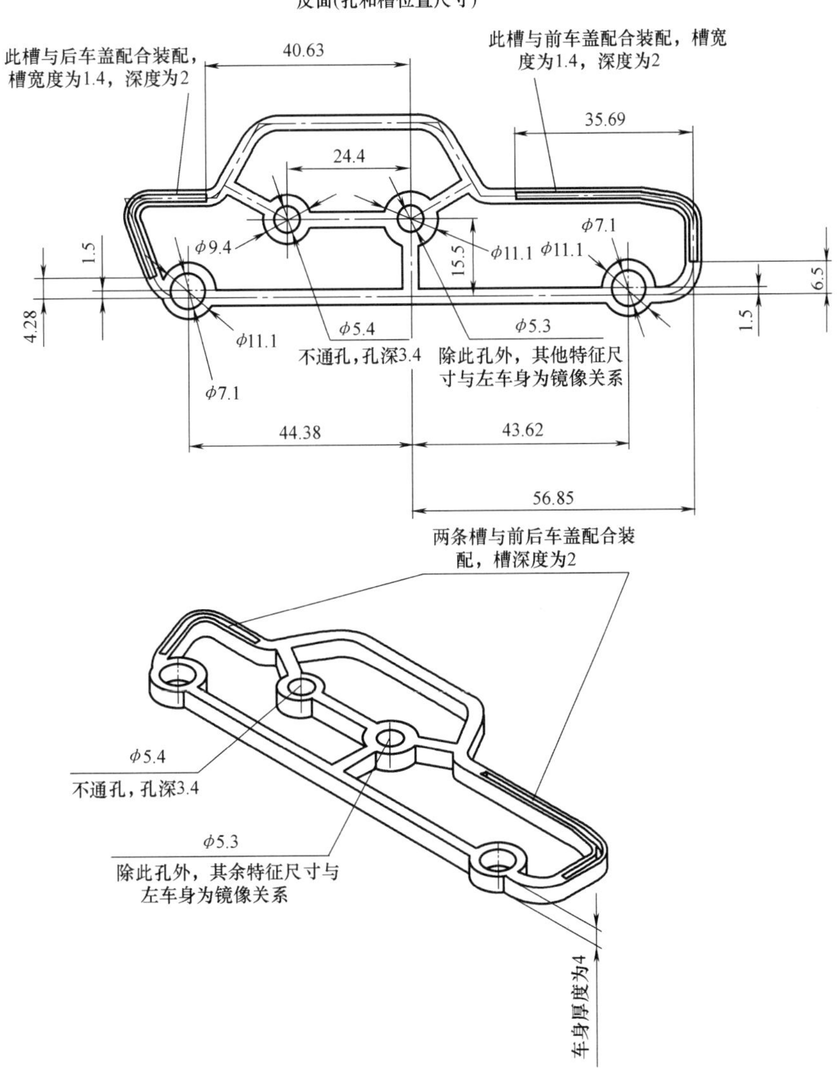

图 4-47　右车身

（3）绘制六边轴和建模　如图 4-48 所示。

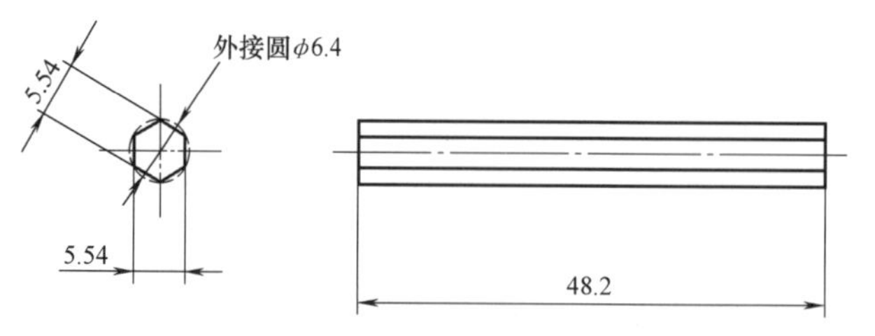

图 4-48　六边轴

（4）绘制棘轮和建模　如图 4-49 所示。

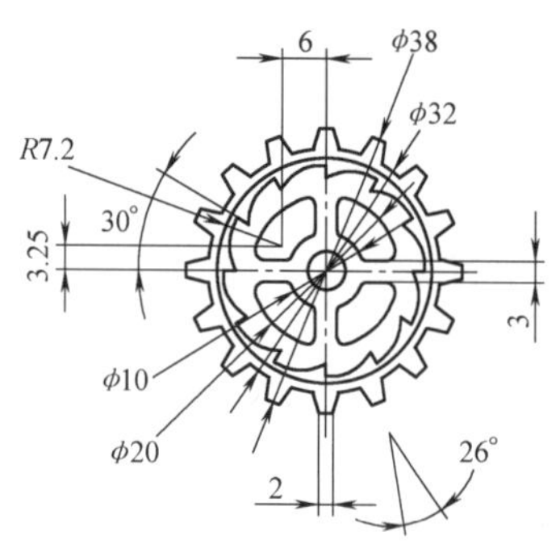

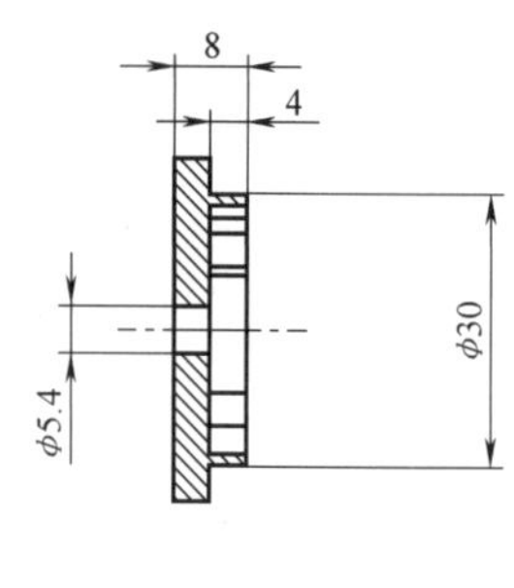

图 4-49　棘轮

（5）绘制棘爪和建模　如图 4-50 所示。

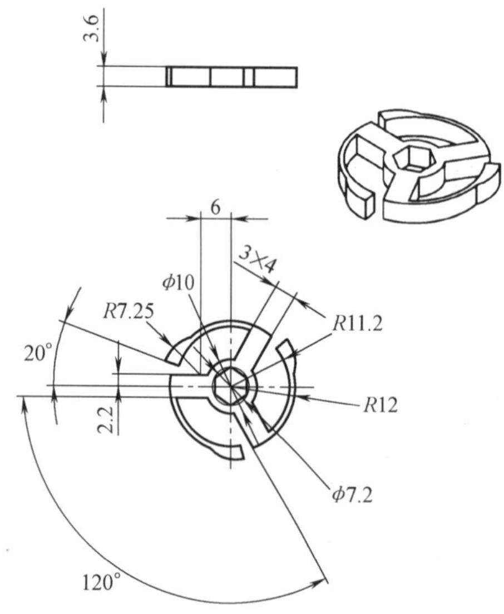

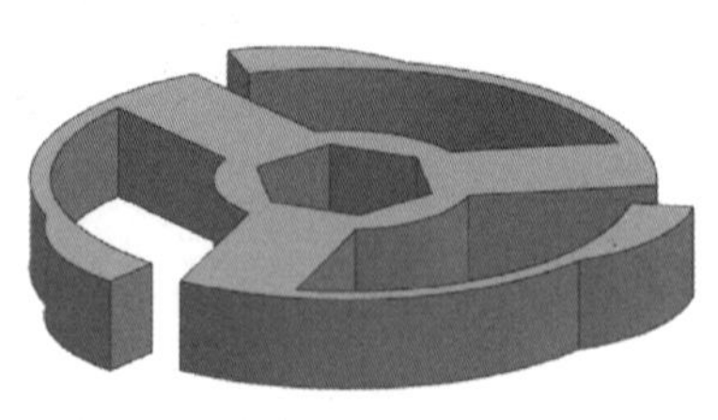

图 4-50　棘爪

（6）绘制发条和建模

1）绘制图样如图 4-51 所示。

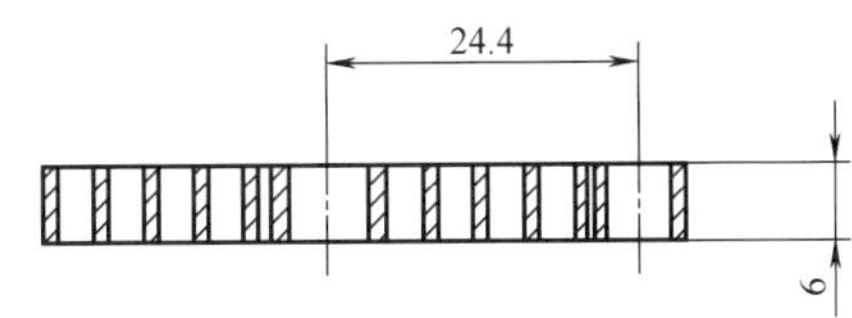

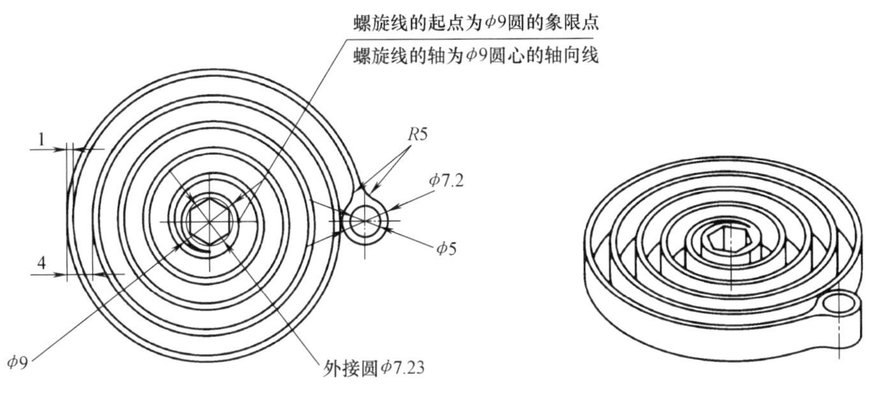

图 4-51　发条

2）启动 NX 软件新建任务。

3）绘制草图和拉伸

a. 单击工具栏中的“草图”图标，在弹出的对话框中直接单击“确定”按钮，默认选择 XY 平面。

b. 单击工具栏“草图曲线”中的、、、、等工具完成图 4-52 所示草图 1，然后再单击工具栏中“完成草图”图标，如图 4-52 所示。

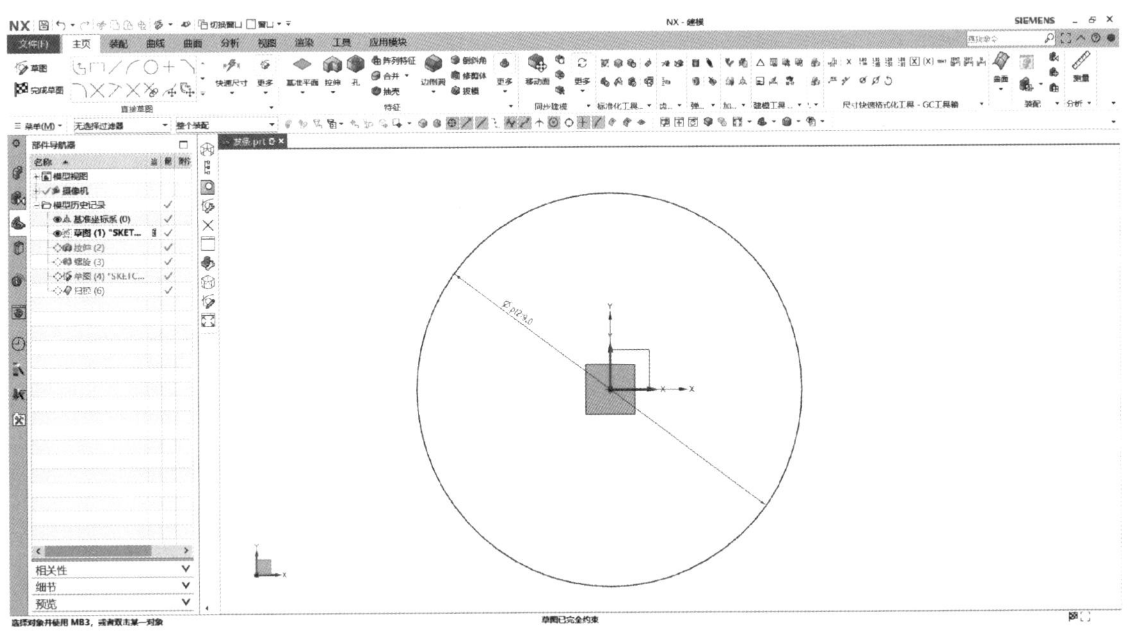

图 4-52　绘制草图 1

c.单击工具栏主页中的“拉伸”图标，在弹出对话框的“选择曲线”选项中选择曲线为草图 1，开始距离为 0mm、结束为 6mm，单击“确定”按钮，如图 4-53 所示。

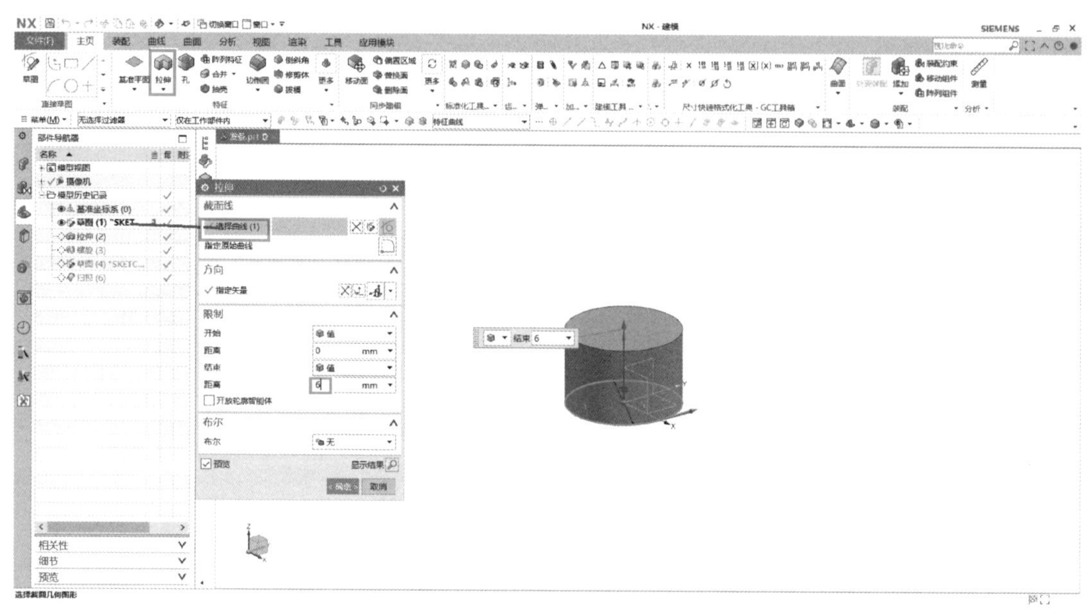

图 4-53　拉伸草图 1

d.单击工具栏“曲线”中的“螺旋”图标，在弹出的“螺旋”对话框中，设置方位：角度为 0；大小：规律类型为线性、起始值为 9mm、终止值为 48.8mm；螺距：规律类型为恒定、值为 0mm；长度：方法为圈数、圈数为 5；设置：旋转方向为左手，单击“确定”按钮，如图 4-54 所示。

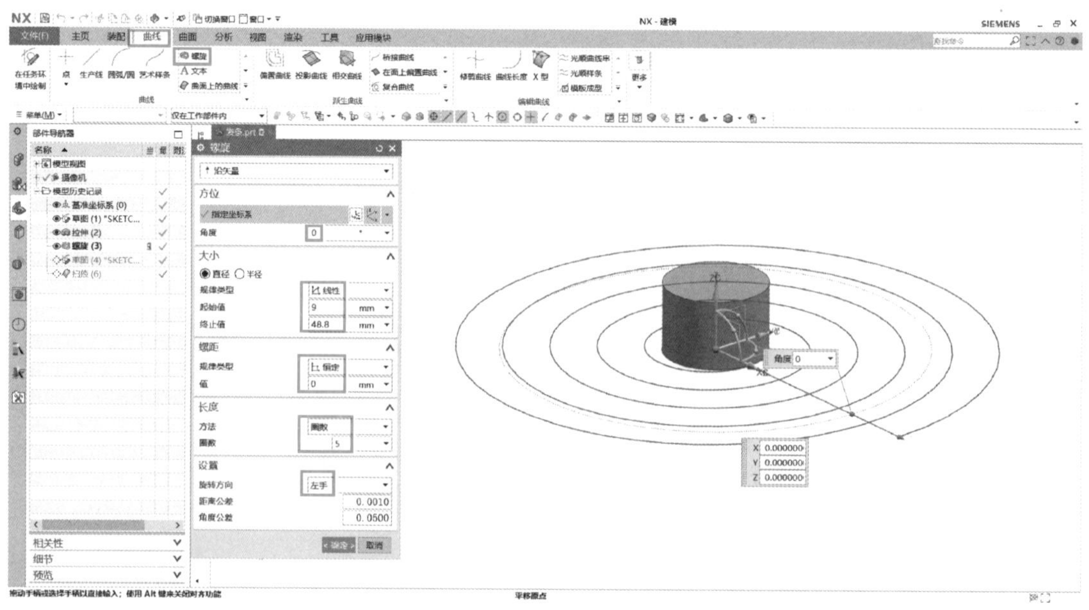

图 4-54　螺旋参数设置

e. 单击工具栏“主页”中的“拉伸”图标，在弹出对话框的“选择曲线”选项中选择曲线（选择曲线选项中设置为自动判断曲线）为螺旋（3），开始距离为 0mm、结束为 6mm，布尔为合并，偏置为两侧，开始为 -1mm、结束为 0mm，单击“确定”按钮，如图 4-55 所示。

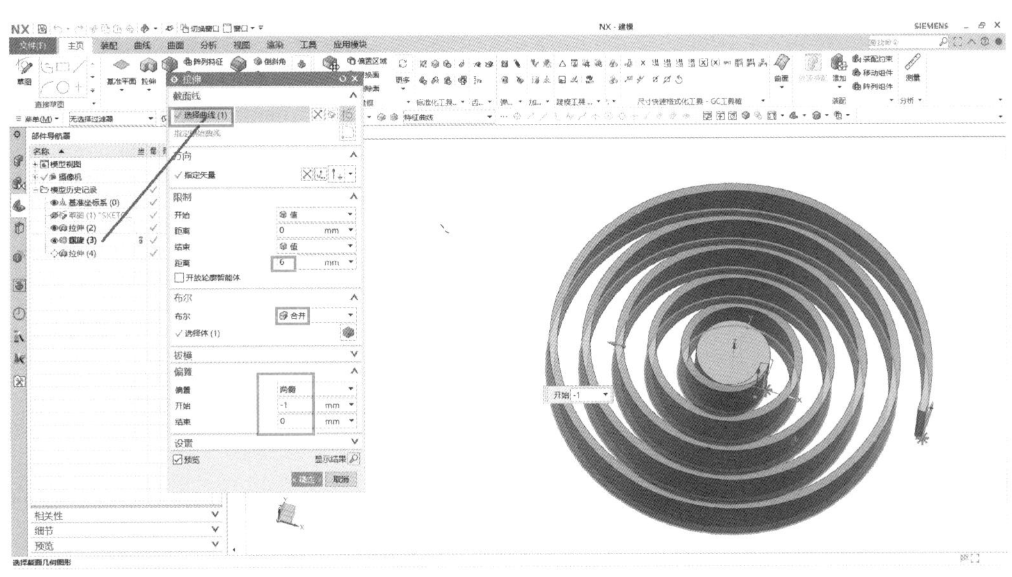

图 4-55　拉伸螺旋（3）

f. 单击工具栏“主页”中的“草图”图标，在弹出的对话框中直接单击“确定”按钮，默认选择 XY 平面。

g. 单击工具栏中的“草图曲线”中的◯、快速尺寸、等工具完成图 4-56 所示草图 5，单击工具栏中“完成草图”图标，如图 4-56 所示。

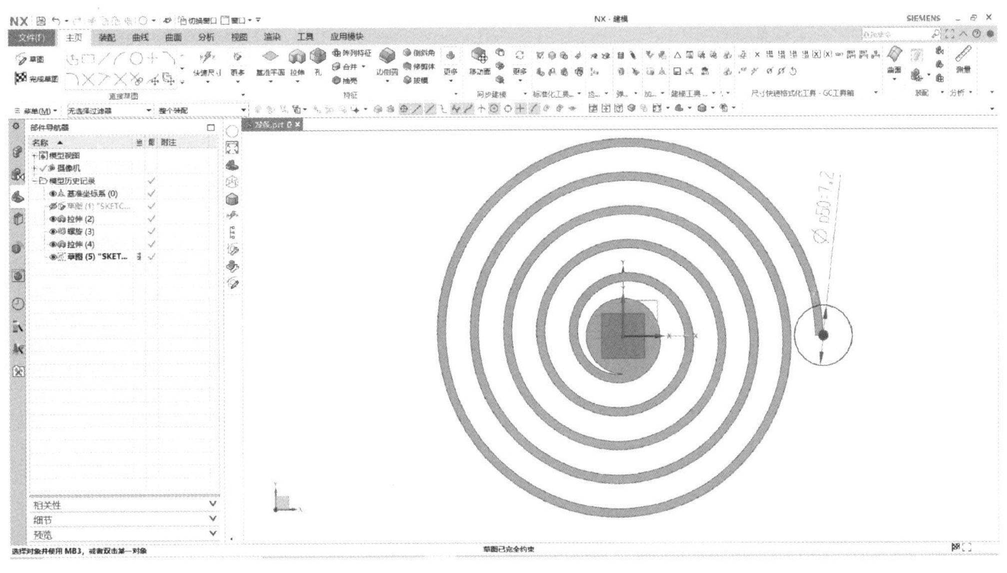

图 4-56　草图 5

h. 单击工具栏“主页”中的“拉伸”图标，在弹出对话框中的“选择曲线”选项中选择曲线（选择曲线选项中设置为自动判断曲线）为草图 5，开始距离为 0mm、结束为 6mm，布尔为合并，单击“确定”按钮，如图 4-57 所示。

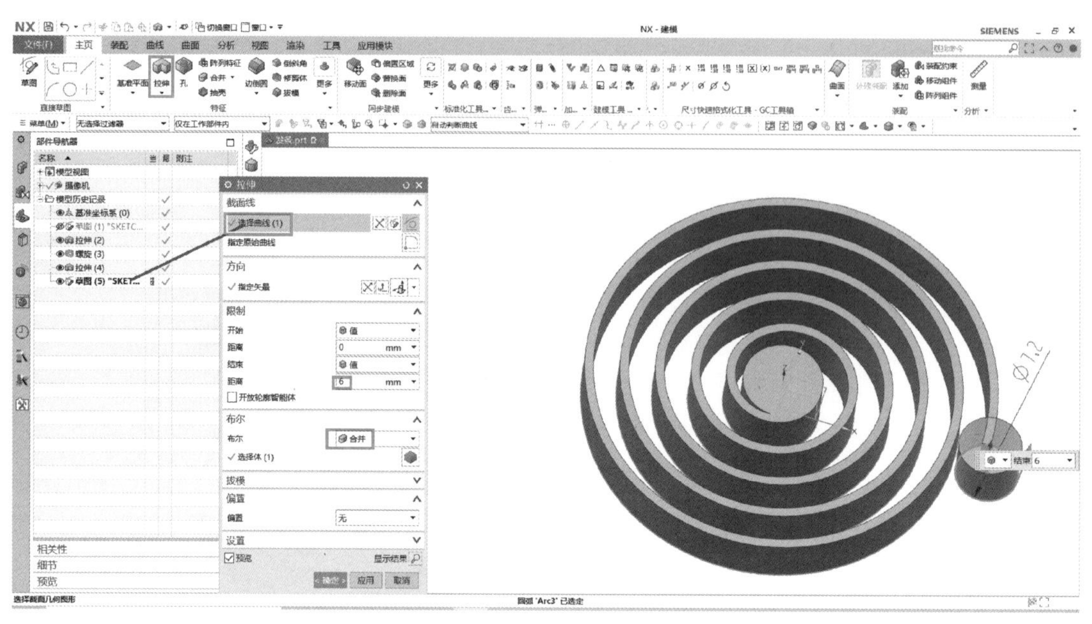

图 4-57　拉伸（草图 5）

i. 单击工具栏“主页”中的“孔”图标，在弹出对话框的选择位置选项中选择圆弧圆心，尺寸为直径 5mm、贯通，布尔为减去，单击“确定”按钮，如图 4-58 所示。

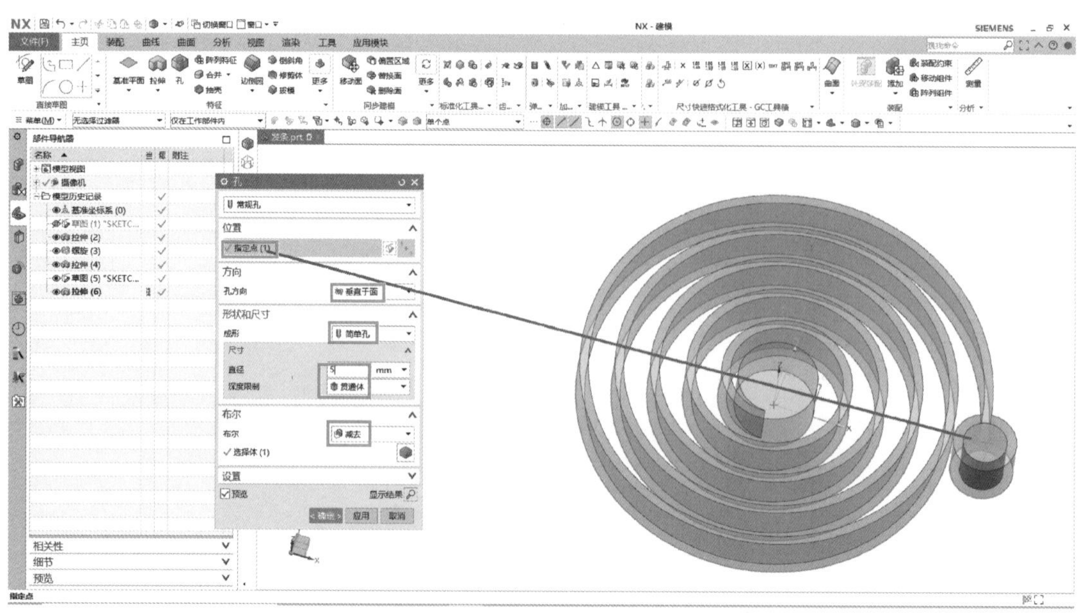

图 4-58　打孔

j. 单击工具栏“主页”中的“边倒圆”图标，在弹出对话框的“选择边”选项中分别选择相应边，如图 4-59 所示，对应的半径值为 5mm，单击“确定”按钮，完成所有需要倒圆角部位的操作，如图 4-59 所示。

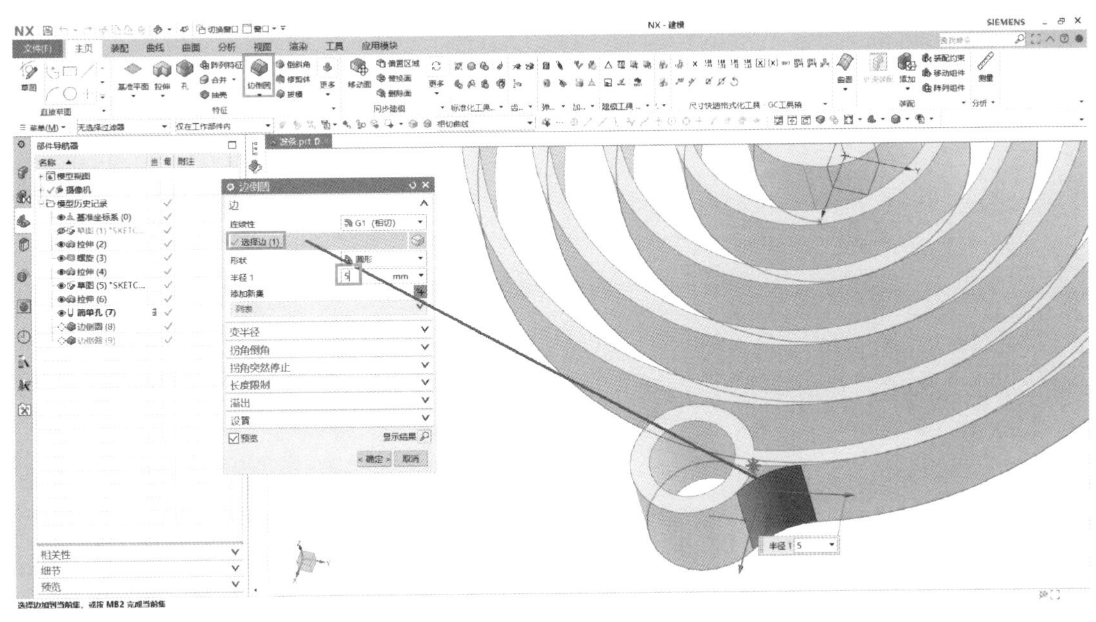

图 4-59　倒圆角（外圆）

k. 单击工具栏“主页”中的“边倒圆”图标，在弹出对话框的“选择边”选项中分别选择相应边，如图 4-60 所示，对应的半径值为 1mm，单击“确定”按钮，完成所有需要倒圆角部位的操作，如图 4-60 所示。

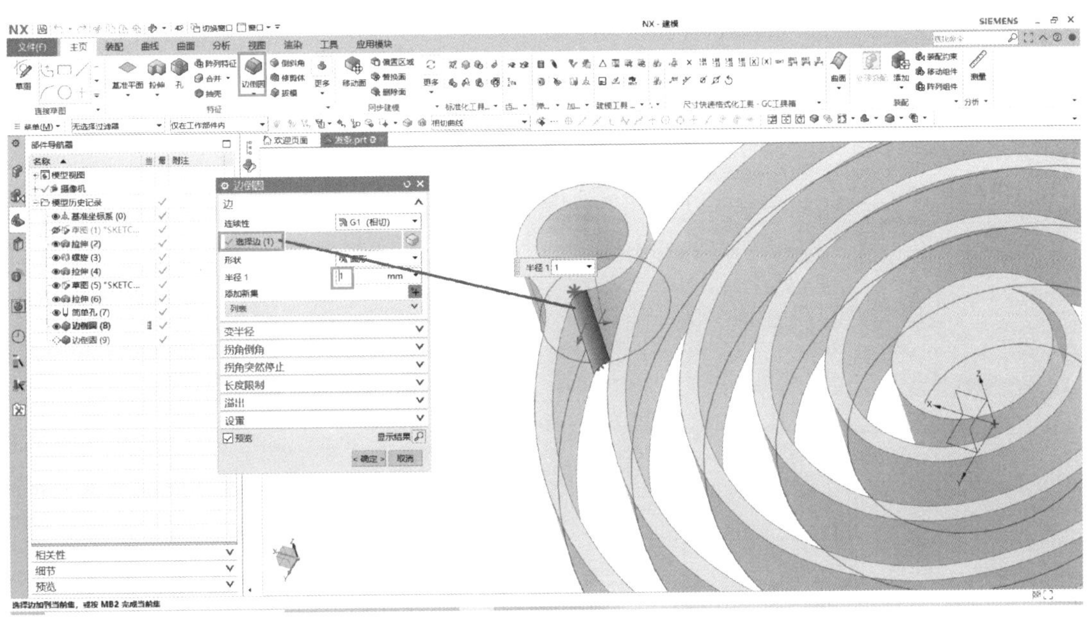

图 4-60　倒圆角（内圆）

l. 单击工具栏“主页”中的“草图”图标，在弹出的对话框中直接单击“确定”按钮，默认选择 XY 平面。

m. 单击工具栏中的“草图曲线”中的◯、、等工具完成如图 4-61 所示草图 10，单击工具栏中“完成草图”图标，如图 4-61 所示。

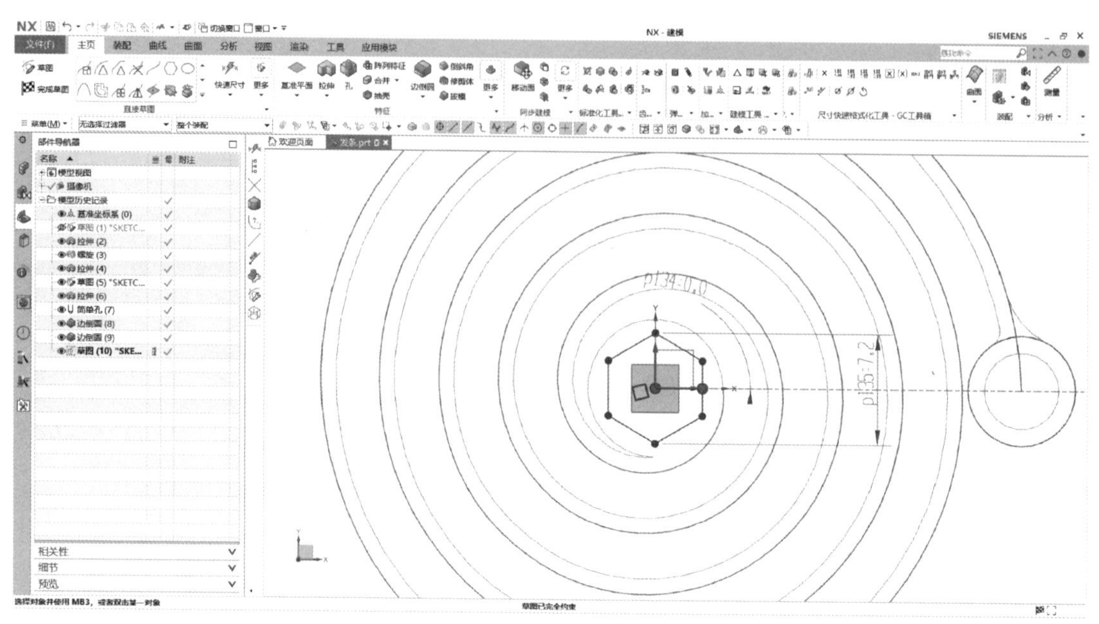

图 4-61　草图 10

n. 单击工具栏“主页”中的“拉伸”图标，在弹出对话框中的“选择曲线”选项中选择曲线（选择曲线设为自动判断曲线）为草图 10，开始距离为 0mm、结束为贯通，布尔为减去，单击“确定”按钮，如图 4-62 所示。

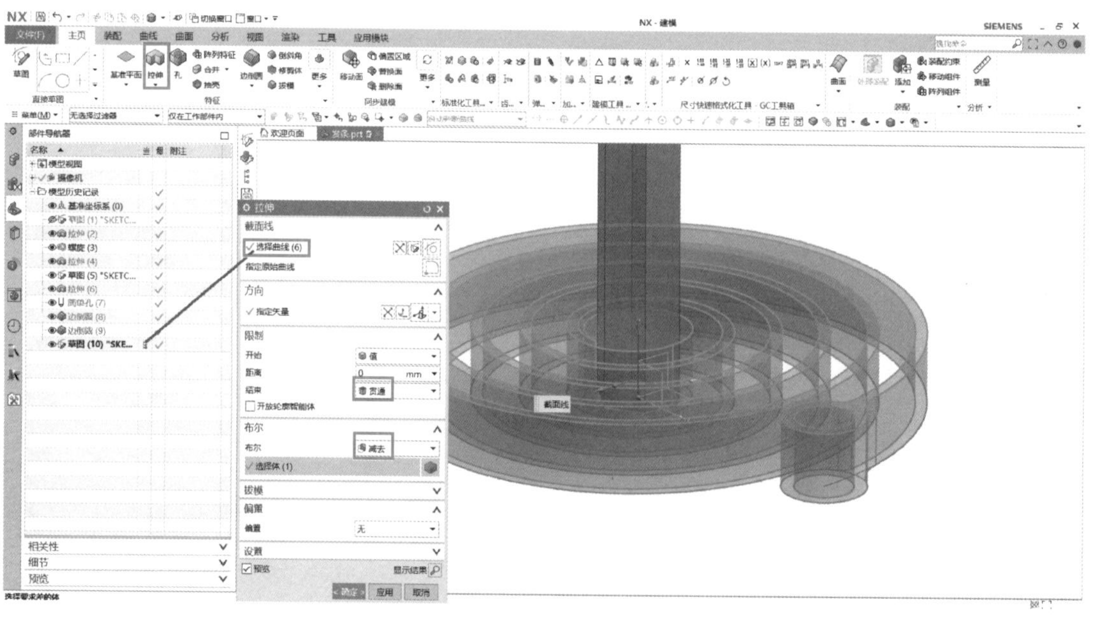

图 4-62　拉伸（草图 10）

（7）绘制前车盖和建模　如图 4-63 所示。

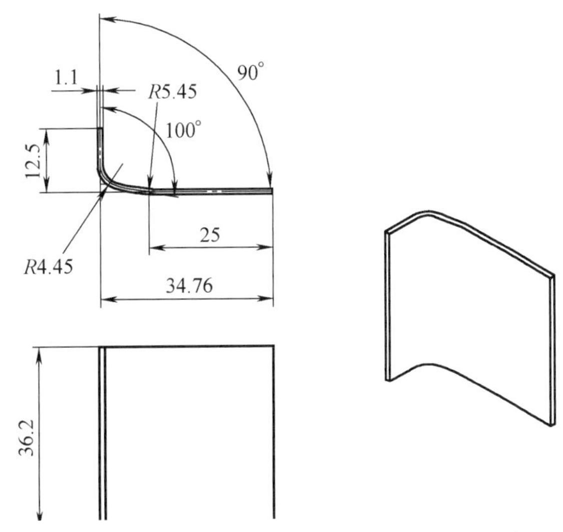

图 4-63　前车盖

（8）绘制短套筒和建模　如图 4-64 所示。

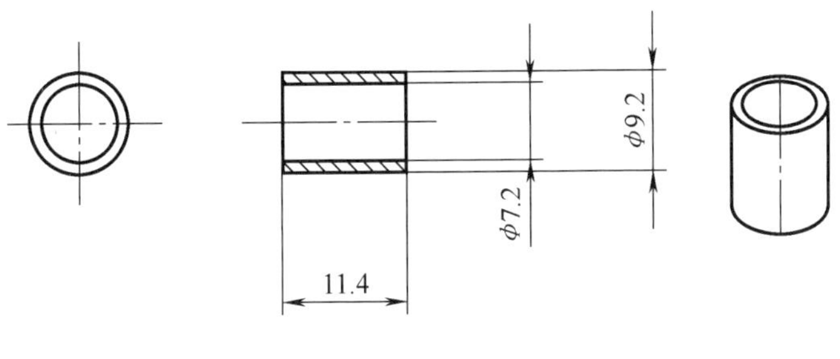

图 4-64　短套筒

（9）绘制左车身和建模　如图 4-65 所示。

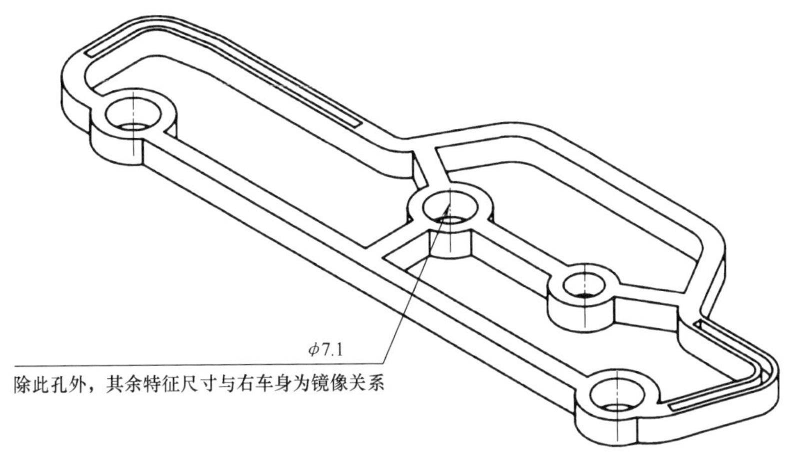

图 4-65　左车身

1）复制右车身，重命名为“左车身”。

2）修改孔 ϕ5.3mm 为 ϕ7.1mm，如图 4-65 所示。

（10）绘制把手和建模　如图 4-66 所示。

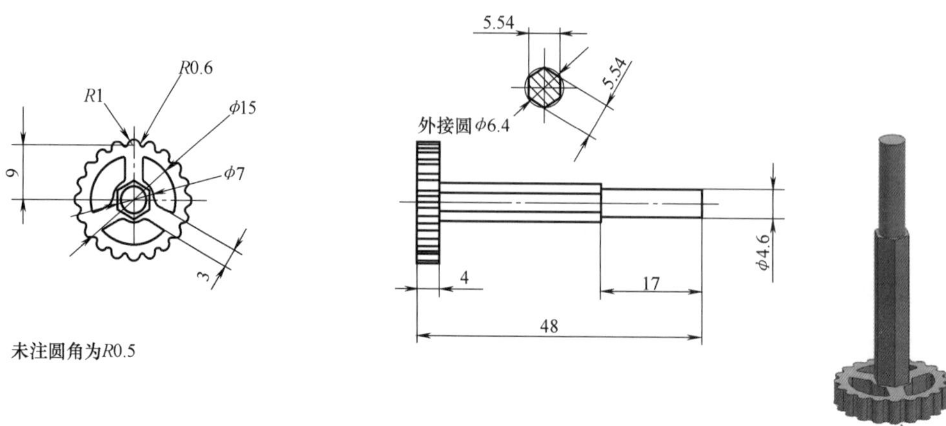

图 4-66　把手

（11）绘制后车盖和建模　如图 4-67 所示。

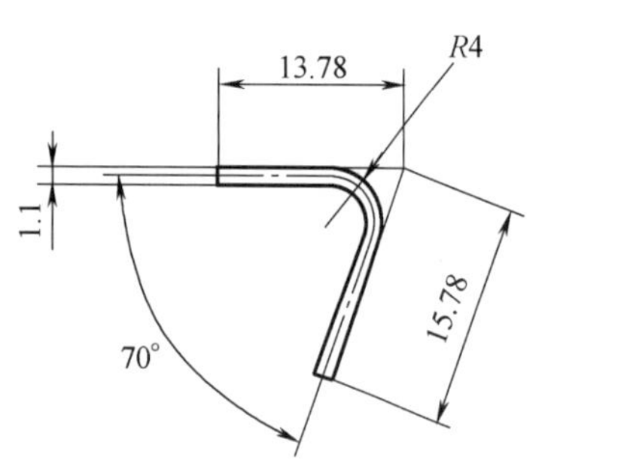

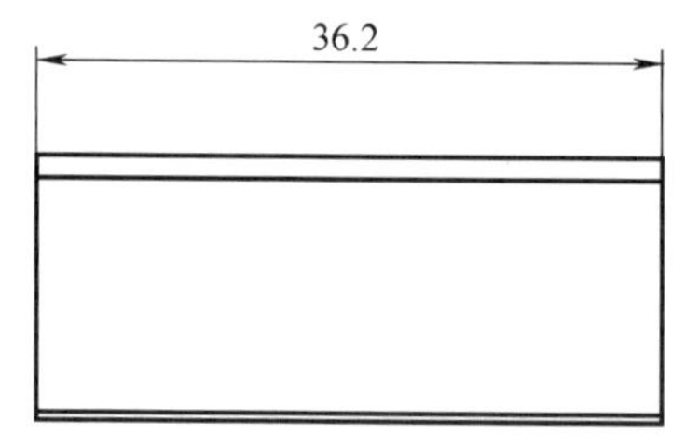

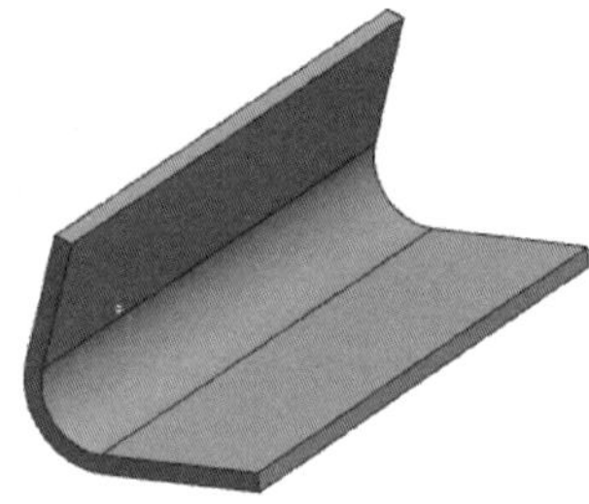

图 4-67　后车盖

（12）绘制圆轴和建模　如图 4-68 所示。

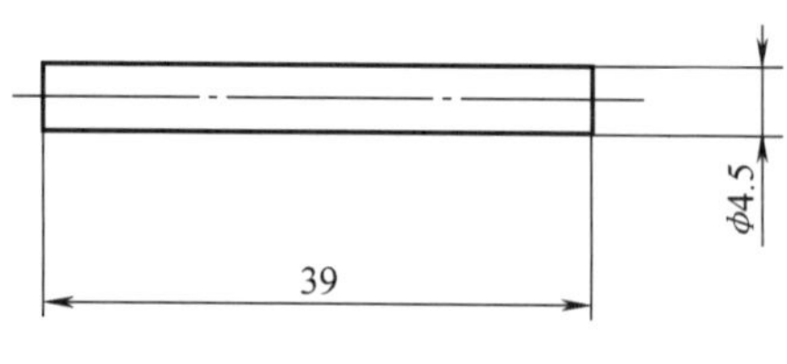

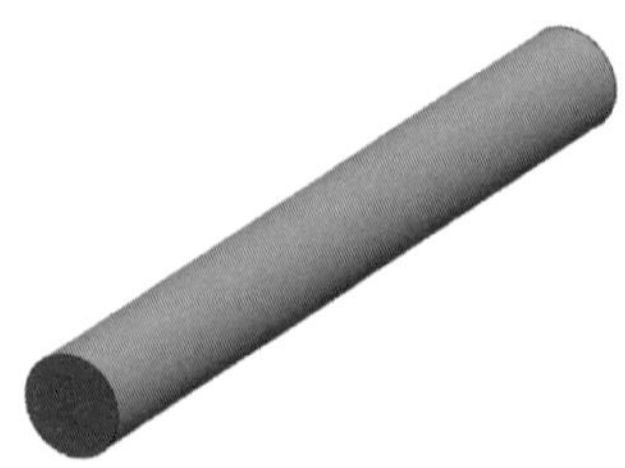

图 4-68　圆轴

（13）绘制小齿轮和建模　如图 4-69 所示。

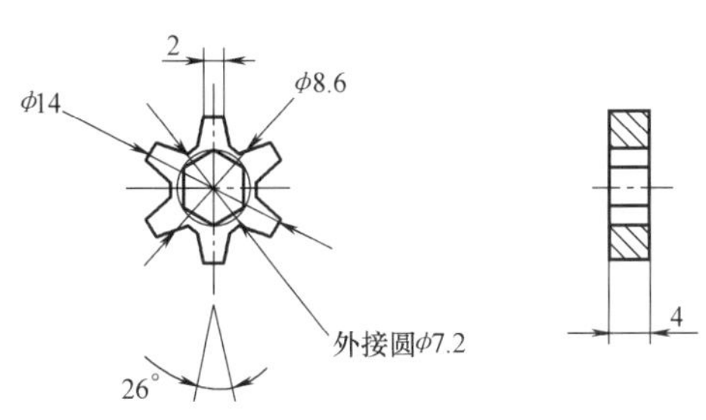

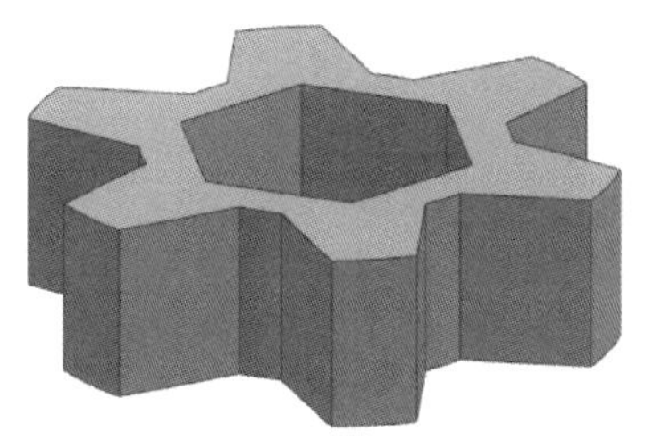

图 4-69　小齿轮

(14) 绘制大齿轮和建模　如图 4-70 所示。

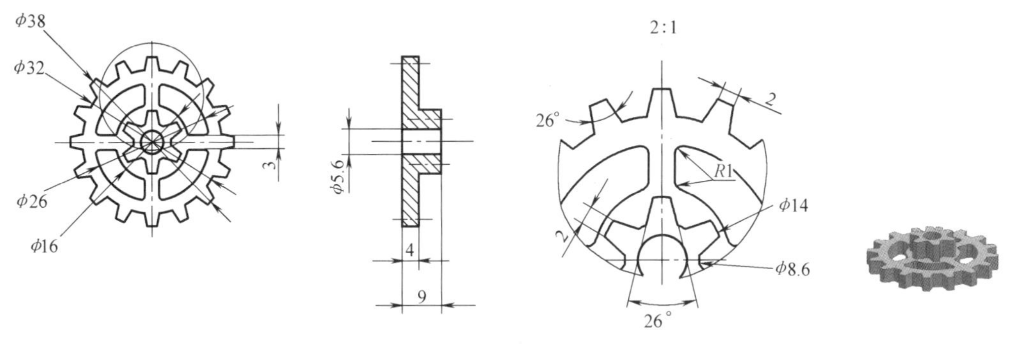

图 4-70　大齿轮

2. 切片、导出数据并上机打印

参考本书第二章、第三章相关内容，打印结果如图 4-71 所示。

图 4-71　发条小车打印效果

总结提升

由于 FDM 打印机使用的材料 PLA 有热胀冷缩的特性，打印机本身也存在打印误差，因而在设计过程中孔与轴的装配尺寸、内配合等相关尺寸要留一定的距离，如轴的尺寸要比孔小 0.25 ～ 0.4mm（具体看机器情况）才能装配进去。

实训评价表

实训评价表

考核内容		分值	备注	得分
1. 环保与节能 (5 分)	打印耗时			
	打印耗材 /g			
	打印任务没结束留守打印机			
	打印结束后退丝			
2. 团队协作能力（5 分）	小组长沟通协调能力			
	小组成员基本操作熟练能力			
	存在问题通过集体沟通解决能力			
	各小组与指导老师的沟通能力			
	发现问题与改进能力			
3. 操作规范与纪律（5 分）	佩戴工作手套			
	不能触碰打印头（高温达 260℃）			
	不能单独拆装机器（由老师操作）			
	不能单独离开工位			
	课堂纪律			
4. 产品尺寸与装配（80 分）	三维模形的正确性			
	设计产品的外观			
	打印基准面选择合理			
	打印工艺合理			
	尺寸与装配			
	有创意设计			
	产品成品完成度			
5. 工量具与环境整洁（5 分）	工量具规范摆放			
	维护工位及其周边环境整洁			
团队总分				

第八节　十字轴传动装置的设计与打印案例

任务与装配图图样要求

根据给出的图 4-72 所示图样用 NX 软件进行设计，输出 STL 格式文件后分配切片参数和打印。要求将十字轴传动装置打印出来。

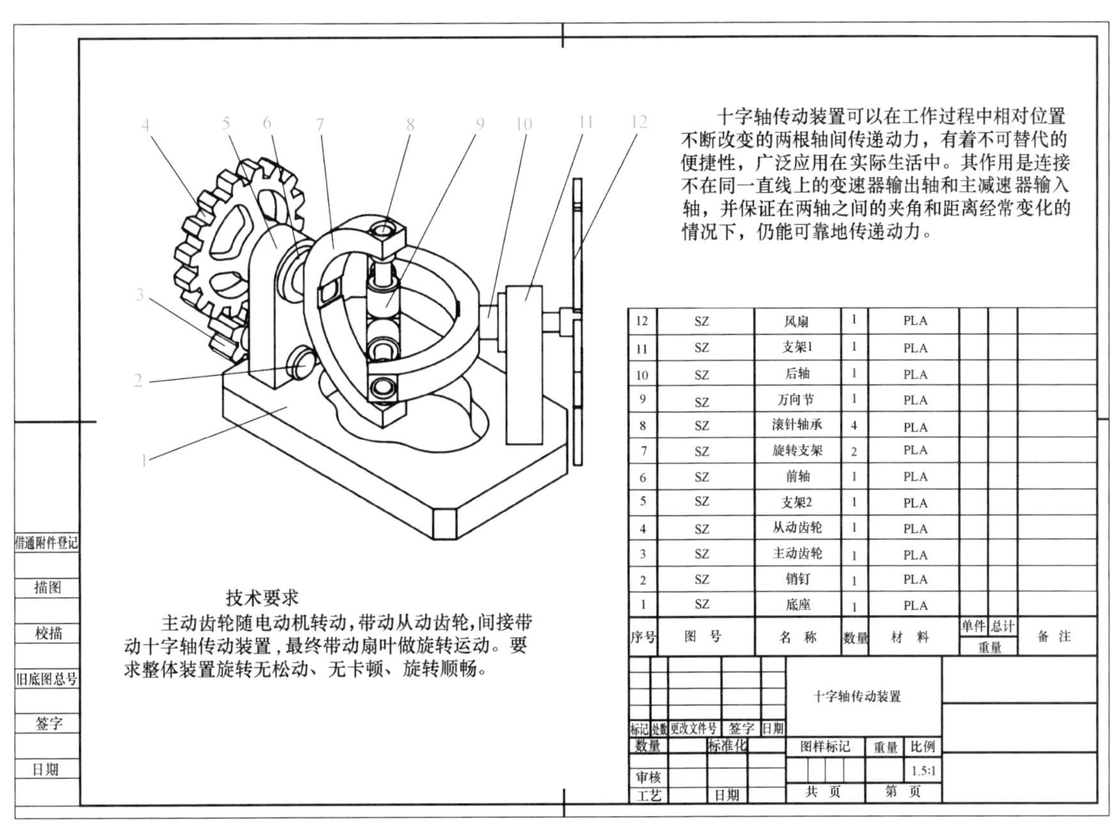

序号	图号	名称	数量	材料	单件重量	总计重量	备注
12	SZ	风扇	1	PLA			
11	SZ	支架1	1	PLA			
10	SZ	后轴	1	PLA			
9	SZ	万向节	1	PLA			
8	SZ	滚针轴承	4	PLA			
7	SZ	旋转支架	2	PLA			
6	SZ	前轴	1	PLA			
5	SZ	支架2	1	PLA			
4	SZ	从动齿轮	1	PLA			
3	SZ	主动齿轮	1	PLA			
2	SZ	销钉	1	PLA			
1	SZ	底座	1	PLA			

图 4-72　十字轴传动装置装配图

任务实施

QR 微课视频直通车 17：

手机微信扫描右侧二维码来观看学习吧。

1. 十字轴传动装置所有零部件建模

（1）绘制底座和建模　如图 4-73 所示。

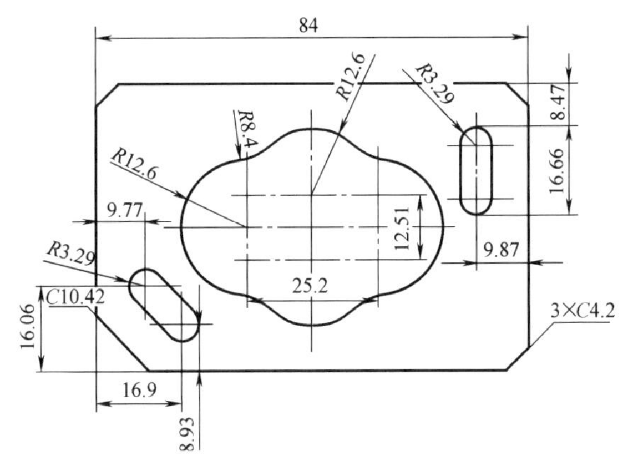

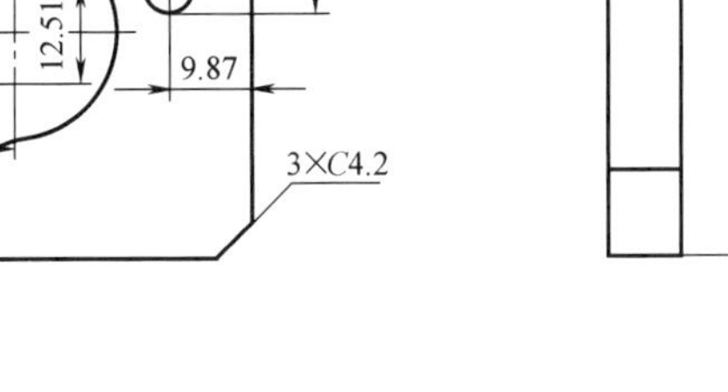

图 4-73　底座

（2）绘制支架 1 和建模　如图 4-74 所示。

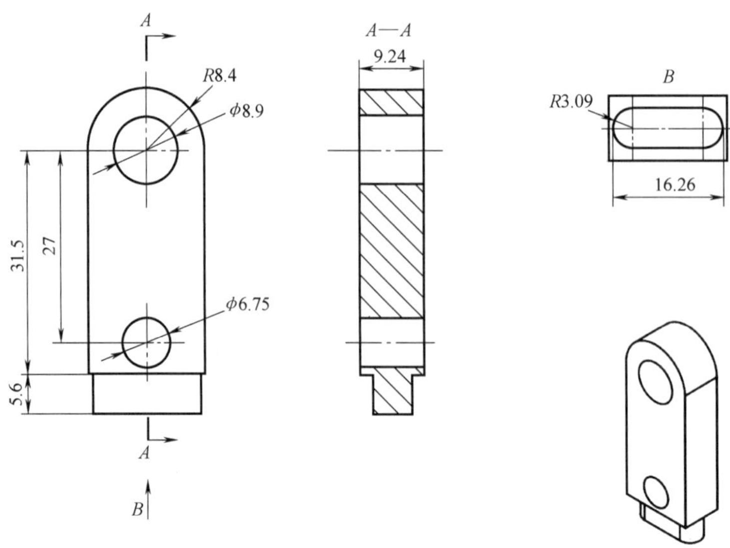

图 4-74　支架 1

（3）绘制支架 2 和建模　如图 4-75 所示。

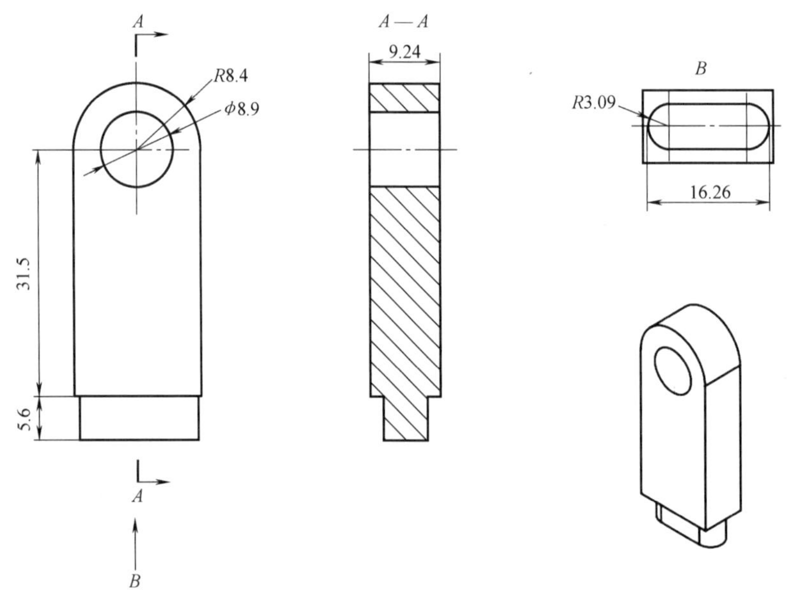

图 4-75　支架 2

（4）绘制销和建模　如图 4-76 所示。

（5）绘制主动齿轮和建模　如图 4-77 所示。

（6）绘制从动齿轮和建模　如图 4-78 所示。

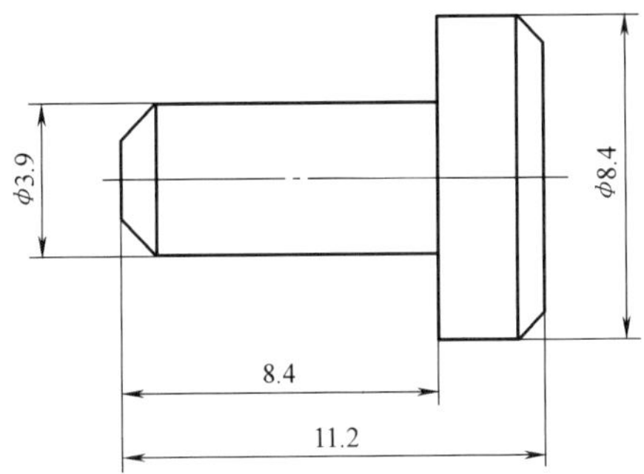

技术要求

1.未注倒角C0.8。

2.与主动齿轮配合尺寸自行定义。

3.配合表面可做轻微打磨处理。

图 4-76　销

齿数	6
齿顶圆直径	φ16.8

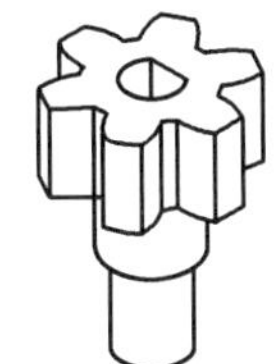

技术要求

1.齿形不做限制能实现啮合即可。

2.配合尺寸自行设计,图上尺寸仅供参考。

图 4-77　主动齿轮

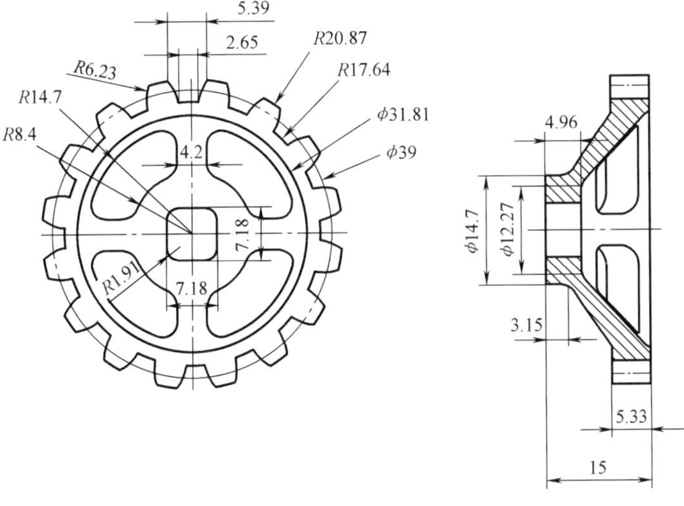

齿数	16
齿顶圆直径	φ41.73

技术要求

1.未注圆角R2.1。

2.齿形不做限制,能实现啮合即可。

3.配合尺寸自行设计,图上尺寸仅供参考。

图 4-78　从动齿轮

（7）绘制前轴和建模　如图 4-79 所示。

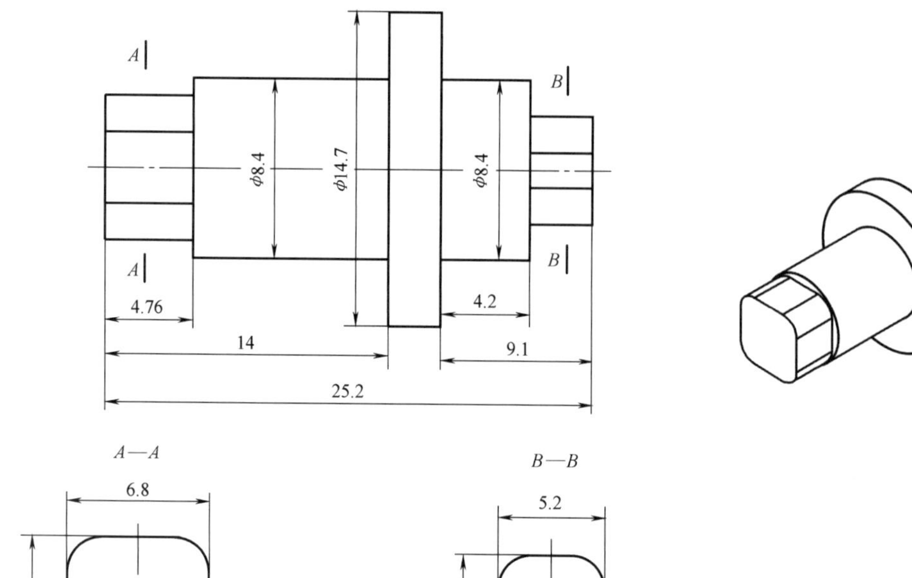

技术要求

1.配合尺寸自行设计，图上尺寸仅供参考。

2.配合表面可做轻微打磨处理。

图 4-79　前轴

（8）绘制后轴和建模　如图 4-80 所示。

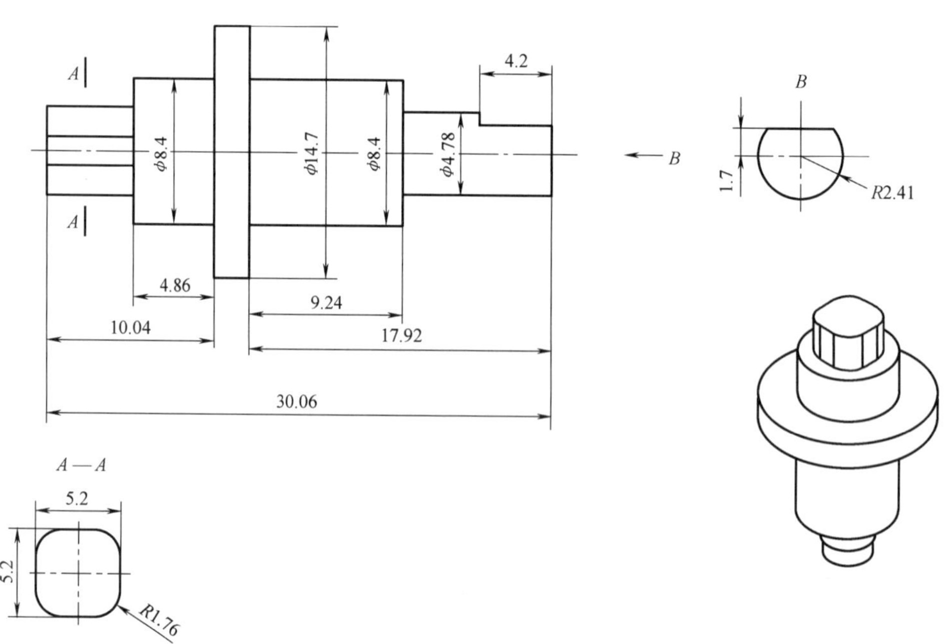

图 4-80　后轴

(9) 绘制滚针轴承和建模　如图 4-81 所示。

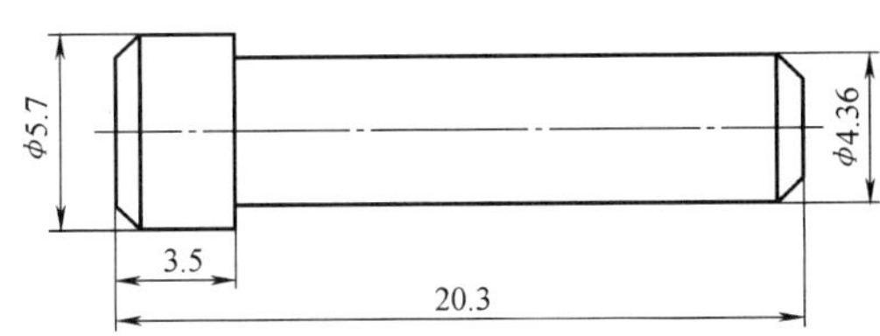

技术要求

1.配合尺寸自行设计，图上尺寸仅供参考。
2.配合表面可做轻微打磨处理。
3.未注倒角C0.7。

图 4-81　滚针轴承

(10) 绘制万向节和建模　如图 4-82 所示。

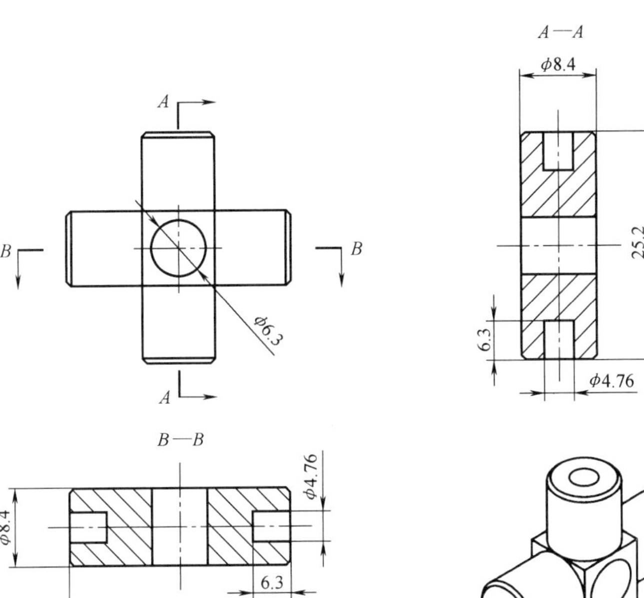

技术要求

1.配合尺寸自行设计，图上尺寸仅供参考。
2.配合表面可做轻微打磨处理。
3.未注倒角均为C1。

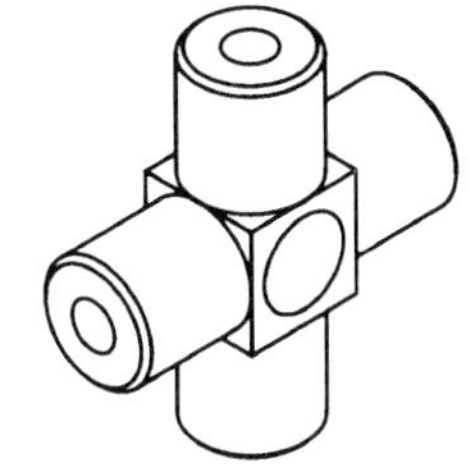

图 4-82　万向节

(11) 绘制风扇和建模　如图 4-83 所示。

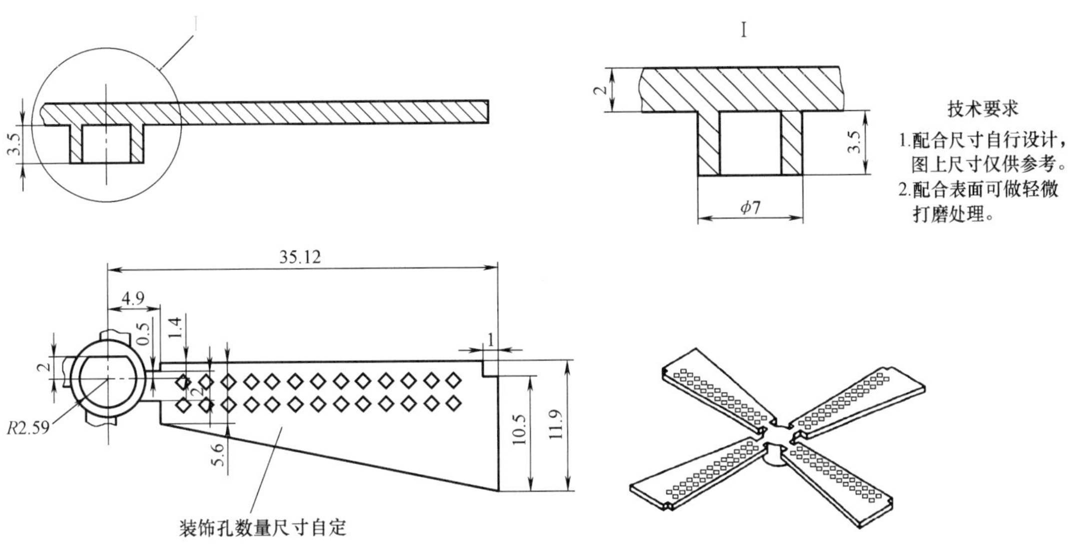

图 4-83　风扇

（12）绘制旋转支架和建模　如图 4-84 所示。

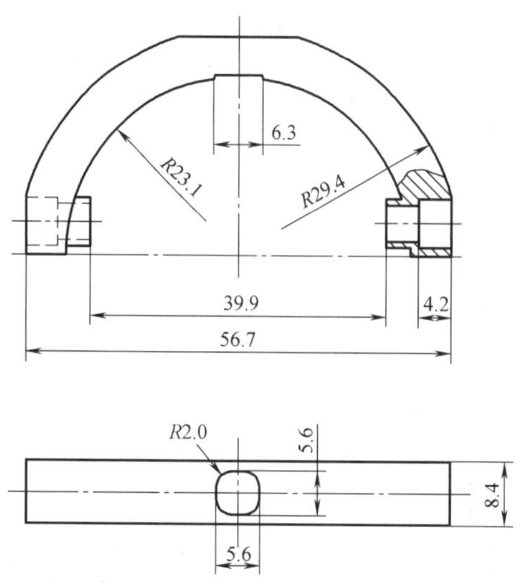

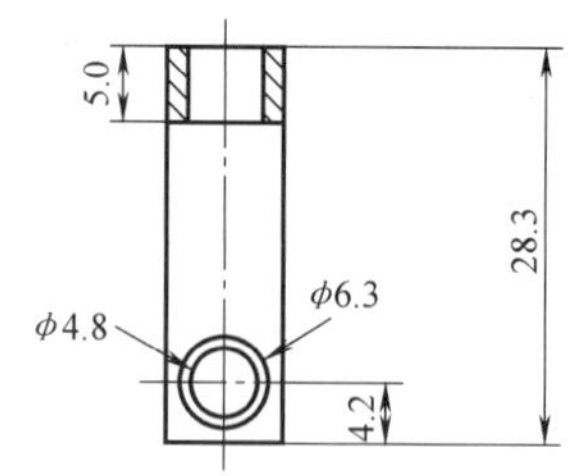

图 4-84　旋转支架

2. 切片导出数据

参考本书第二章常用切片软件的相关内容。

3. 上机打印

参考本书第三章 FDM 设备打印操作的相关内容，打印结果如图 4-85 所示。

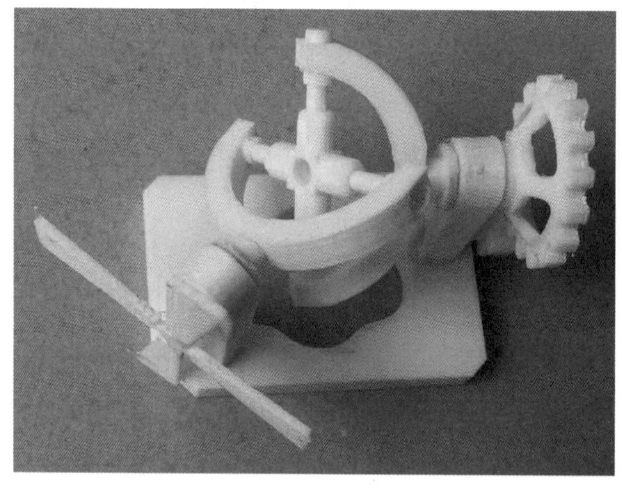

图 4-85　打印装配件结果

总结提升

由于 FDM 打印机使用的材料 PLA 有热胀冷缩的特性，打印机本身也存在打印误差，因而在设计过程中孔与轴装配尺寸、内配合等相关尺寸要留一定的距离，如轴的尺寸要比孔小 0.25 ～ 0.4mm（具体看机器情况）才能装配进去。

实训评价表

实训评价表

考核内容		分值	备注	得分
1. 环保与节能（5 分）	打印耗时			
	打印耗材 /g			
	打印任务没结束留守打印机			
	打印结束后退丝			
2. 团队协作能力（5 分）	小组长沟通协调能力			
	小组成员基本操作熟练能力			
	存在问题通过集体沟通解决能力			
	各小组与指导老师的沟通能力			
	发现问题与改进能力			
3. 操作规范与纪律（5 分）	佩戴工作手套			
	不能触碰打印头（高温达 260℃）			
	不能单独拆装机器（由老师操作）			
	不能单独离开工位			
	课堂纪律			
4. 产品尺寸与装配（80 分）	三维模形的正确性			
	设计产品的外观			
	打印基准面选择合理			
	打印工艺合理			
	尺寸与装配			
	有创意设计			
	产品成品完成度			
5. 工量具与环境整洁（5 分）	工量具规范摆放			
	工位及其周边环境整洁			
团队总分				

第九节　STL 模型壳件处理及打印案例

平时我们会碰到很多实心体模型，实心体的空间采用增材制造工艺时很浪费材料与打印时间，而且 STL 格式的三角形面片模型制作成壳件的样例很少，很多复杂曲面的模型抽壳操作很困难，采用本案例介绍的方法则能完美解决这一难题。

任务与图样要求

根据给出的 STL 模型，如图 4-86 所示，此任务利用 Materialise Magics 22.0、Autodesk PowerShape Ultimate 2018 软件对模型进行抽壳处理，用 LimitState.FIX 软件进行修复。

图 4-86　模型壳件示意

任务实施

QR 微课视频直通车 18：
手机微信扫描右侧二维码来观看学习吧。

1. 壳件处理

（1）安装好 Materialise Magics 22.0、Autodesk PowerShape Ultimate 2018 和 Limit-State.FIX 及切片软件。

（2）在 Materialise Magics 22.0 软件中打开 STL 模型并进行抽壳处理。

1）启动 Materialise Magics 22.0 软件，如图 4-87 所示。

2）单击图标，在弹出的对话框中选择打开文件格式为 STL，找到财神 1STL 模型，在弹出的“导入零件”对话框中选择自动摆放、导入时自动修复，单击“确定”按钮，如图 4-88 所示。

3）在工具栏中单击“修复”→“修复向导”→“诊断”诊断→“更新”更新→根据建议按钮，如图 4-89 所示。

4）在弹出的修复向导中选择“自动修复”→“关闭”按钮，如图 4-90 所示。

5）单击工具栏“工具”中的“外壳和内核”图标，在弹出的“外壳和内核”对话框中输入外壳厚度为 1.6mm，“芯体类型”为“Hollowed”，“精度”为“Average”，单击“确定”按钮，如图 4-91 所示。

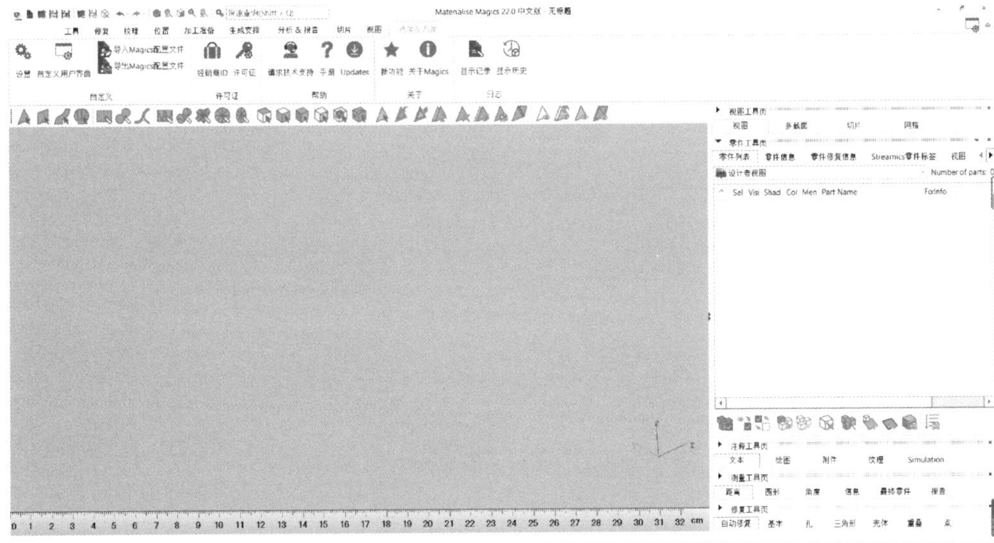

图 4-87　Materialise Magics 22.0 软件界面

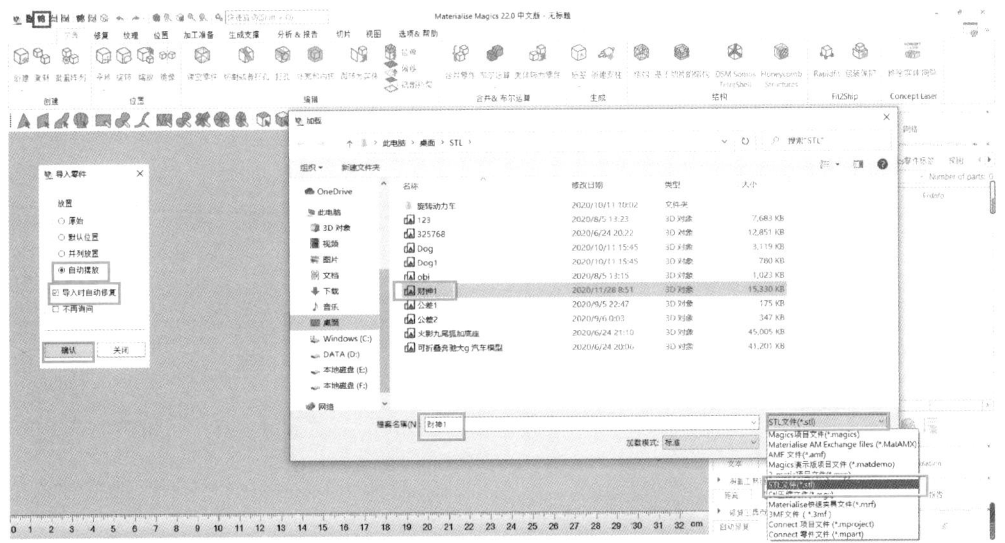

图 4-88　导入零件

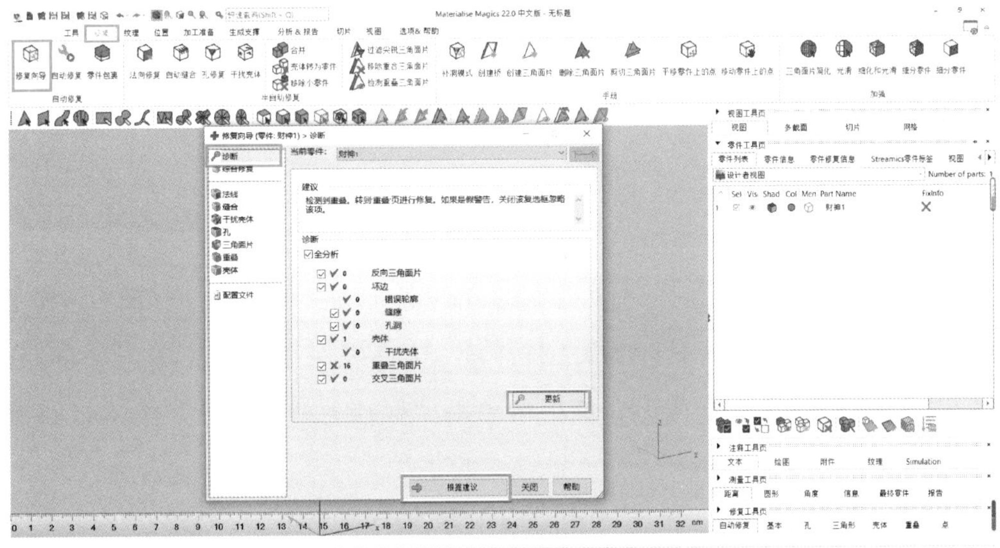

图 4-89　修复向导

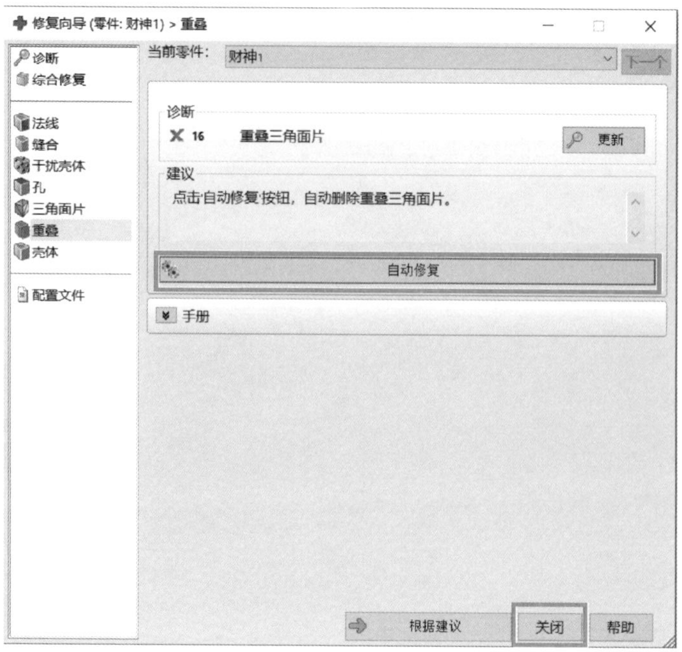

图 4-90　自动修复

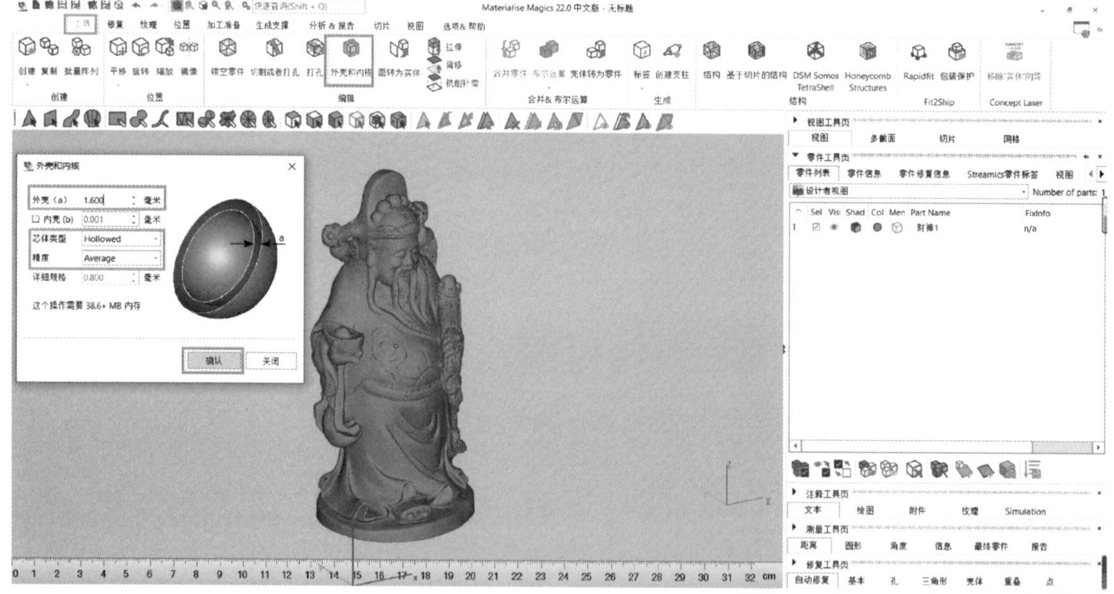

图 4-91　外壳和内核

6）在右边零件列表中选择已经抽取的壳件名称为“HaC_of_财神 1”和“外表面”在工具栏中单击“零件另存为”图标，选择好保存目录，单击“存档（S）”按钮，如图 4-92 所示，在弹出的对话框中单击“保存为独立文件”按钮，如图 4-93 所示。

（3）使用 Autodesk PowerShape Ultimate 2018 软件进行开底处理

1）启动 Autodesk PowerShape Ultimate 2018 软件，软件界面如图 4-94 所示。

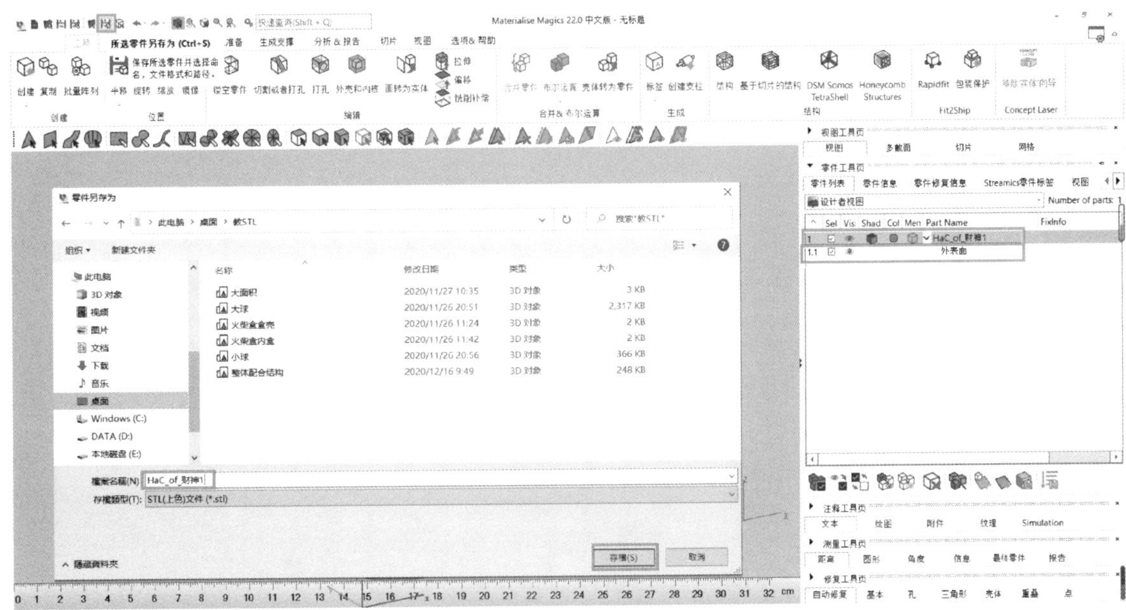

图 4-92　存档

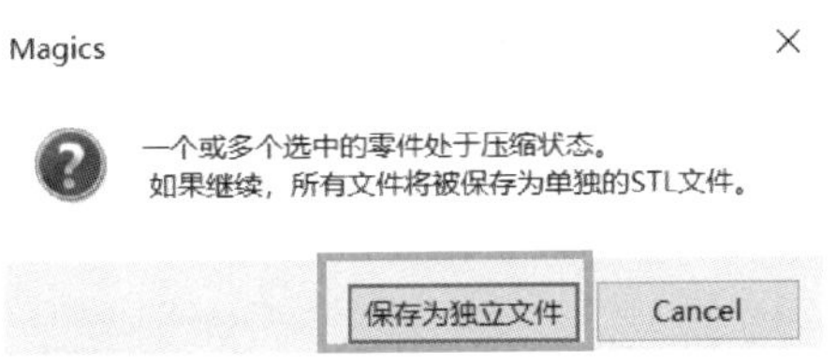

图 4-93　保存为独立文件

图 4-94　PowerShape 软件界面

2）单击工具栏中的“文件”→“Import”导入，在弹出的“输入文件”对话框中选择上面生成的“HaC_of_财神 1_外表面”STL 文件，单击“确定”按钮，如

图 4-95 所示。

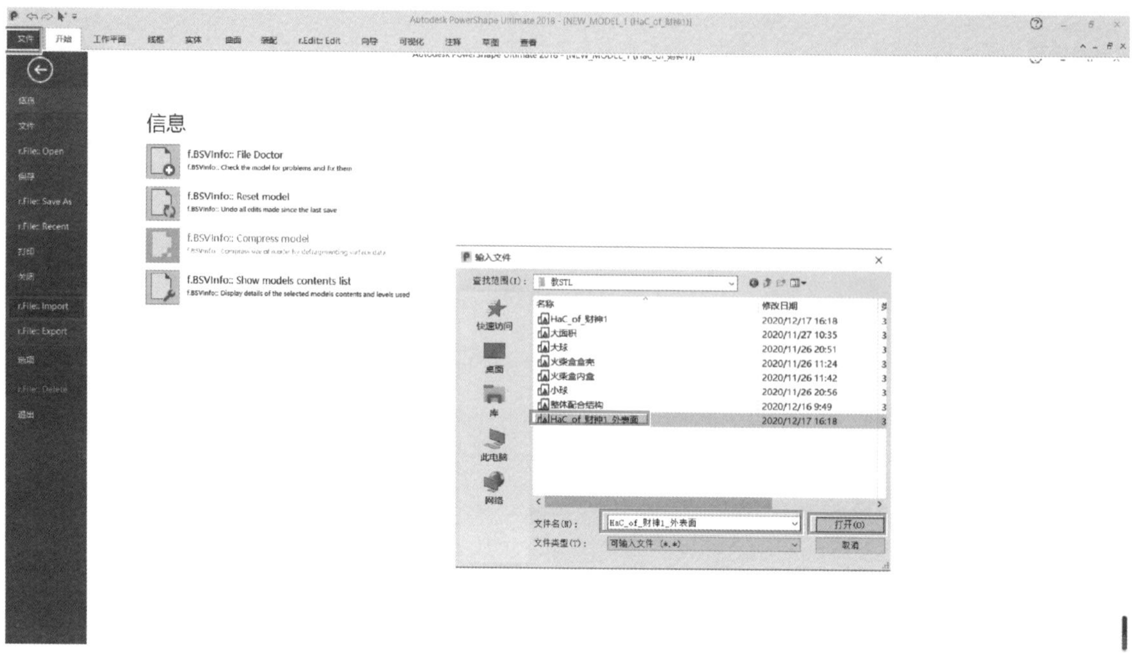

图 4-95 导入文件

3）单击工具栏中的“可视化”→“动态剖面”，在弹出的“动态剖面”对话框中选择 Z 轴，在后视角中单击，在后平面创建一个坐标系，单击“确定”按钮，如图 4-96 所示。

图 4-96 创建动态剖面

4）在左下角单击世界坐标系，选择刚刚新建的坐标系 1，如图 4-97 所示。

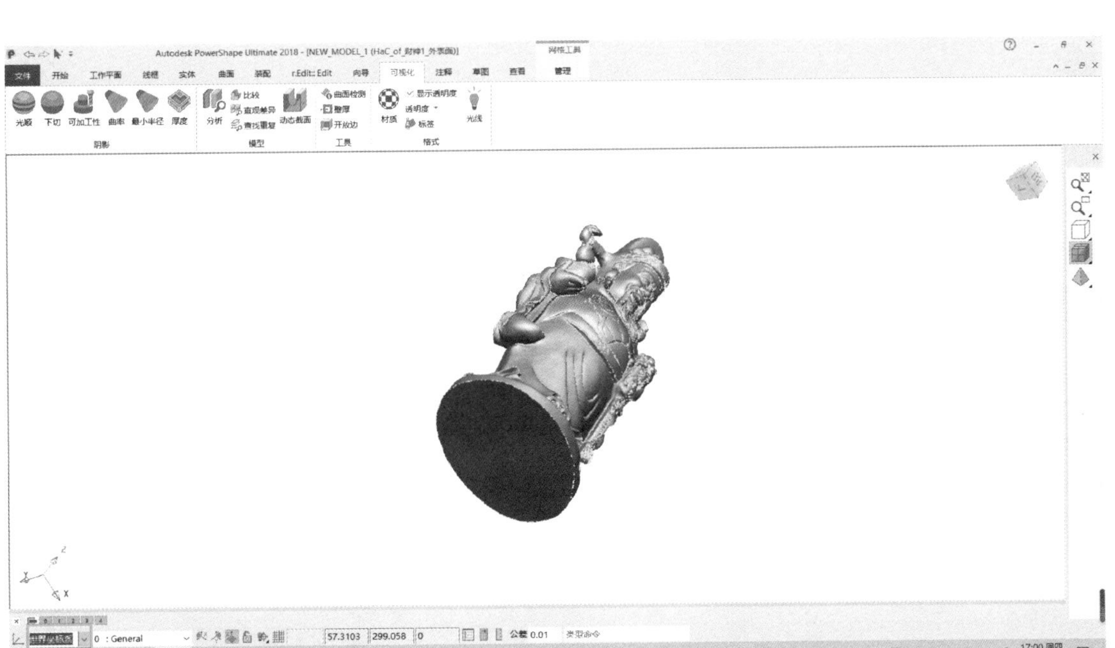

图 4-97　新建世界坐标系

5）单击工具栏中的“线框”→“圆弧” →选择坐标系 1 的原点作为圆心，拖动半径箭头调整圆的大小大于模型底部，如图 4-98 所示。

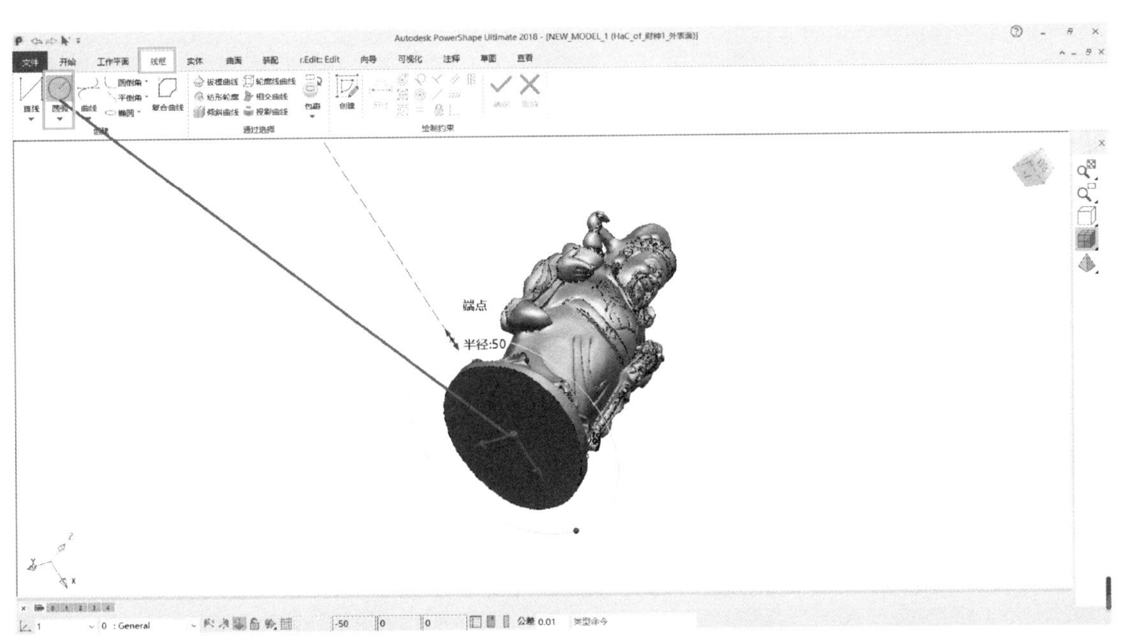

图 4-98　绘制圆弧

6）单击工具栏中的“实体”→“挤出” ，用鼠标双击已经预挤出的实体，在弹出的“挤出”对话框中修改方向 1、方向 2 的长度值，靠近模型的长度为 2mm，远离模型的长底值为 20mm，单击“确定”按钮，如图 4-99 所示。

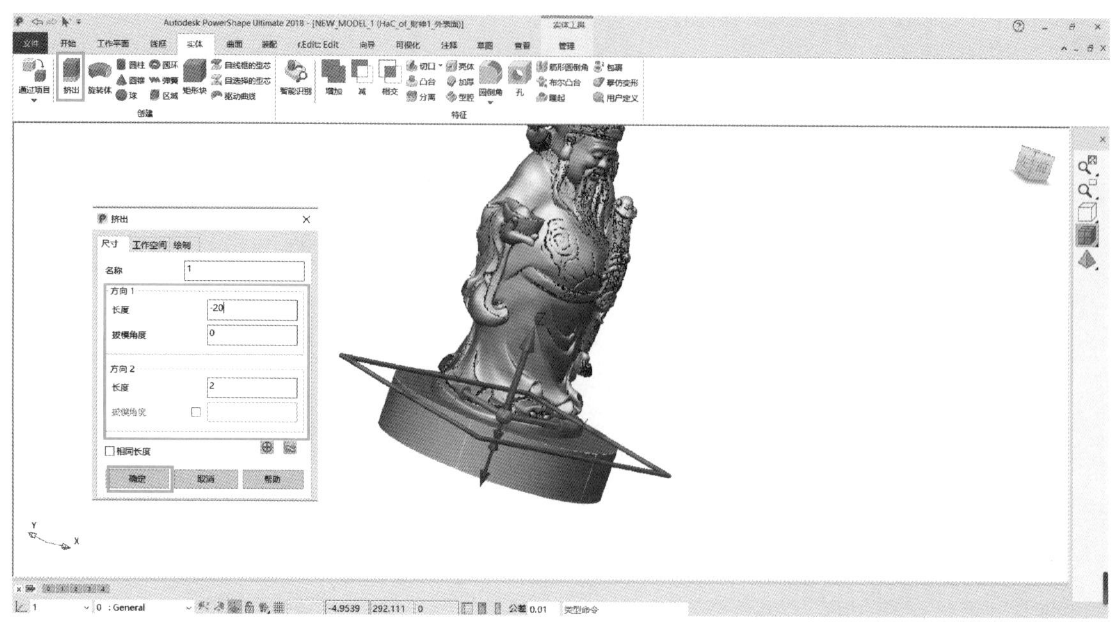

图 4-99　挤出圆柱

7）单击工具栏中的“管理”→选择刚挤出的实体圆柱→单击工具栏中“到网格”图标，如图 4-100 所示。

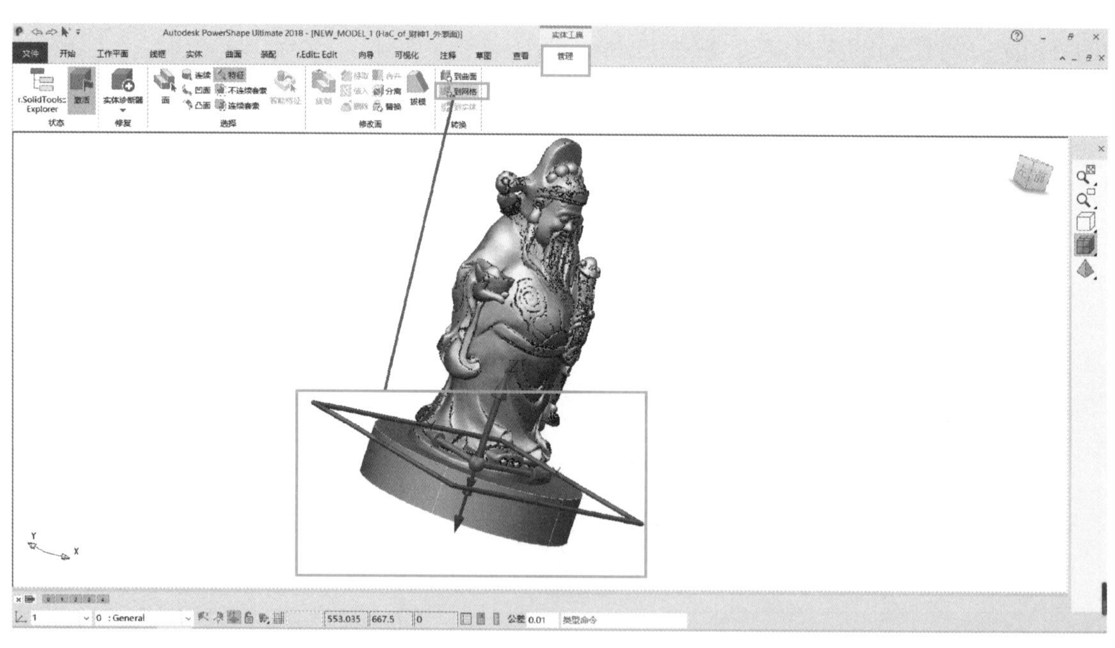

图 4-100　转换成网格 STL 文件

8）单击工具栏中的“实体”→“布尔减”，在弹出的“布尔减”对话框中“主选择”为财神模型，“次选择”为刚转换为圆柱的网格圆柱体，勾选“使用重合面的复制（慢）”，单击“确定”按钮，如图 4-101 所示。

9）单击工具栏中的“文件”→“r.File：：Export”，如图 4-102 所示，在弹出的“输出”对话框中选择“未知”，单击“下一步”按钮，如图 4-103 所示，在弹

出的“输出文件”对话框中选择保存类型为STL格式，单击“保存（S）”按钮，如图4-104所示，选择“可见”，单击“完成”按钮，如图4-105所示。

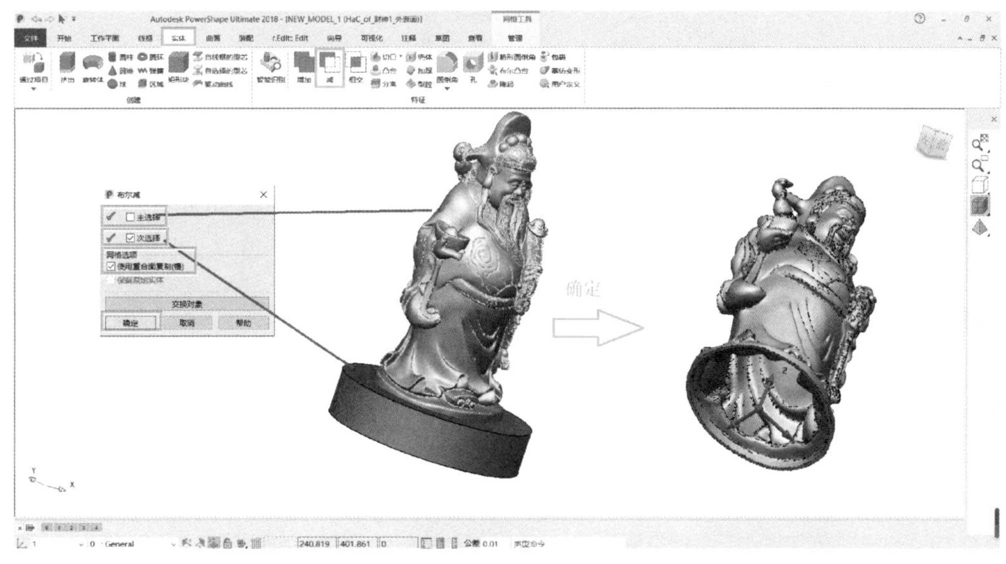

图 4-101　布尔减

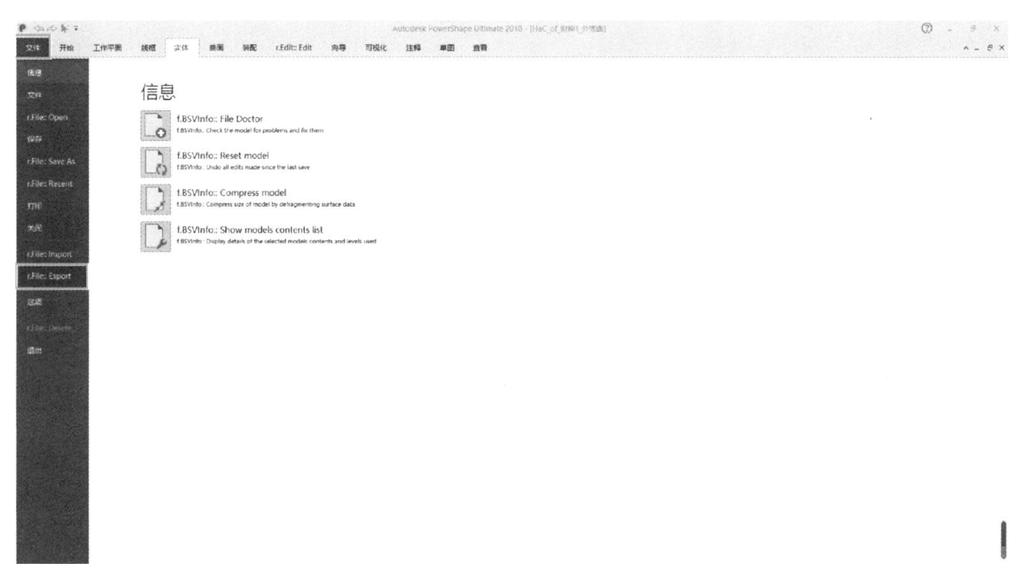

图 4-102　导出文件

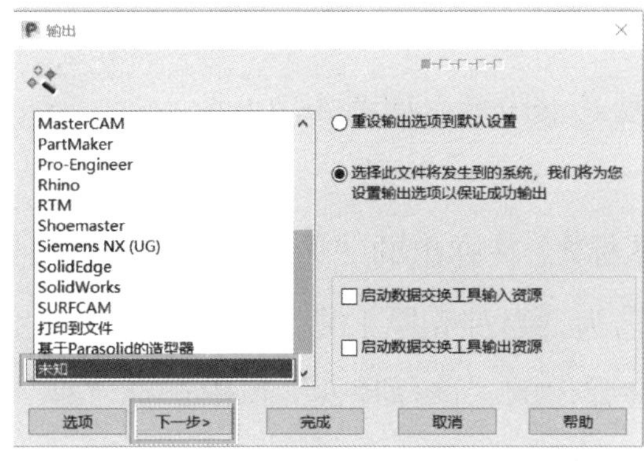

图 4-103　导出选项设置

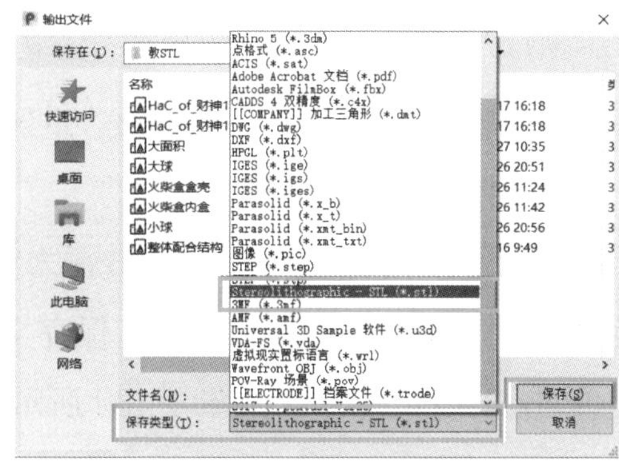

图 4-104　选择保存类型

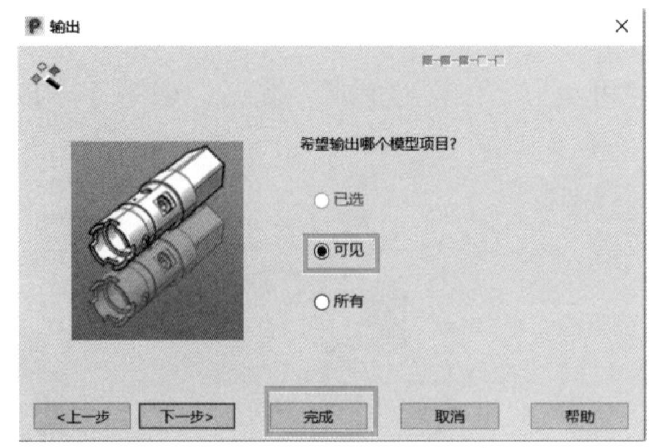

图 4-105　可见输出

（4）使用 LimitState.FIX 软件进行修复

1）启动 FIX 软件，如图 4-106 所示。

图 4-106　FIX 软件界面

2）打开完成的壳件文件 。

① 单击工具栏中的“Open”图标，在弹出的“打开”对话框中选择已经保存好的“财神壳厚 1.6”模型，单击“打开（H）”按钮，如图 4-107 所示。

② 单击工具栏中的“Auto Fix（自动修复）”图标，如图 4-108 所示。

3）保存修复好的 STL 文件。

单击工具栏中的“Save As（另存为）”图标，在弹出的“另存为”对话框中选择保存类型为 STL，选择保存目录，保存文件名为“财神壳厚 1.6”把原来的 STL 文件替换，单击“保存（S）”，如图 4-109 所示，在弹出的“选择替换”窗中选择“是”，在弹出的“保存选项”对话框选择“Binary”，取消勾选“Rounding”，单击“OK”按钮。

图 4-107　打开文件

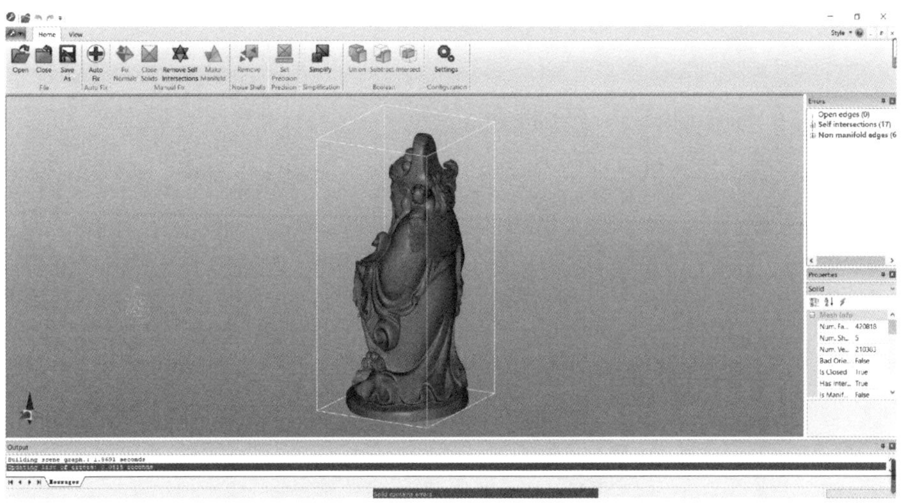

图 4-108　自动修复

图 4-109　保存文件

2. 切片导出数据

1）检查生成的 STL 模型，如图 4-110 所示。

图 4-110　生成的 STL 模型

2）打开切片软件，如图 4-111 所示。

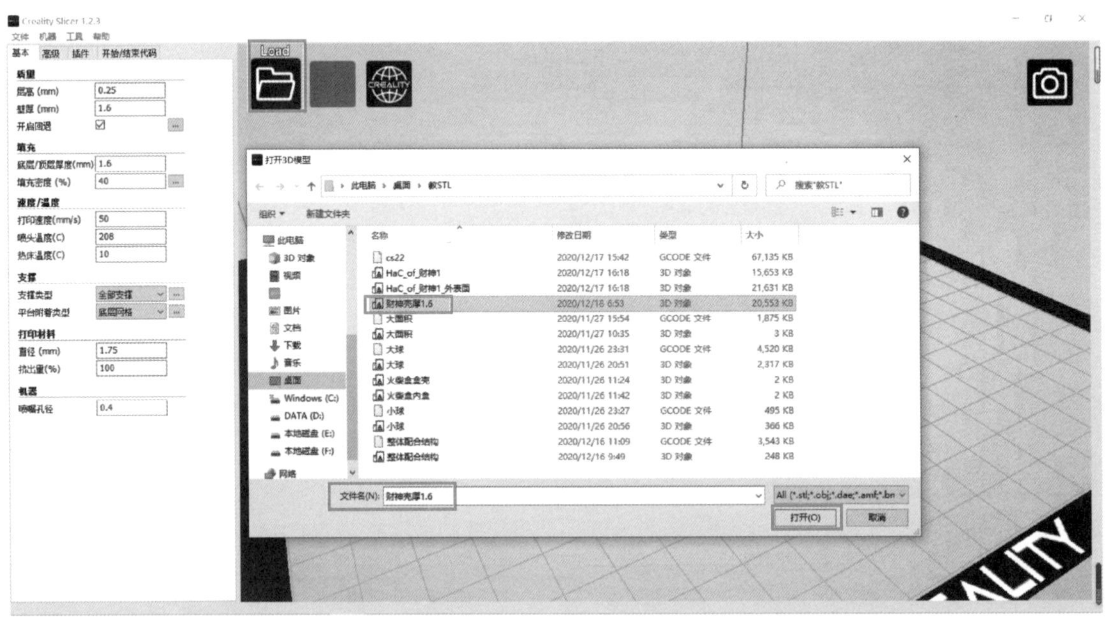

图 4-111　切片软件界面

3）设置参数。

在基本与高级参数选项卡里设置参数，如图 4-112 所示。

4）导入 STL 文件。

单击图标，在弹出的“打开 3D 模型”对话框中选择文件目录，选择要打开的 STL 模型，单击“打开（O）”按钮，如图 4-113 所示。

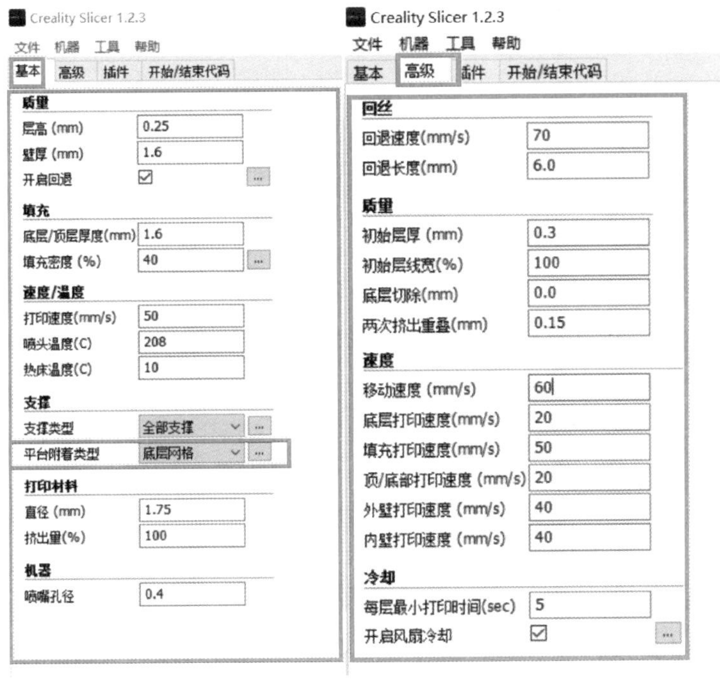

图 4-112　基本与高级参数设置

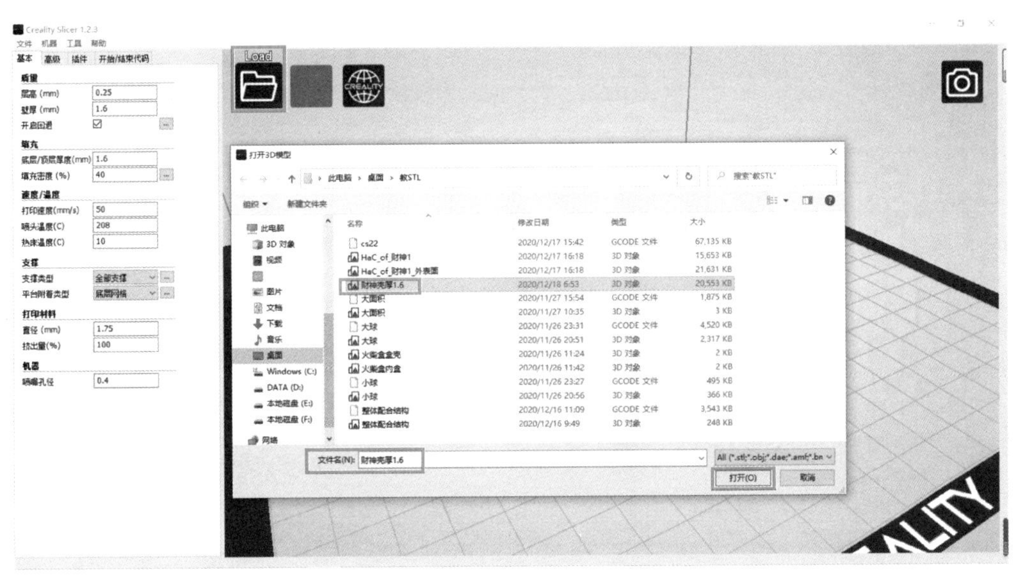

图 4-113　导入 STL 模型

单击图 4-114 右上角的图标，在下拉列表中单击Layers图标，把右边的分层观察器拉到中间观察内部支撑情况，如图 4-114 所示。

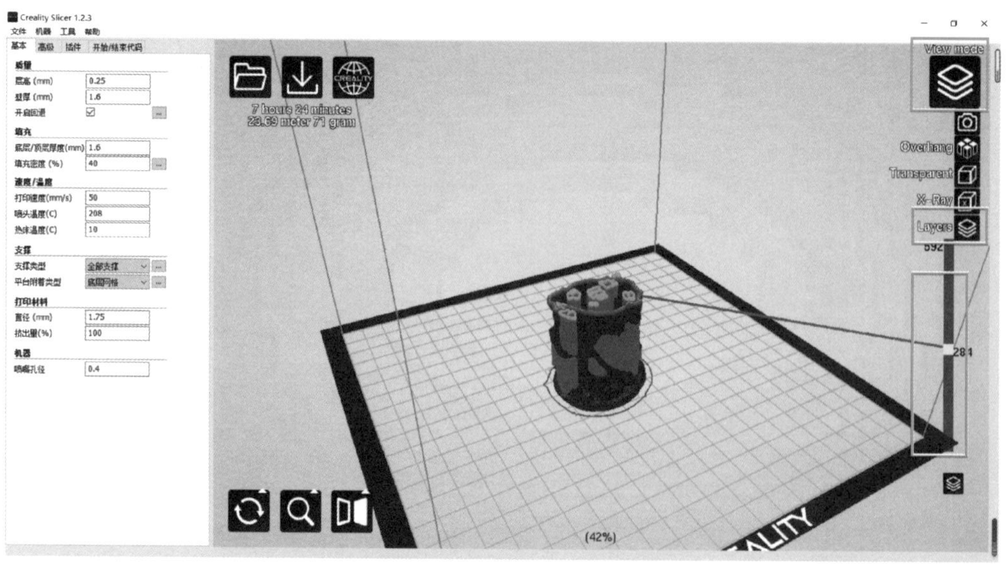

图 4-114　切片分层

5）生成 G 指令。

单击“文件”下拉菜单，在弹出的下拉菜单中选择“保存 Gcode 代码”，在弹出的“保存 gcode 代码”对话框中选择好保存文件目录，输入名称，单击“保存（S）”按钮，如图 4-115 所示。

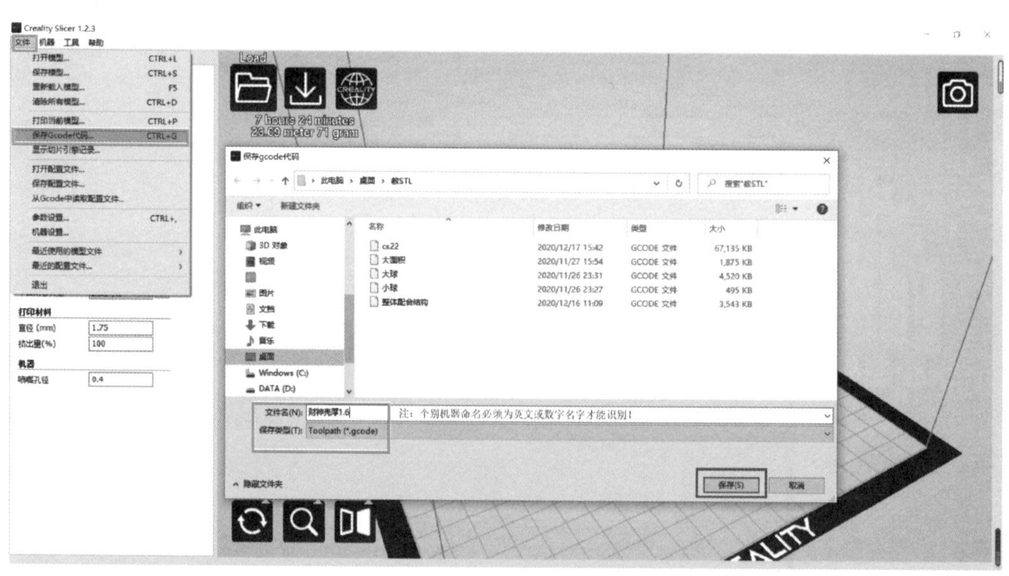

图 4-115　生成 G 指令

注意：个别机器命名必须为英文或数字名字才能识别。

6）复制到 U 盘或 SD 卡。

把保存好的 G 指令文件复制到 U 盘或 SD 卡中。

3. 上机打印和去除支撑与后处理

打印结果如图 4-116 所示。

图 4-116　打印结果

总结提升

由于该模型是壳件，里面的空间在使用切片软件切片时，把平台附着类型设置为网格底层或将底层边线设置为 15 圈，以增大打印件与打印平台的接触面积，使打印时不容易翘边与脱落，如图 4-117 所示。

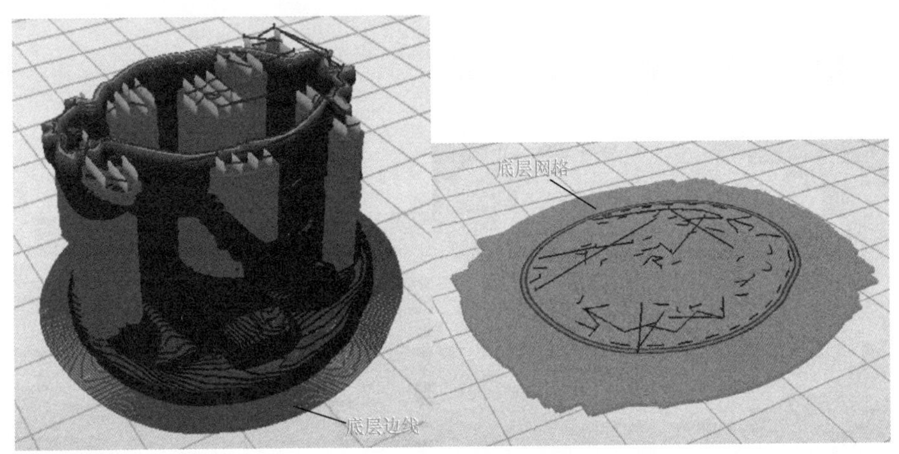

图 4-117　底层边线与底层网络

实训评价表

实训评价表

考核内容		分值	备注	得分
1. 环保与节能（5 分）	打印耗时			
	打印耗材 /g			
	打印任务没结束留守打印机			
	打印结束后退丝			

（续）

考核内容		分值	备注	得分
2. 团队协作能力（5 分）	小组长沟通协调能力			
	小组成员基本操作熟练能力			
	存在问题通过集体沟通解决能力			
	各小组与指导老师的沟通能力			
	发现问题与改进能力			
3. 操作规范与纪律（5 分）	佩戴工作手套			
	不能触碰打印头（高温达 260℃）			
	不能单独拆装机器（由老师操作）			
	不能单独离开工位			
	课堂纪律			
4. 产品尺寸与装配（80 分）	壳件处理步骤正确			
	打印数据修复完整			
	打印基准面选择合理			
	打印工艺合理			
	尺寸与装配			
	有创意设计			
	产品成品完成度			
5. 工量具与环境整洁（5 分）	工量具规范摆放			
	工位及其周边环境整洁			
团队总分				

第十节　模型的修补及打印综合案例

任务与图样要求（如图 4-118 所示）

根据给出的 STL 模型，如图 4-118 所示，使用 Geomagic Studio 2013、ZBrush 2018、Materialise Magics 22.0、Autodesk PowerShape Ultimate 2018 软件对模型进行修补和壳件处理，使用 LimitState.FIX. 软件进行修复。

图 4-118　模型壳件

任务实施

1. 壳件处理

QR 微课视频直通车 19：
手机微信扫描右侧二维码来观看学习吧。

（1）安装好 Geomagic Studio 2013、ZBrush 2018、Materialise Magics 22.0、Autodesk PowerShape Ultimate 2018 软件及切片软件，如图 4-119 所示。

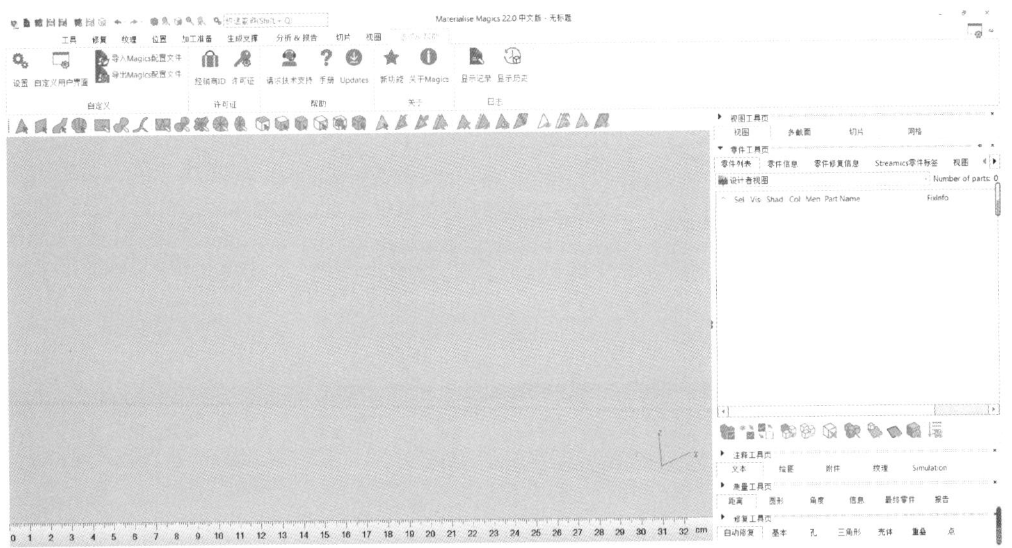

图 4-119 Materialise Magics 22.0 中文版软件界面

（2）利用 Geomagic Studio 2013（64 bit）软件打开 STL 模型进行模型修补

1）启动 Geomagic Studio 2013 软件，如图 4-120 所示。

图 4-120 Geomagic Studio 2013（64 bit）软件界面

2）单击图 4-121 左上角的图标→“导入”，在弹出的“导入文件”对话框中选择打开文件格式为全部，找到猴原件 STL 文件，单击“打开”，在弹出的“单位”对话框中选择“毫米”后单击“确定”按钮，在弹出的“网格医生命令”对话框中单击“否”按钮，如图 4-121 和图 4-122 所示。

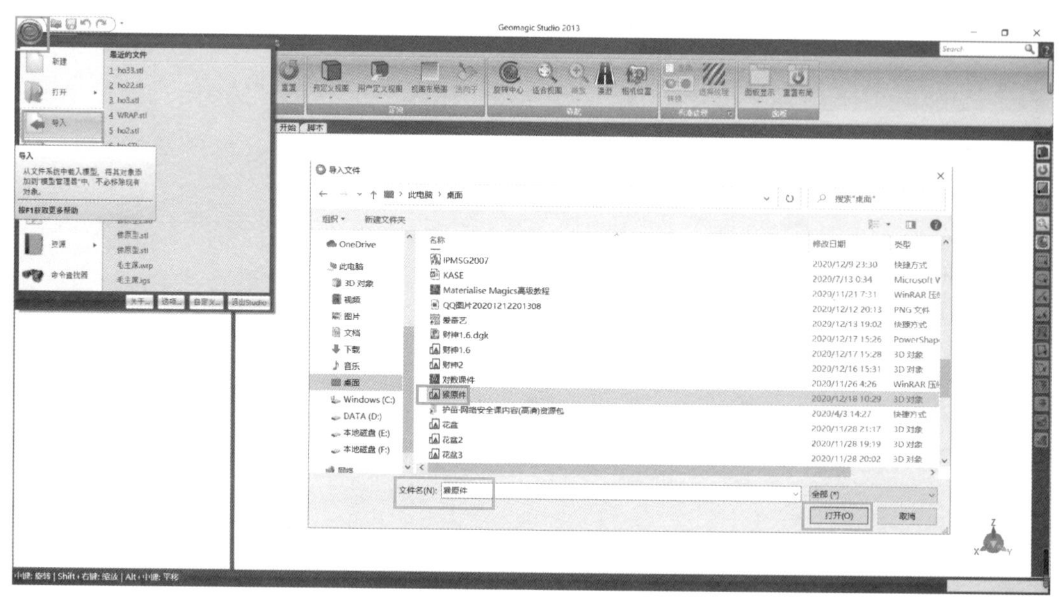

图 4-121　导入

3）按住鼠标中键，旋转模型到可以看见模型破面的角度，如图 4-123 所示。

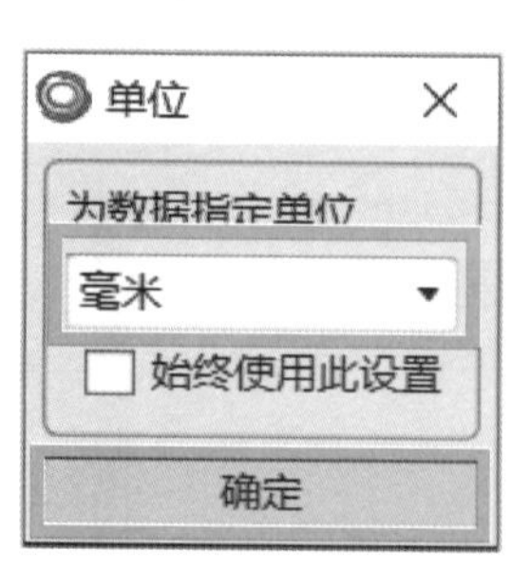

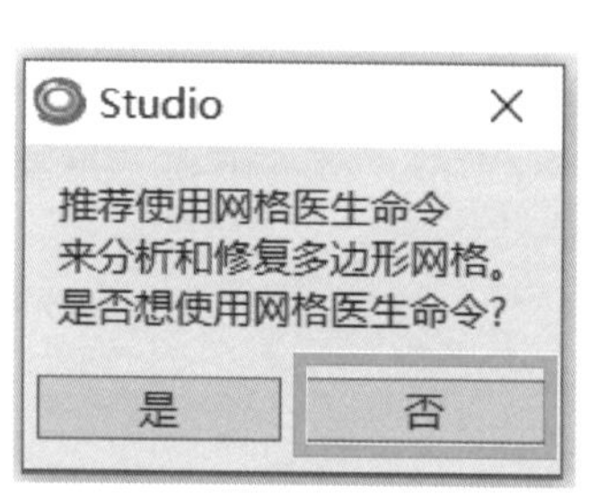

图 4-122　单位选项

图 4-123　旋转角度

4）单击工具栏中的多边形→“填充单个孔”→“切线”，选择模型中破了的大孔，如图 4-124 所示。

5）单击工具栏中“多边形”→“填充单个孔”→“切线”，选择模型中破了的小孔，再次单击“填充单个孔”，如图 4-125 所示。

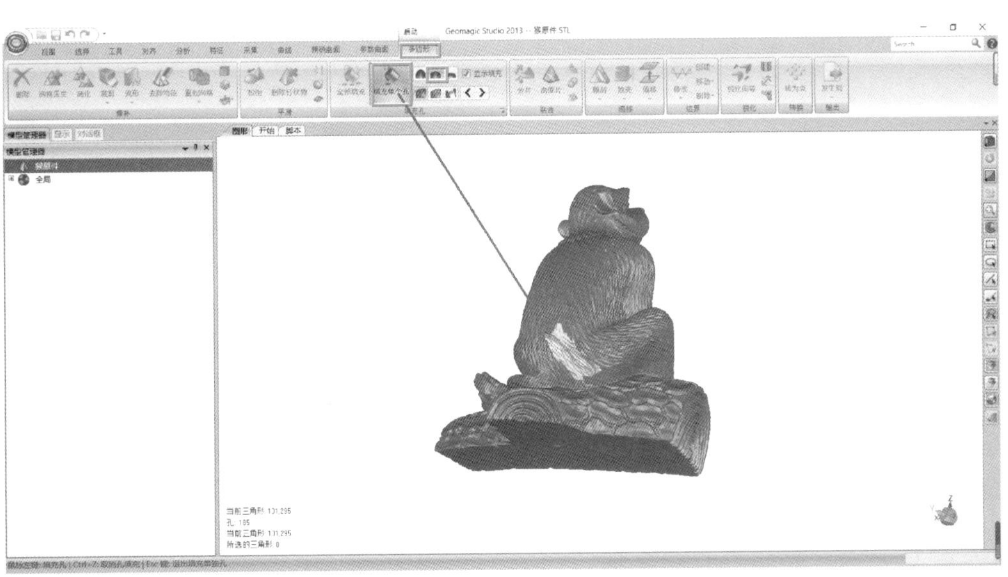

图 4-124 填充单个孔

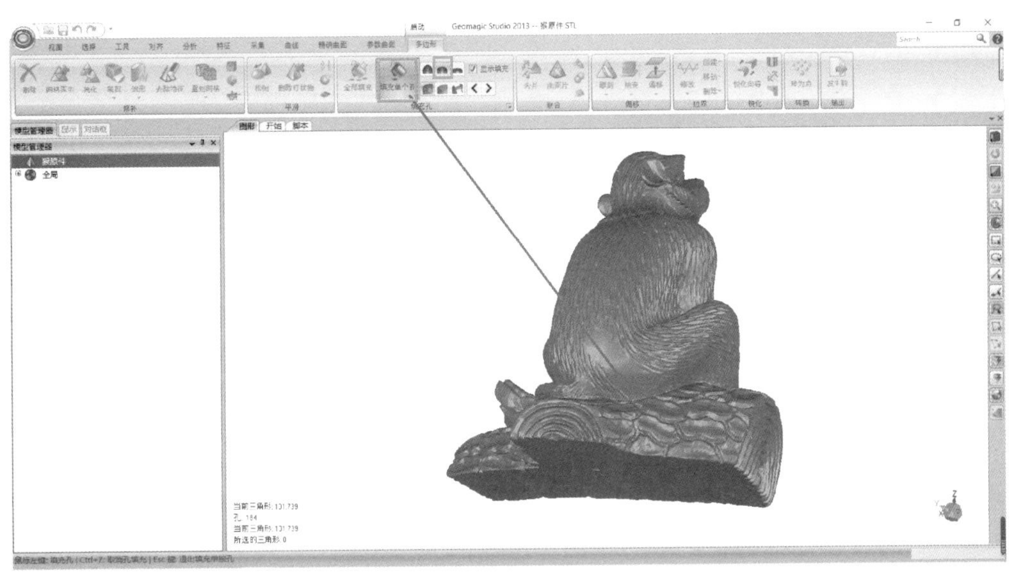

图 4-125 填充小孔

6）单击工具栏中“多边形”→“网格医生”，勾选左侧栏所有选项，单击“应用”按钮等待系统计算结束，再单击“确定”按钮，如图 4-126 所示。

7）单击图 4-127 中左上角的图标→“另存为”，在弹出的“另存为”对话框中选择保存类型为 STL 格式，命名为“猴原件 2”，单击“保存”按钮，如图 4-127 所示。

（3）在 ZBrush 2018 软件中打开修补完的“猴原件 2.STL”文件进行雕刻

1）打开 ZBrush 2018 软件，如图 4-128 所示。

图 4-126　网格医生

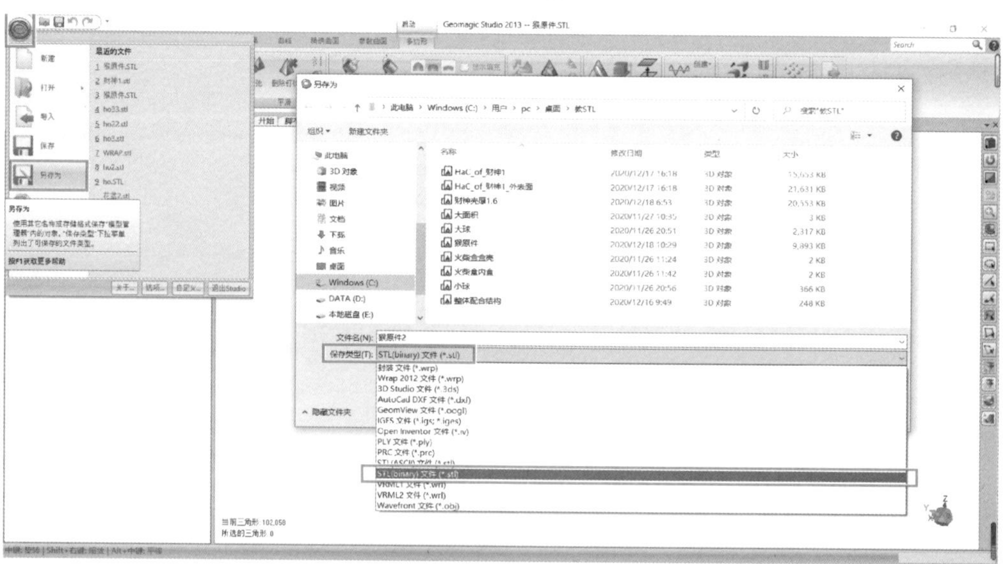

图 4-127　另存为文件

图 4-128　ZBrush 2018 软件界面

2）在 ZBrush 2018 软件的菜单中单击“Z 插件”→“3D 打印工具集”→“导入 STL 文件”，找到修补完的“猴原件 2.STL”，单击“打开（O）”按钮，如图 4-129 所示。

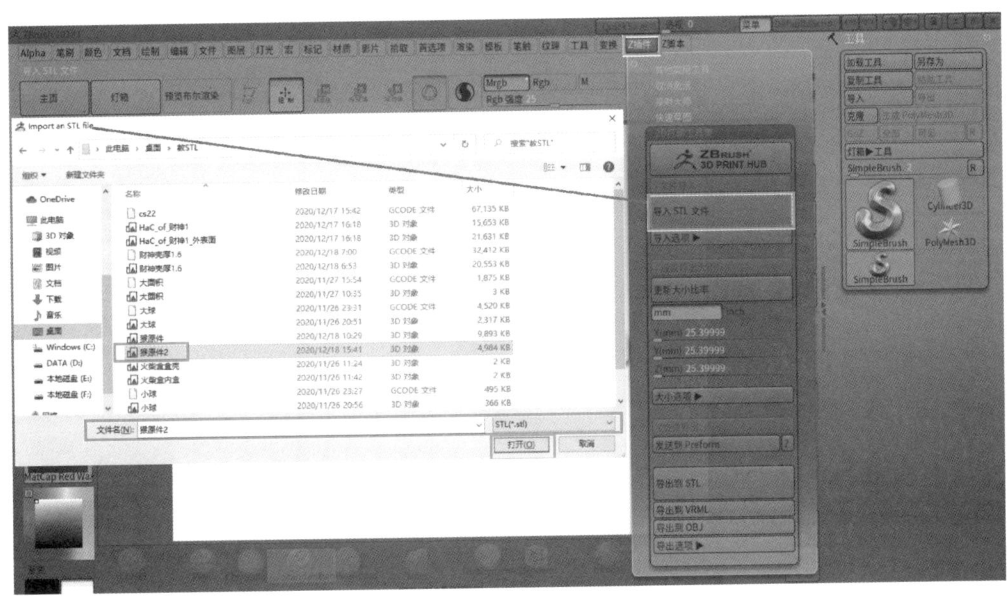

图 4-129　导入 STL 文件

3）在 ZBrush 2018 软件的工具条中单击图标，在绘图区中按住鼠标左键拖动鼠标绘制出导入的文件，如图 4-130 所示。

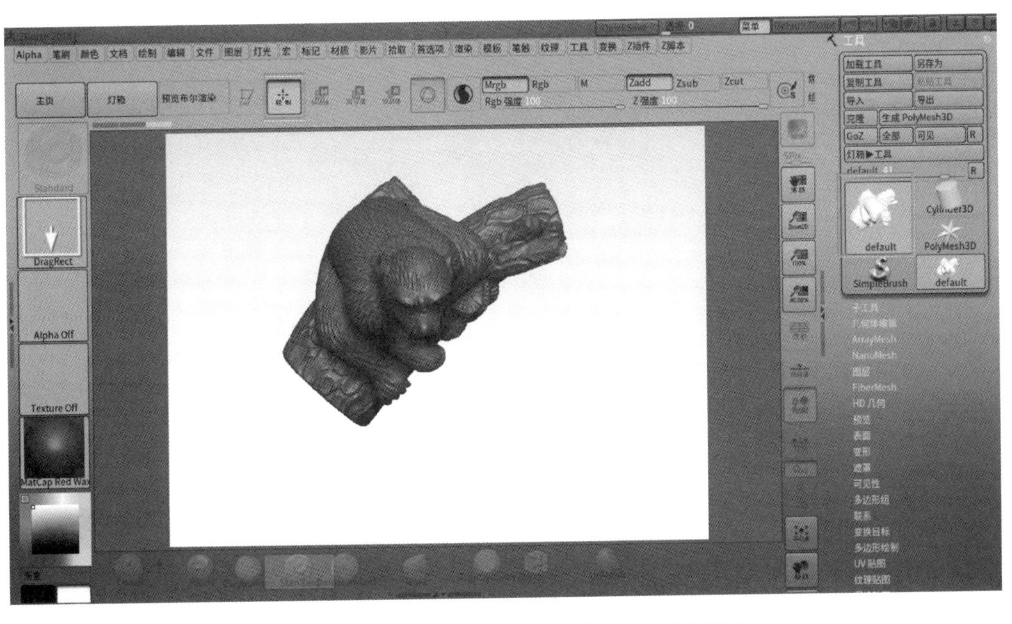

图 4-130　在软件中用拖画的方式绘制模型

4）在 ZBrush 2018 软件的工具条中单击图标，进入编辑状态，按住鼠标左键旋转模型至背部要修改雕刻部分。其中按住〈Alt+ 鼠标左键〉可以平移模型，按住

〈Alt+ 鼠标左键〉后再放开 Alt 键，鼠标左键继续按住拖动可以放大和缩放模型，如图 4–131 所示。

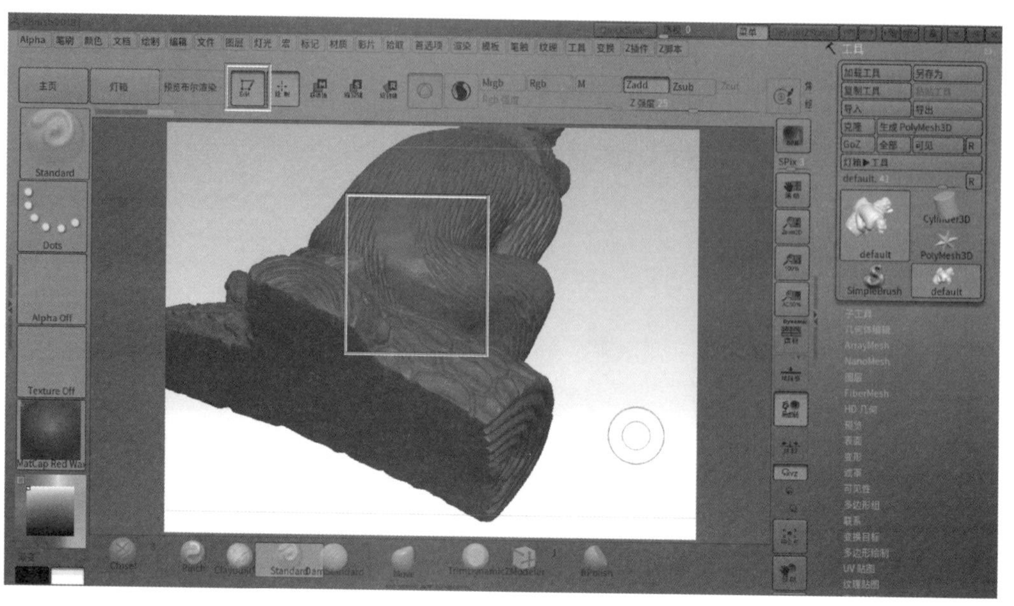

图 4–131　旋转模型至背部

5）在 ZBrush 2018 软件右边的工具条中单击“子工具”→“细分网络”→“平滑”，根据计算机的配置细分三到四次，或直接按快捷键〈Ctrl+D〉三到四次，如图 4–132 所示。

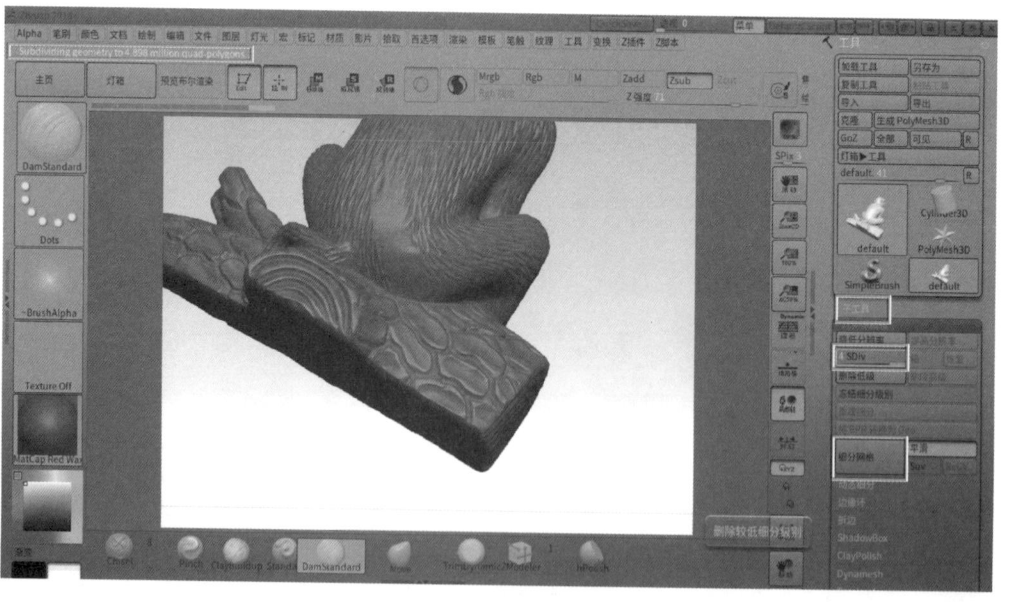

图 4–132　细分网络

6）在 ZBrush 2018 软件左边的笔刷中单击“DamStandard”笔刷，如图 4–133 所示。

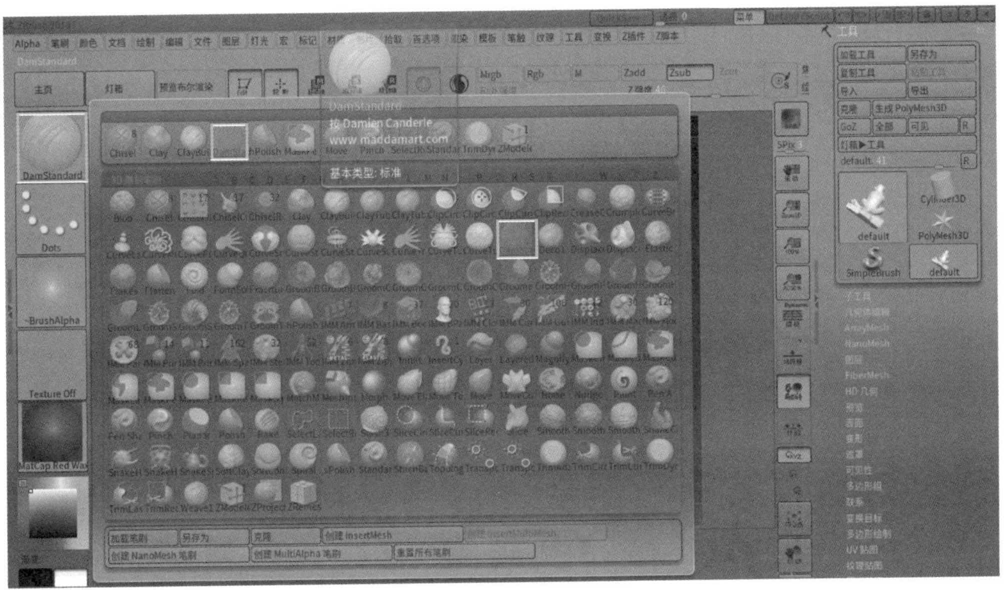

图 4-133　DamStandard 笔刷

7）在模型处单击鼠标右键（或按住空格键），在弹出的菜单中将“绘制大小”设置为10～13范围中任一值，“Z强度”为30，“吃笔方式”为“Zsub”（减），如图4-134所示。

图 4-134　修改笔刷参数

8）按住鼠标左键在模型缺损处雕刻，顺着周边的纹路，如图 4-135 所示。

9）在 ZBrush 2018 软件的菜单栏中单击“Z 插件”→“3D 打印工具集”，调整模型 Z 轴大小高度，然后单击“导出 STL 文件”，找到目录，文件命名为“猴原件3.STL”，单击“保存（S）”按钮，如图 4-136 所示。

等待系统提示导出保存成功后，如图 4-137 所示。

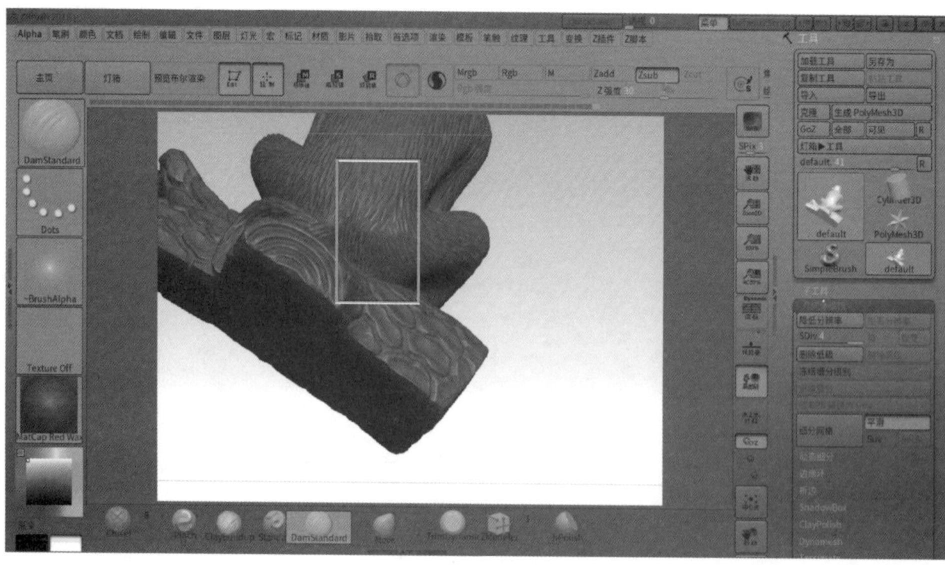

图 4-135　雕刻效果

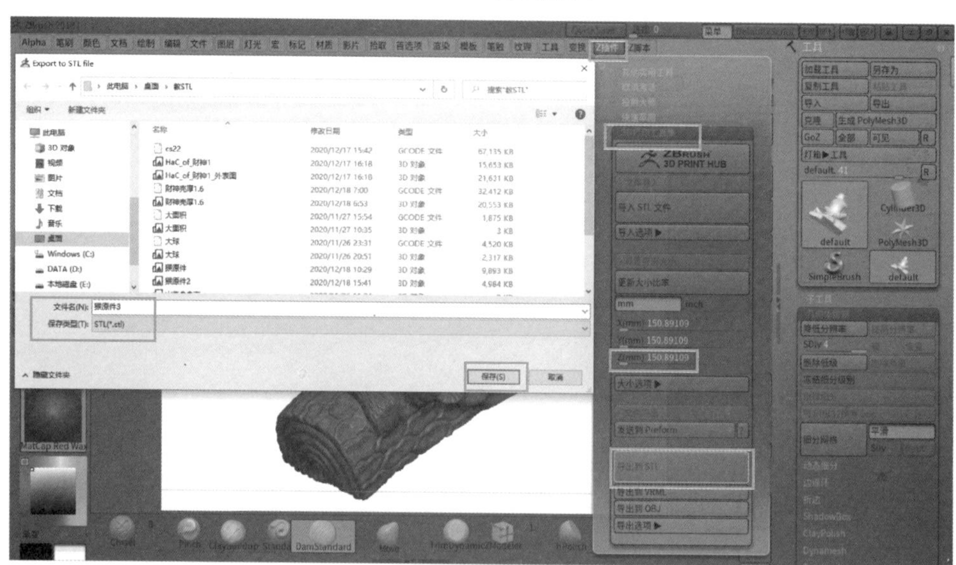

图 4-136　导出 STL 文件

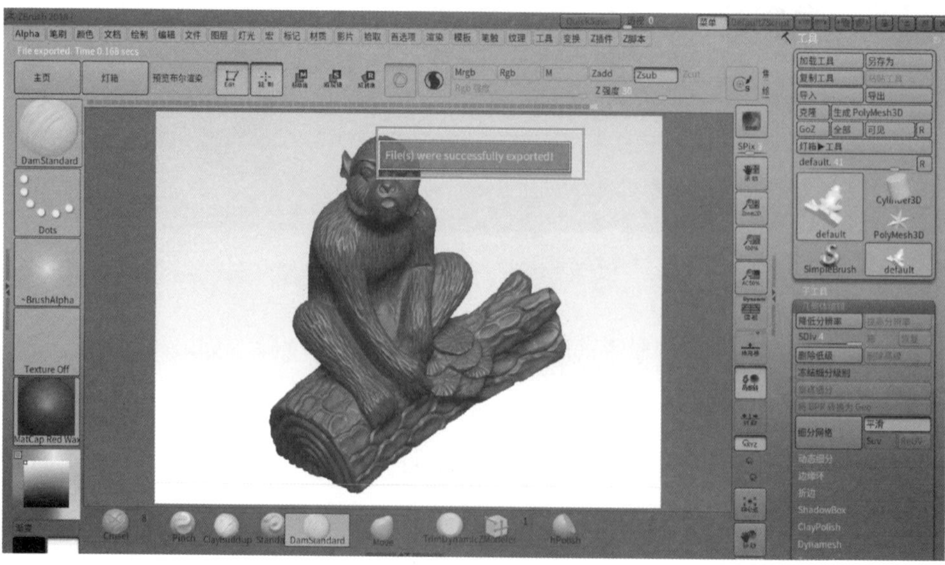

图 4-137　等待导出时间

（4）使用 Geomagic Studio 2013（64 bit）软件进行模型的细化

1）启动 Geomagic Studio 2013（64 bit）软件，如图 4-138 所示。

图 4-138 Geomagic Studio 2013（64 bit）软件界面

2）单击图 4-139 中左上角的图标→“导入”，在弹出的“导入文件”对话框中选择打开文件格式为“全部”，找到“猴原件 3.STL”，单击“打开”，在弹出的“单位”对话框中选择“毫米”，单击“确定”按钮，在网格医生命令提示框单击“否”按钮，如图 4-139 所示。

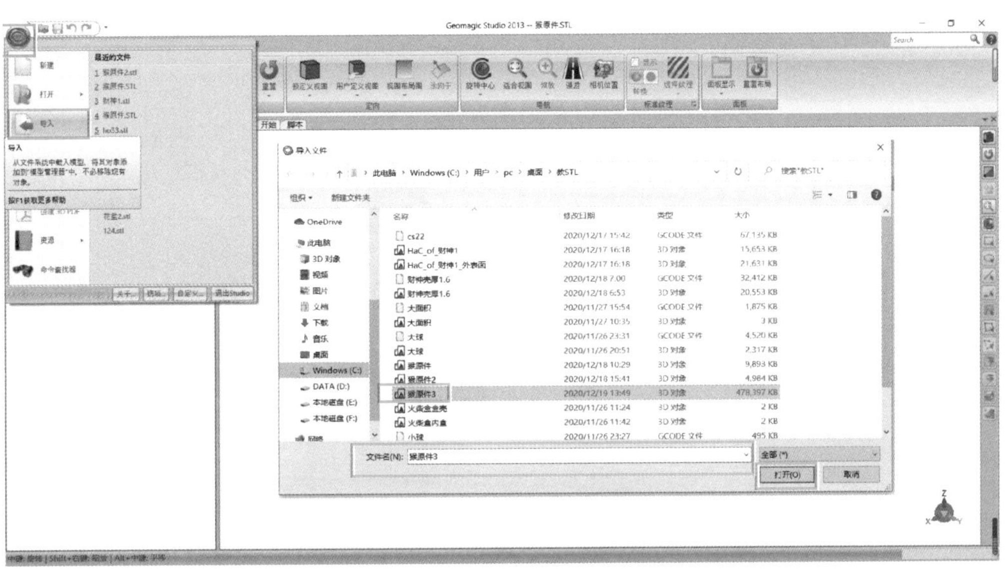

图 4-139 导入文件

3）单击工具栏中的“简化”图标，在弹出的对话框中设定“减少到百分比”为“50”（不可以少于 40），勾选“固定边界”，单击“应用”，等待计算结束，单击

“确定”按钮。此时左下角的“当前三角形数”为“9797568”，如图 4-140 所示。

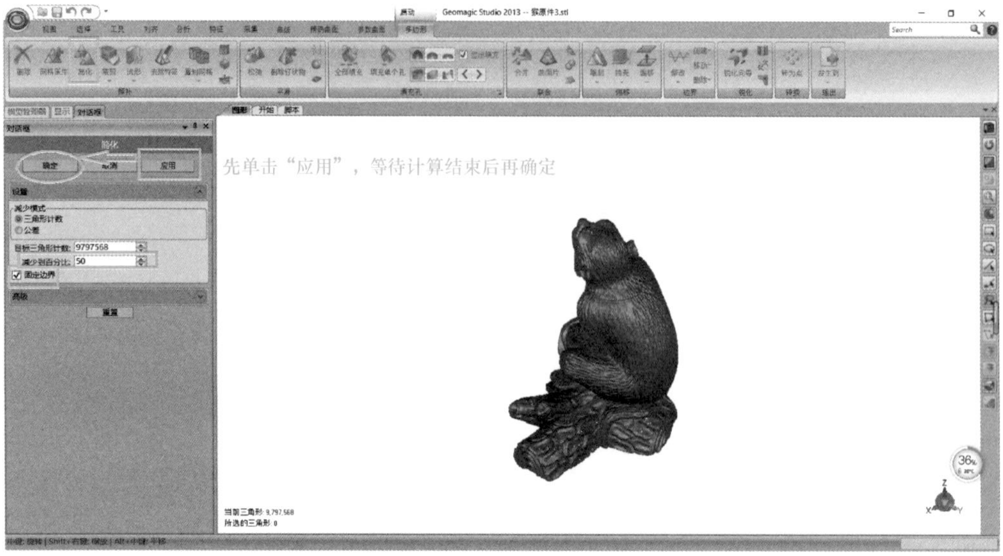

图 4-140　简化 STL 模型

4）再次单击工具栏中的“简化”图标，在弹出的对话框中设定“减少到百分比”为“50”（不可以少于 40），勾选“固定边界”，单击“应用”，等待计算结束，单击“确定”按钮。此时左下角的三角形数为 4878984，计算结束后数量减少了一半，如图 4-141 所示。

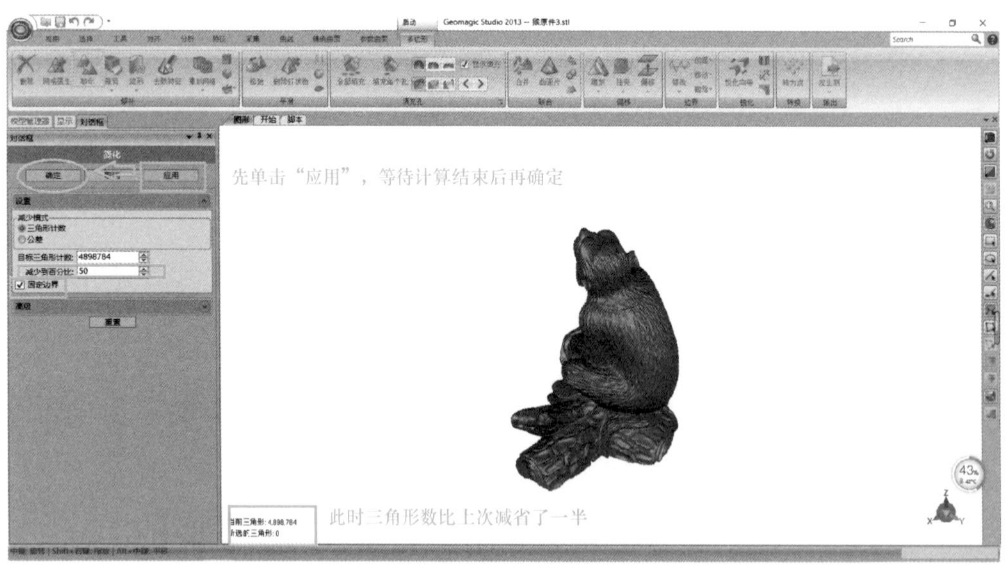

图 4-141　再次简化 STL 模型

5）再次单击工具栏中的“简化”图标，在弹出的对话框中设定“减少到百分比”为“50”（不可以少于 40），勾选“固定边界”，单击“应用”等待计算结束，单击“确定”按钮，直至三角形数量减至 25 万左右为合适。

6）此时三角形数量减至为 25 万左右，单击图 4-142 中左上角的图标→“另存为”，在弹出的对话框中选择保存类型为 STL 格式，命名为“猴原件 4”，单击“保存（S）”按钮，如图 4-142 所示。

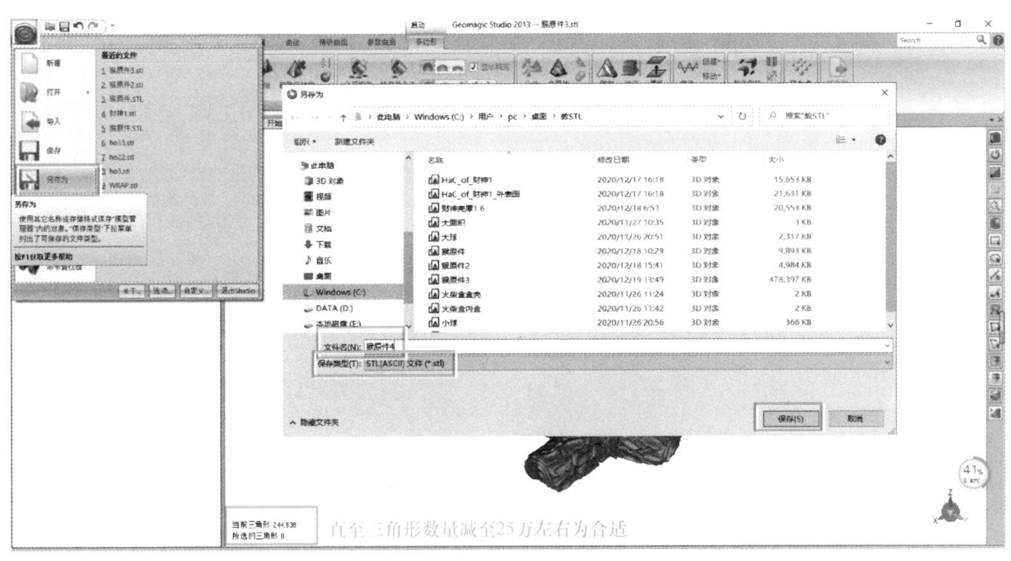

图 4-142　保存 STL 文件

（5）在 Materialise Magics 软件中打开 STL 模型并进行壳件处理　参考上一节的 STL 模型壳件处理及打印案例的壳件处理方法。

（6）在 Autodesk PowerShape Ultimate 2018 软件中进行开底处理　参考上一节的 STL 模型壳件处理及打印案例的开底处理方法。

（7）使用 LimitState.FIX 软件进行修复

1）启动 FIX 软件，如图 4-143 所示。

图 4-143　FIX 软件界面

2）打开壳件文件。

单击工具栏中的“Open”图标，在弹出的“打开”对话框中选择已经保存好的“猴原件5”模型，单击“打开（O）”按钮，如图4-144所示。

图4-144　打开模型

单击工具栏中的“Auto Fix”（自动修复）图标，如图4-145所示。

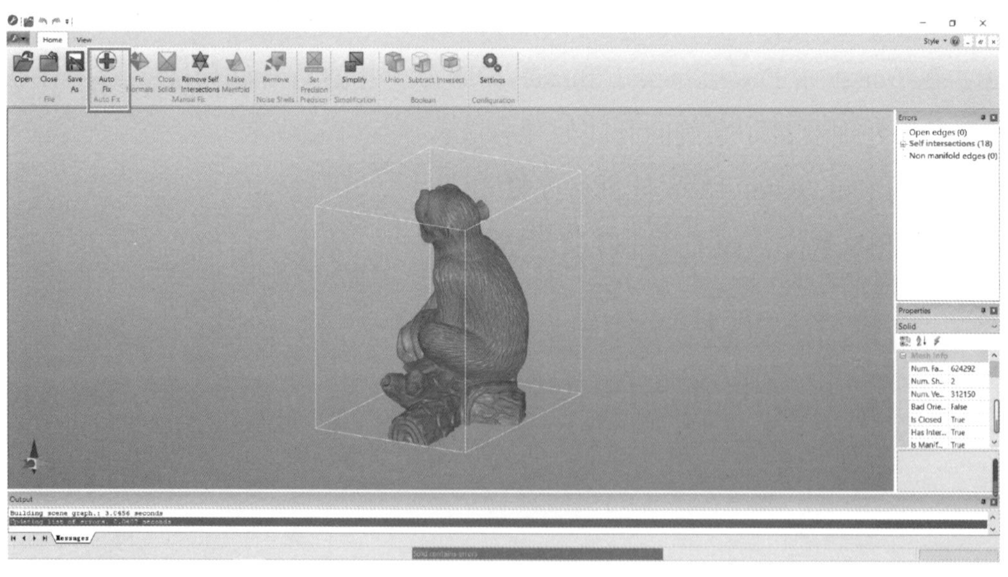

图4-145　自动修复

3）保存修复好的STL文件 。

单击工具栏中的“Save As”（另存为）图标，在弹出的“另存为”对话框中选择保存类型为STL，选择保存目录，设置保存文件名为“猴原件6”，把原来的STL文件替换，单击“保存”，如图4-146所示。在弹出的“保存选项”对话框中选择“Binary”，取消勾选“Rounding”，单击“OK”按钮，如图4-147所示。

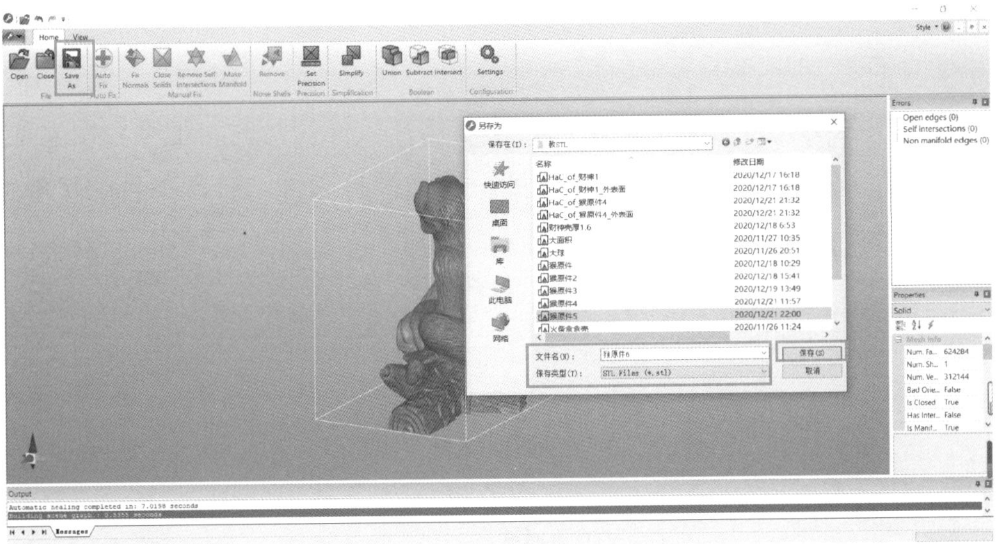

图 4-146　保存 STL 文件

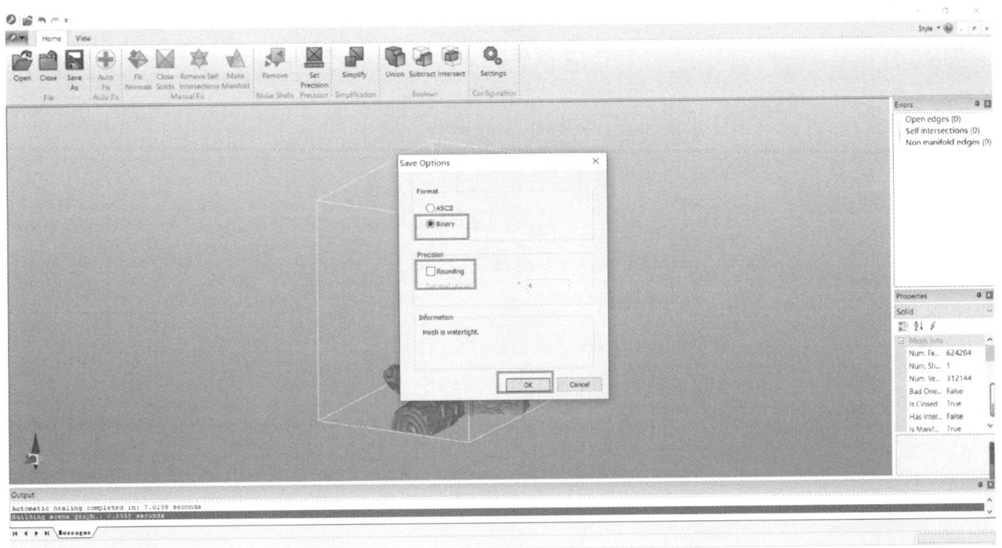

图 4-147　保存选项设置

2. 切片导出数据，上机打印和模型后处理

最终打印结果如图 4-148 所示。

图 4-148　打印结果

总结提升

由于该模型是壳件，里面的空间在使用切片软件切片时，把平台附着类型设置为网格底层或将底层边线设置为 15 圈，以增大打印件与打印平台的接触面积，使打印件不容易翘边与脱落。

实训评价表

实训评价表

考核内容		分值	备注	得分
1. 环保与节能 (5 分)	打印耗时			
	打印耗材 /g			
	打印任务没结束留守打印机			
	打印结束后退丝			
2. 团队协作能力（5 分）	小组长沟通协调能力			
	小组成员基本操作熟练能力			
	存在问题通过集体沟通解决能力			
	各小组与指导老师的沟通能力			
	发现问题与改进能力			
3. 操作规范与纪律（5 分）	佩戴工作手套			
	不能触碰打印头（高温达 260℃）			
	不能单独拆装机器（由老师操作）			
	不能单独离开工位			
	课堂纪律			
4. 产品尺寸与装配（80 分）	模型修补完整			
	壳件抽取正确			
	打印基准面选择合理			
	打印工艺合理			
	尺寸与装配			
	有创意设计			
	产品成品完成度			
5. 工量具与环境整洁（5 分）	工量具规范摆放			
	工位及其周边环境整洁			
团队总分				

学习单元三　逆向建模与打印

第五章　点云数据处理及逆向建模

第一节　三维扫描仪的操作

引导问题

正向建模与设计我们会经常使用，很多软件都有所涉及，增材制造最大优势是可以逆向建模。逆向建模数据的采集需要使用扫描仪，如何使用扫描仪？这是本章要学习的内容。

下面以北京三维天下科技股份有限公司 Win3DD 单目三维扫描系统为例，学习使用扫描仪采集数据。

1. 扫描注意事项

1）扫描过程中扫描仪是静止的，扫描工件也必须是静止的状态。

2）扫描时外部光线不能太强，要保持暗室效果。

3）深色或者反光的工件要喷显像剂，而且要喷得均匀、涂层要薄。

2. 标志点粘贴注意事项

1）标志点要尽量粘贴在工件的平面区域或曲率较小的面，不要粘贴在工件边缘。

2）标志点不要对称粘贴，不要贴在一条直线上。

3）一个面上的标志点不能少于 3 个，出于可能不被识别的原因，尽可能粘贴多一些标志点。

4）标志点粘贴要尽量分散一些，合理分布，如图 5-1 所示。

3. 扫描操作

QR 微课视频直通车 20：

手机微信扫描右侧二维码来观看学习吧。

1）放好转盘，使转盘处于扫描区域中央，在转盘上放置好扫描工件，如图 5-2 所示。

图 5-1　标志点粘贴

图 5-2　摆放扫描工件

2）打开 Wrap 软件，单击“扫描”→“工程管理”→“新建工程”，设置工程名称，如图 5-3 所示。

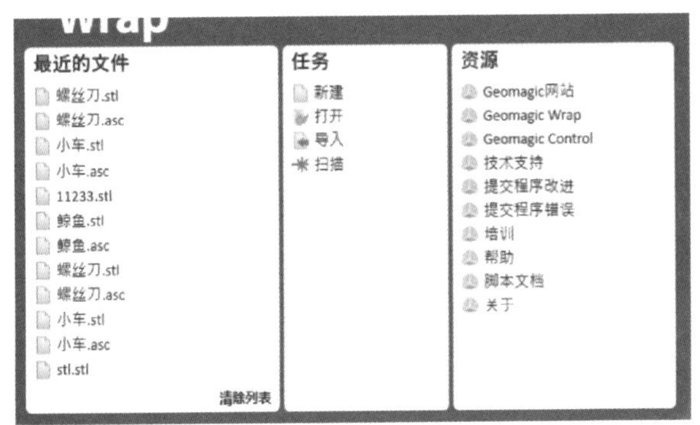

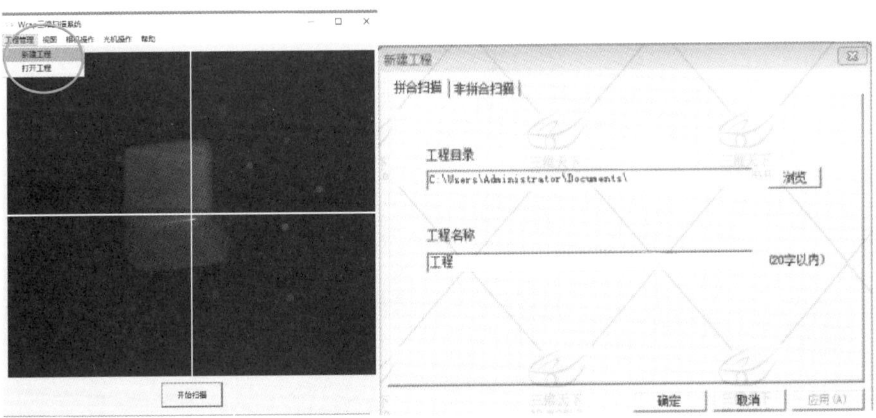

图 5-3　新建工程

3）调整扫描距离，单击“光机操作”→“投影十字”，调整三脚架高度，使两个十字在工件上尽量重合，如图 5-4 所示。

4）设置相机参数，调整曝光值、增益、对比度参数来设置相机采集亮度，如图 5-5 所示。

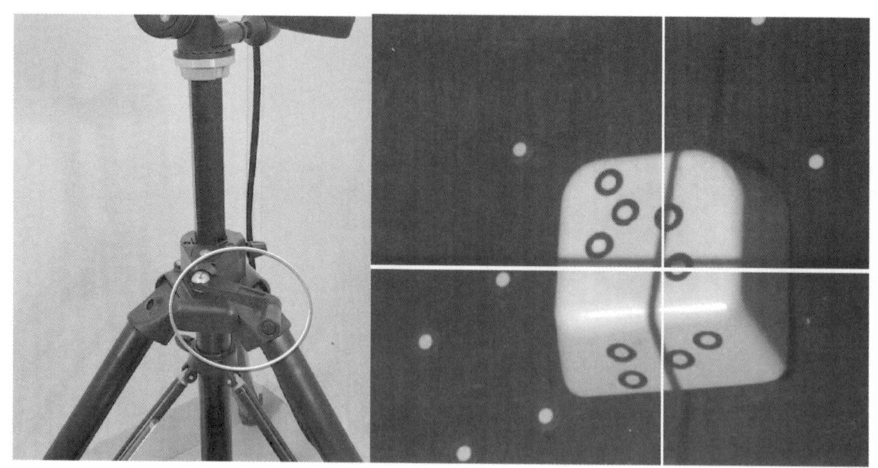

图 5-4　调整扫描距离

5）单击“开始扫描”按钮，开始单帧扫描，扫描结果会在 Wrap 图像实时显示框中显示三维点云数据，如图 5-6 所示。

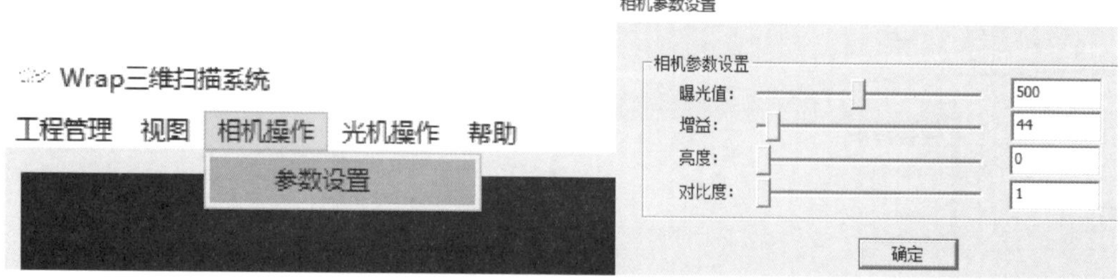

图 5-5　设置相机参数

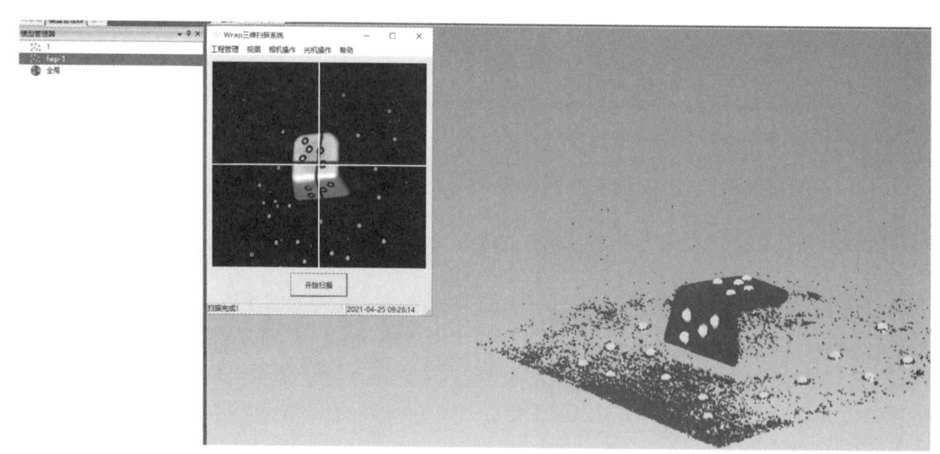

图 5-6　单帧扫描

6）转动转盘，把未完成的面转向扫描仪镜头侧，然后单击“开始扫描”按钮，继续扫描其余的面，直至所有的面都扫描完成，如图 5-7 所示。

7）保存点云数据。将点云数据扫描完成后，在“模型管理器”中选择要保存的点云数据，单击“联合点对象”图标，将扫描的点联合，如图 5-8 所示。

8）右键单击“复合点 1”，在弹出菜单中选择“保存”命令，保存在指定目录下即可，保存格式为“.asc”，如图 5-9 所示。

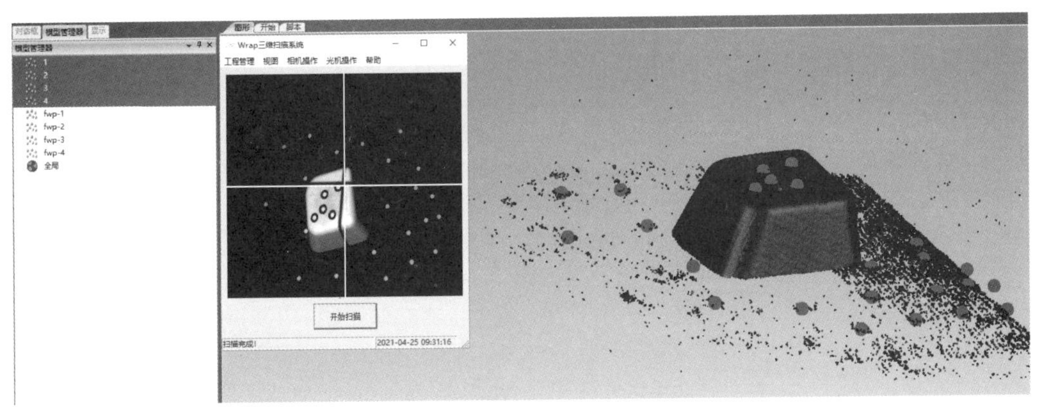

图 5-7 转动转盘继续扫描

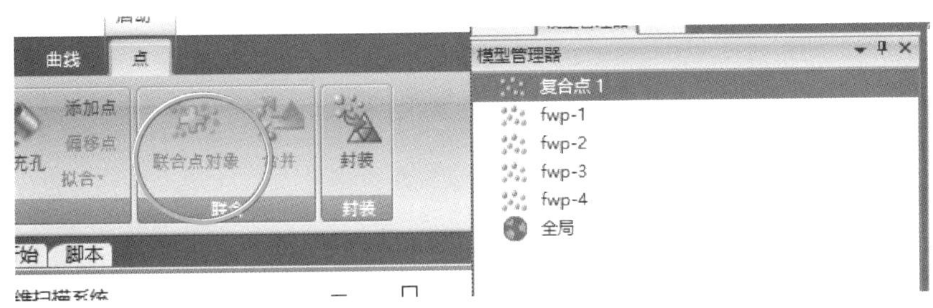

图 5-8 保存点云数据

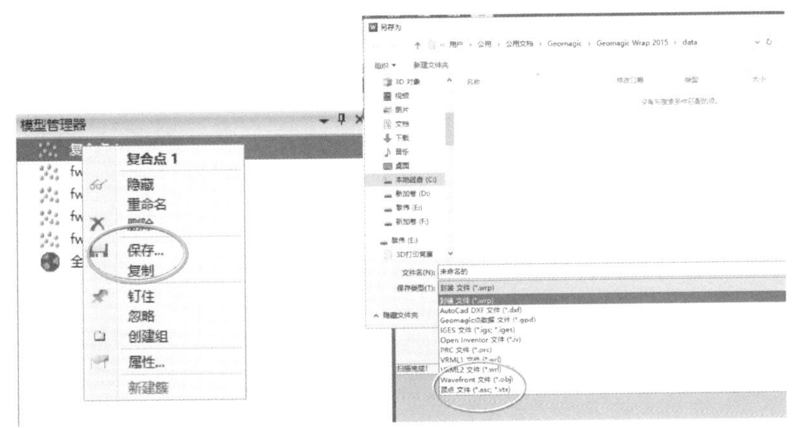

图 5-9 保存格式

扫描过程中常见问题见表 5-1。

表 5-1 扫描过程中常见问题

序号	常见问题	原因	解决措施
1	扫描工件时，点云数据偏少或质量较差	1. 曝光参数过高或过低 2. 被扫描工件反光严重 3. 扫描距离过远或过近 4. 扫描系统过度振动	1. 调整相机曝光参数 2. 对工件表面进行喷粉 3. 调整扫描距离 4. 进行重新标定

（续）

序号	常见问题	原因	解决措施
2	打开软件，还未开扫描，图像实时显示框无显示，镜头停	1. 相机控制线连接不正确 2. 相机控制线没有插实 3. 内存没有完全释放，图像传输在计算机之间形成阻塞 4. 相机或控制线损坏	1. 重新插拔相机控制线 2. 换专用计算机 USB2.0 端口 3. 重新启动扫描系统 4. 进行维修
3	扫描工件时，不能正常投射光栅或打开扫描系统投射单色光	1. 光栅投射器 VGA 线连接不正确 2. 光栅投射器 VGA 线未插实 3. 光栅投射器 VGA 线没插 4. 双显示器设置不正确 5. 光栅投射器与 VGA 线传输问题 6. 光栅投射器或线缆损坏	1. 重新插拔光栅投射器 VGA 连接线 2. 重新启动专用计算机 3. 可参考双显示器设置 4. 返厂进行维修
4	系统线缆连接正确，打开软件，进行几次标定，总提示“标定误差较大，请重新标定”	1. 标定时距离过远或过近 2. 相机曝光参数过高或过低 3. 扫描头与标定板的角度不对 4. 环境有不正常光线 5. 标定过程中扫描系统出现碰撞或振动	1. 调整标定相关变量，见标定步骤 2. 最好在暗室中扫描，避免周围环境有不正常光线（如玻璃发生漫反射等） 3. 避免在标定过程中扫描系统发生碰撞或振动
5	扫描工件时，提取不到标志点	1. 扫描系统发生振动 2. 扫描头与标定板的角度不对 3. 相机曝光参数过高或过低 4. 扫描距离过远或过近 5. 未进行标定操作	1. 重新标定 2. 调整扫描头与工件间角度 3. 调整相机曝光参数 4. 调整扫描距离
6	扫描工件时，发现未能正常拼合，出现错位拼接	标志点粘贴位置不对	重新粘贴标志点（可参考标志点粘贴注意事项）
7	扫描工件时，点云数据分层	1. 扫描系统精度发生变化 2. 标志点粘贴位置可能粘贴成一条直线 3. 利用辅助工作台时，工件与辅助工作台（转盘）发生相对位移 4. 扫描过程中工件出现晃动	1. 重新标定 2. 重新粘贴标志点（可参考标志点粘贴注意事项） 3. 确保在扫描工件时辅助工作台与工件不发生相对位移 4. 确保在扫描过程中工件不发生晃动
8	标定时标定板上的点提取不全	1. 相机软曝光参数过高或过低 2. 扫描头与标定板角度不对 3. 标定时的距离过远或过近 4. 扫描系统发生振动	1. 调整相机曝光参数 2. 调整扫描头与标定板间的角度 3. 调整标定距离（可参照标定步骤）
9	扫描过程中，提示标志公共点过少	1. 新扫描的部分包含已经被识别的标志点少于 3 个 2. 被扫描工件与扫描头角度不对	1. 移动被扫描工件或扫描系统使包含的已被识别的标志点为 3 个或 3 个以上 2. 调整被扫描工件与扫描头间的角度
10	在三维扫描系统中，扫描得到的点云会出现周期性条纹	1. 可能是周围环境光场不稳定，存在频闪光源（如荧光灯等光源） 2. 扫描系统发生振动	1. 应将光源移除，在暗室中扫描，确保周围环境没有不正常光线，如玻璃等反光体 2. 重新标定

（续）

序号	常见问题	原因	解决措施
11	打开软件，图像实时显示框出现水纹样波动	1. 相机曝光参数不对 2. 相机损坏	1. 调整相机参数，可以利用软件中投影图像功能投射蓝光，查看相机预览窗口来调整相机参数 2. 返厂进行维修
12	在扫描过程中，软件提示“内部应用程序正在重新启动”	1. 可能是因为点云数量过多，超出内存范围 2. 在扫描过程中，工件发生偏移或振动，导致系统停止	1. 在扫描工件前，更改扫描参数的点间距 2. 在扫描过程中注意随时保存，以免软件发生异常
13	在软件三维点云显示区，旋转已扫描的点云，旋转速度变缓慢	点云数量过多	1. 删除工件点云以外的噪声点 2. 在扫描工件前，更改扫描参数的点间距
14	扫描工件时各项参数正确，对工件提取不出标志点	1. 扫描头与工件角度不对 2. 标志点有污垢	1. 调整被扫描工件与扫描头的角度 2. 重新粘贴标志点
15	系统线缆与专用计算机连接正确，通上电源后开机，未能打开（反复几次仍不能开机）	1. 天气过冷导致扫描系统中一些精密元器件不能正常工作 2. 扫描系统发生过度振动	1. 扫描环境温度应控制在 10 ～ 30℃，连接电源前应预热 5 ～ 10min 2. 硬件系统中零件发生松动，建议返厂进行维修

第二节　认识 Geomagic Wrap 点云处理软件

通过对 Geomagic Wrap 点云处理软件使用范围、主要功能、处理模块、鼠标操作及快捷键等内容的学习，加深了对软件的了解，熟悉该软件的操作界面及鼠标、键盘的操作方法。

引导问题

电影《十二生肖》中扫描打印兽首（边扫描边打印），在现实中可行吗？为什么？

Geomagic Wrap 软件能提供较全面的产品造型解决方案，可将三维扫描数据和多边形网格转换为精确的曲面化三维数字模型，以用于逆向工程、产品设计、快速成型和分析，是将三维扫描数据转换为参数化 CAD 模型和三维 CAD 模型的便捷方法。

一、Geomagic Wrap 软件的使用范围

（1）零部件的设计　用于零部件二次设计、质量检测、产品外观设计等，如图 5-10 所示。

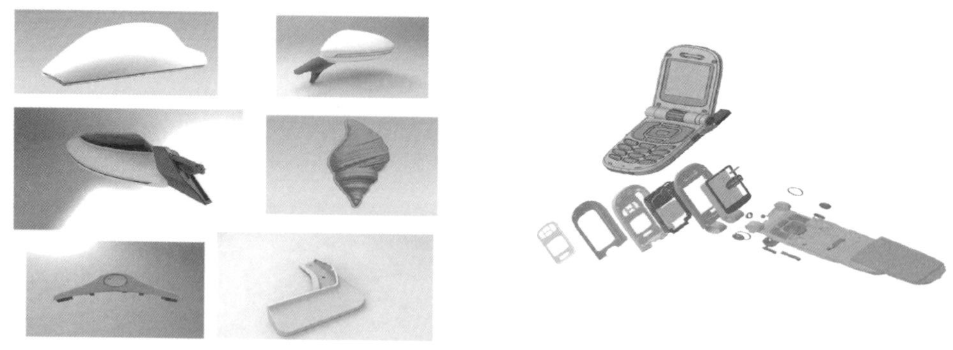

图 5-10　零部件的设计

（2）文物及艺术品的修复　用于文物修复、存档等，如图 5-11 所示。

图 5-11　文物与艺术品修复

（3）医学领域的应用　人体骨骼及义肢的制造、龋齿治疗、脊椎矫正等。

（4）产品体积及面积的计算　特别用于不规则的物体体积及面积的计算。

二、Geomagic Wrap 软件的主要功能

1）点云数据预处理，包括去噪、采样等。

2）自动将点云数据转换为多边形数据。

3）多边形阶段处理，主要有删除钉状物、填孔、边界修补、重叠三角形清理等。

4）把多边形数据转换为 NURBS 曲面。

5）纹理贴图。

6）输出与 CAD/CAM/CAE 匹配的文件格式（IGES、STL、STP 等格式）。

三、Geomagic Wrap 软件建模流程

Geomagic Wrap 软件建模的具体的流程：点云处理——封装为多边形数据——多边形阶段处理——曲面造型——输出模型，如图 5-12 所示。

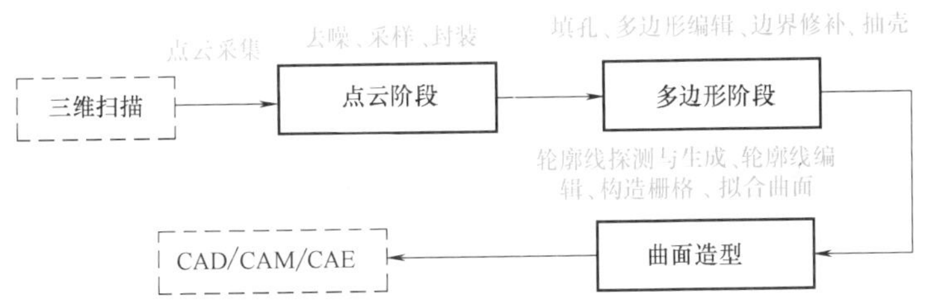

图 5-12　Geomagic Wrap 软件建模流程

四、Geomagic Wrap 软件处理模块

Geomagic Wrap 软件（图 5-13）提供了 4 个处理模块，分别是扫描数据处理、多边形编辑、NURBS 曲面建模、CAD 曲面建模。

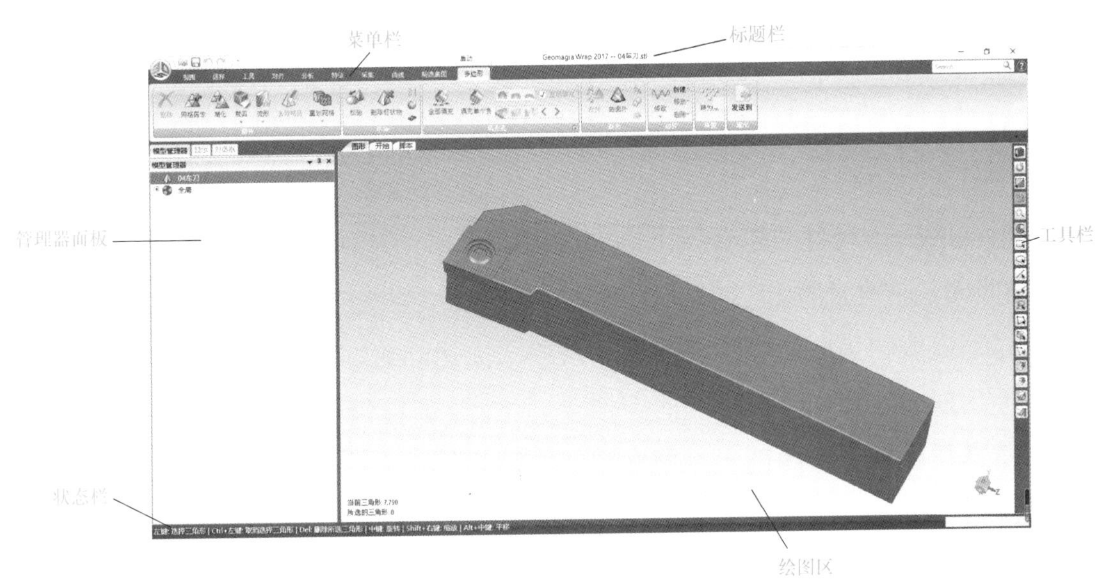

图 5-13　Geomagic Wrap 软件界面

各处理模块功能如下：

1. 扫描数据处理

1）从所有主流的三维扫描仪和数字化设备中采集点云数据。

2）通过检测体外孤点、减少噪音点、去除重叠优化扫描数据。

3）自动或手动拼接与合并多个扫描数据集。

4）通过随机点采样、统一点采样和基于曲率的点采样降低数据集的密度。

2. 多边形编辑

1）根据点云数据创建精确的多边形网格。

2）修改、编辑和清理多边形模型。

3）一键自动检测并纠正多边形网格中的误差。

4）检测模型中的图元特征，例如：圆柱、平面，以及在模型中创建这些特征。

5）自动填充模型中的孔。

6）将模型导出成多种文件格式（包括含有完全嵌入式三维模型的 PDF），以便在标准的 CAD 系统使用。格式包括：STL、OBJ、VRML、DXF、PLY 和 3DS。

3. NURBS 曲面建模

1）根据多边形模型一键自动创建完美的 NURBS 曲面。

2）通过绘制的曲线轻松创建新的曲面布局。

3）根据公差自适应拟合曲面。

4）创建模板以便对相似对象进行快速曲面化。

5）输出尖锐轮廓线和平面区域。

6）使用向导对话框来检测和修复曲面错误。

7）将模型输出成多种行业标准的三维格式文件（包括：IGES、STEP、VDA、NEU、SAT）。

4. CAD 曲面建模

1）根据网格数据自动拟合以下曲面类型：平面、柱面、锥面、挤压面、旋转曲面、扫描曲面、放样曲面和自由形状曲面。

2）自动提取扫描曲面、旋转曲面和挤压面优化的轮廓曲线。

3）使用现有工具和参数控制曲面拟合。

4）自动扩展和修剪曲面，以便在相邻曲面间创造完美的锐化边界。

5）无缝地将参数化曲面、实体、基准和曲线传输到 CAD 中，以便自动构建自然的几何形状。

6）直接将基于历史记录的模型输出到主要的机械 CAD 软件包，包括：Autodesk Inventor、Creo、CATIA 和 SolidWorks、NX 等。

五、Geomagic Wrap 软件中鼠标和快捷键操作

与大多数三维造型软件一样，Geomagic Wrap 软件的操作方式也以鼠标为主，键盘为辅。将鼠标的左、中、右 3 个键分别定义为 MB1、MB2、MB3 加以说明，其中 MB2 是将滚轮按下还是滚动视具体情况而定。

鼠标操作主要是模型对象的旋转、缩放、平移、对象的选取等。模型对象旋转：按住鼠标滚轮进行拖动（MB2）；模型对象缩放：滚动鼠标滚轮（MB2）；平移模型：按住〈Alt+MB2〉进行滑动。同样，按住 Ctrl、Shift、Alt+ 鼠标右键（MB3）分别进行旋转、缩放、平移。

键盘操作主要使用的快捷键功能是全屏显示、设置旋转点、设置选项，见表 5-2。

表 5-2　Geomagic Wrap 常用快捷键

快捷键	命令详解
Ctrl + N	新建项目
Ctrl + O	打开项目
Ctrl + S	保存项目
Ctrl + Z	撤销上一次操作（只能撤销一步）
Ctrl + Y	重复上一次操作
Ctrl + D	拟合模型到窗口
Ctrl + X	选项设置
Ctrl + A	全部选择
Ctrl + C	取消选择
Ctrl + U	多折线选择
Ctrl + P	画笔选择工具
Ctrl + T	矩形框选择工具
F2	单独显示
F3	显示下一个
F4	显示上一个
F5	全部显示
F6	只选中列表
F7	全部不显示
Ctrl + 左键框选	取消选择部分

随堂练习

启动 Geomagic Wrap 软件后，打开“04 车刀 .stl”文件。熟悉 Geomagic Wrap 软件界面。通过旋转、缩放和平移来改变工件角度。学习使用自定义旋转中心以及各种选取工具。

第三节　外圆车刀点云数据处理

使用 Geomagic Wrap 对外圆车刀点云数据进行处理，检测体外孤点并删除、降噪、采样、封装等，及对外圆车刀点云数据封装后的多边形数据模型进行编辑，采用补孔、去除特征、重划网格、简化等方式，完成外圆车刀点云数据处理。

引导问题

扫描的点云数据会存在哪些不足？如何解决？

任务实施

QR 微课视频直通车 21：

手机微信扫描右侧二维码来观看学习吧。

1. 打开教学资源包中“5-1 车刀 .asc”文件

启动 Geomagic Wrap 软件后，单击**“打开”**图标或者按快捷键〈Ctrl+O〉，打开“5-1 车刀 .asc”文件。采样比率和单位一般采用默认值，如图 5-14 所示，打开后点云数据显示在绘图区中。

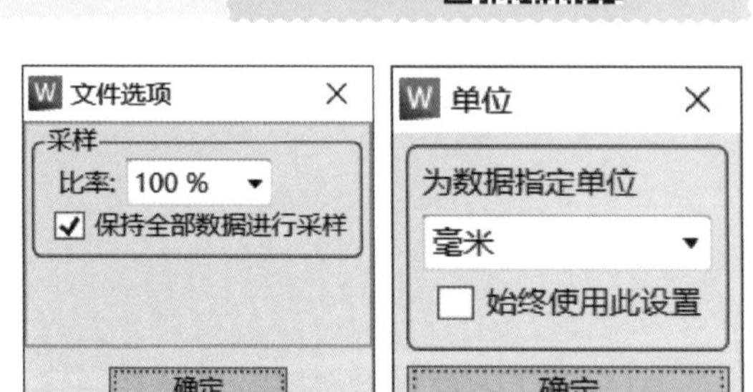

图 5-14　采样比率和单位

提示：

打开与导入的区别是使用打开命令，当前数据将覆盖前面的数据（直接将数据文件拖动到绘图区中也是）；导入则不会覆盖先前的数据，两个数据将同时放在管理器面板中（直接将数据拖到管理器面板同样不会覆盖先前的数据）。

2. 着色点

单击菜单栏中的“点”→“着色”→“着色点”命令，系统在点云上开启照明和彩色效果，赋予点云颜色，如图 5-15 所示。

3. 选择非连接项

选择非连接项的作用是选择偏离主点云的点。

单击菜单栏中的“点”→“选择”→“非连接项”命令，弹出“选择非连接项”对话框，“分隔”选择为“低”，尺寸为默认值，然后单击“确定”按钮，如图 5-16 所示，退出对话框后按〈Delete〉键删除选中的非连接点云。

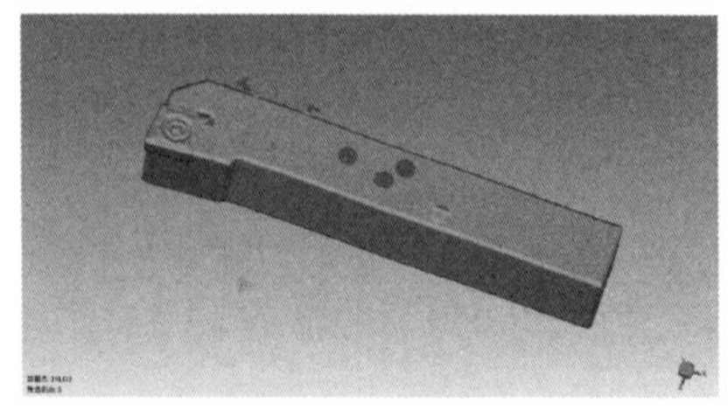

图 5-15　点云着色显示

图 5-16　选择非连接项设置

4. 选择体外孤点

体外孤点通常容易辨别，因为这些点远离主点云。通常出现体外孤点是因为三维扫描仪扫描到背景物体，如桌面、墙、支撑结构等。

单击菜单栏中的“点”→“选择”→“体外孤点”命令，弹出“选择体外孤点”对话框，将“敏感度”设置为“80”，单击“应用”按钮后再单击“确定”按钮，如图 5-17 所示，系统会自动计算出体外孤点并以红色显示，如图 5-18 所示。按〈Delete〉键删除选中的红色点云，该命令使用 3 次。

图 5-17 选择体外孤点对话框

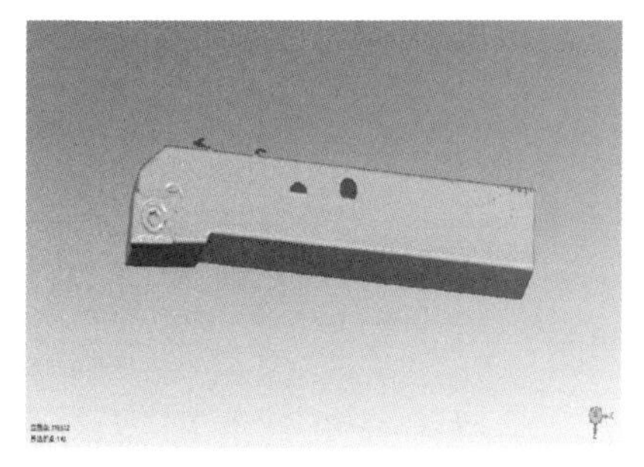
图 5-18 系统会自动计算出体外孤点

5. 手动删除冗余点

单击右侧工具栏中的“套索选择工具”图标，进入套索选择工具的选择状态，改变模型的视图（按住鼠标中键旋转模型，调整到合适视图），在绘图区单击一个点，按住鼠标左键进行拖动选择要删除的区域（把要删除的冗余点都选中），如图 5-19 所示，按〈Delete〉键删除选中的红色冗余点。

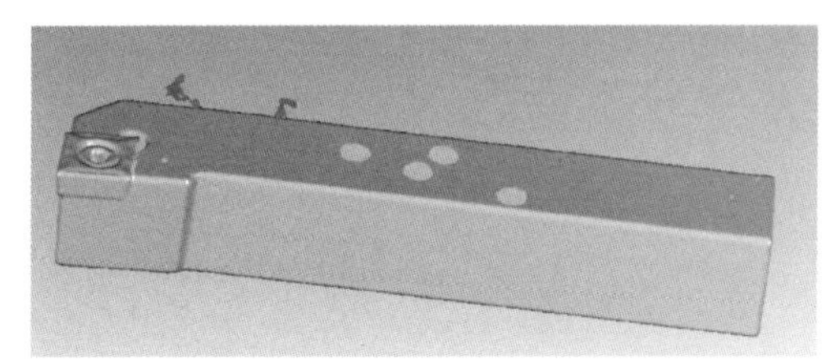
图 5-19 手工选中要删除的冗余点

6. 减少噪音点

单击菜单栏中的“点”→“选择”→“减少噪音”命令，进入“减少噪音”对话框，对相关参数进行设置，如图 5-20 所示，单击“应用”按钮后再单击“确定”按钮。该命令有助于将扫描中产生的噪音点减少到最少程度，能更好地表现真实的物体形状。在扫描或数字化造型过程中，数据中经常会产生噪音点。例如模型曲面上粗糙、非均匀的外表等，造成的原因包括扫描设备的轻微振动、测量激光直径误差或物体表面粗糙等。

7. 统一采样

单击菜单栏中的“点”→“统一”命令，进入“统一采样”对话框，在“输入”中选择绝对间距输入 0.1mm，曲率优先拉到中间，如图 5-21 所示，单击“应用”按

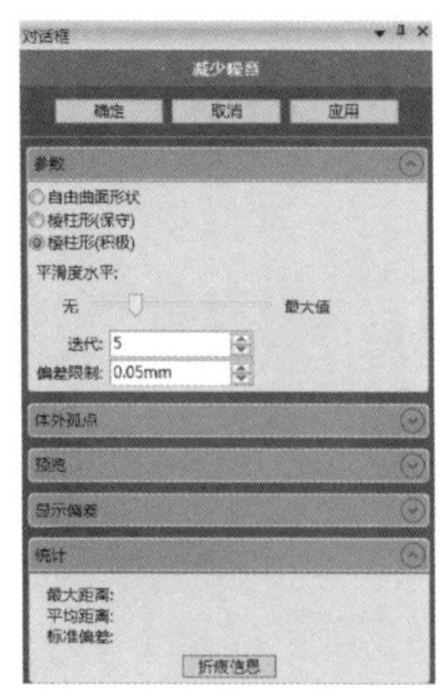

图 5-20　减少噪音参数设置

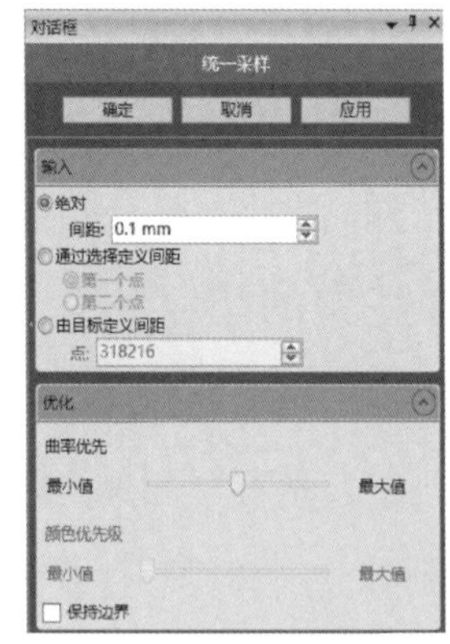

图 5-21　统一采样参数设置

钮后再单击“确定”按钮。在保留物体原来形貌的同时减少点的数量，便于删除重叠点云、稀释点云。

提示：

统一采样：使平直曲面上的点数目减少并呈一致状态，以设定的密度减少曲面上的点数目，是最常用的采样方法。

曲率采样：减少平坦区域内的点数目，但保留高曲率区域内的点以保留细节，通过设置一定的百分比来采样。

栅格采样：通过设置一定间隔来采样，适合无序的点云数据。

随机采样：通过设置一定的百分比来采样，适合模型特征比较简单、比较规则的无序点云数据。

8. 封装

单击菜单栏中的“点”→“封装”命令，进入“封装”对话框，勾选“保持原始数据”，如图 5-22 所示，单击“确定”按钮，软件将对点云数据进行封装，计算生成多边形模型，封装后的车刀如图 5-23 所示。

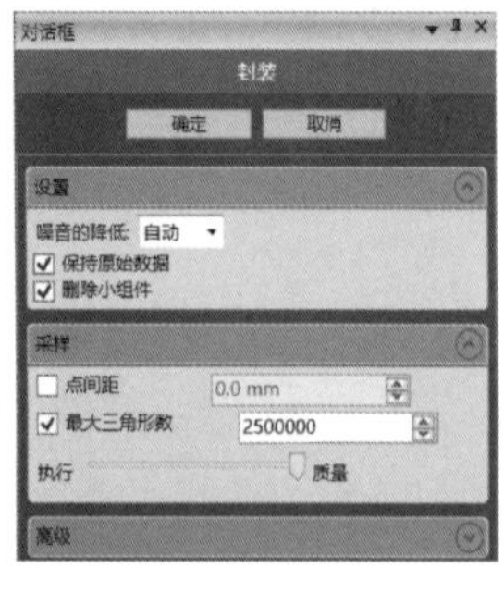

图 5-22　封装参数设置

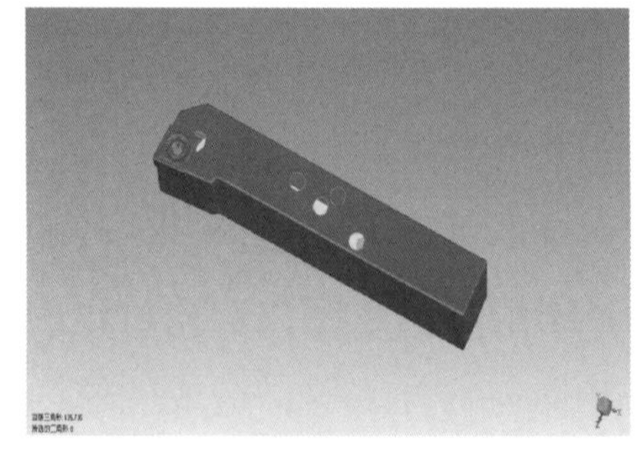

图 5-23　封装后的车刀模型

9. 填充孔

填充孔功能用于在缺失数据的区域创建一个新的平面或曲面，分为全部填充和部分填充。全部填充一般用于简单结构体，对于复杂物体一般采用部分填充。根据不同的要求选择基于曲率、切线和平面的填充方式。

单击菜单栏中的“多边形”→“填充单个孔”命令，填充方式为平面，边界为内部孔，如图 5-24 所示。右键单击空白处，在弹出的菜单中，选择“选择边界”，再单击绿色边界，系统将选中边界并往外扩张（单击一次则向外扩展一次），如图 5-25 所示。按〈Delete〉键删除翘曲边界，单击右键在弹出的菜单中选择“填充”，再手动去选择需填充的边界，如图 5-26 所示，最后按〈ESC〉键退出命令，以此类推，完成剩余孔的填充，如图 5-27 所示。

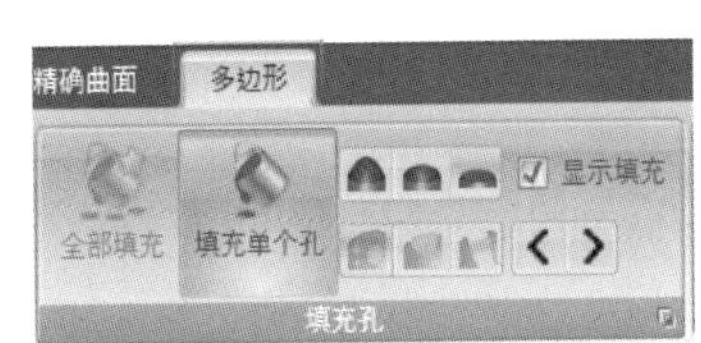

图 5-24　填充单个孔

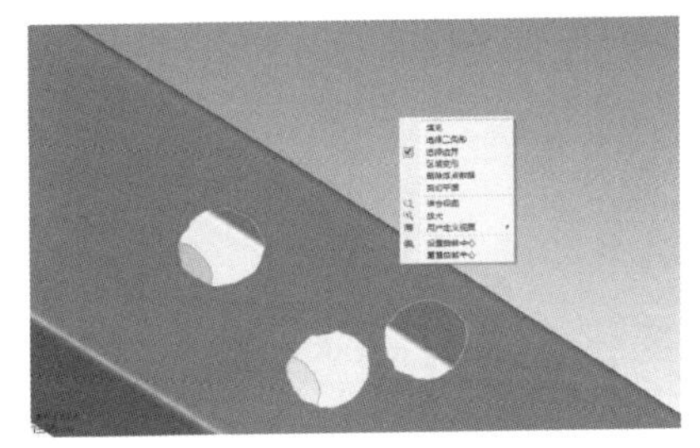

图 5-25　选择边界

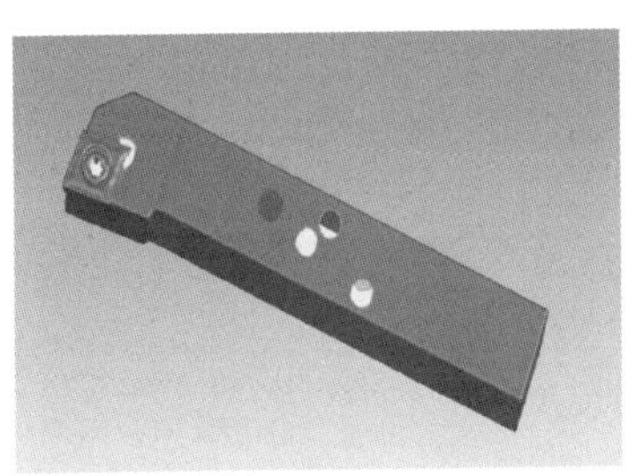

图 5-26　完成单个孔的填充

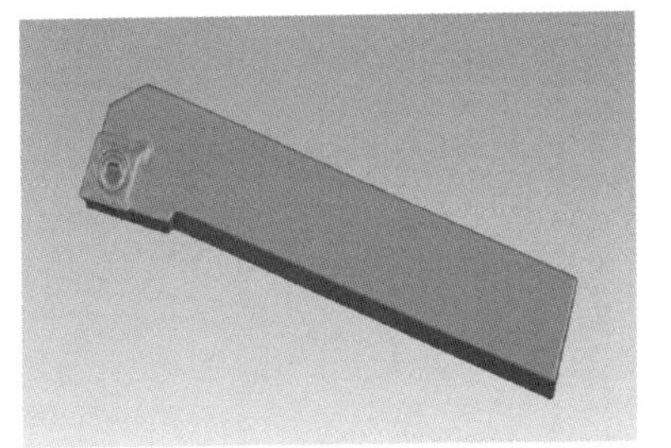

图 5-27　完成孔的填充

10. 去除特征填孔

单击右侧“套索选择工具”图标，进入套索工具的选择状态，选择要去除特征的区域，如图 5-28 所示，再单击“多边形”→“去除特征”命令，系统将根据红色周围的曲率变化进行光顺处理并填充孔，如图 5-29 所示，以此类推，把剩余的孔去除特征填孔。

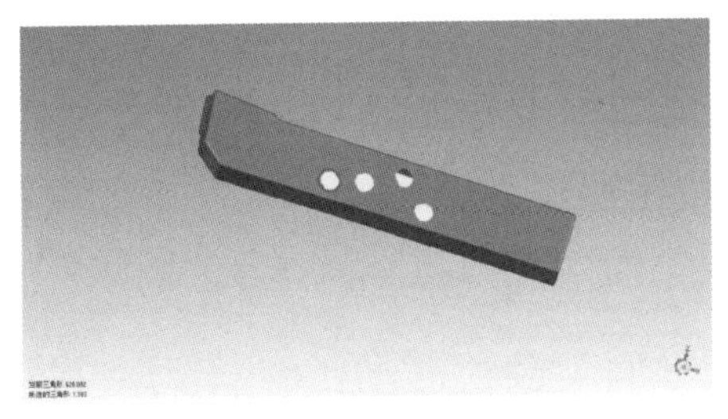

图 5-28　要填孔区域

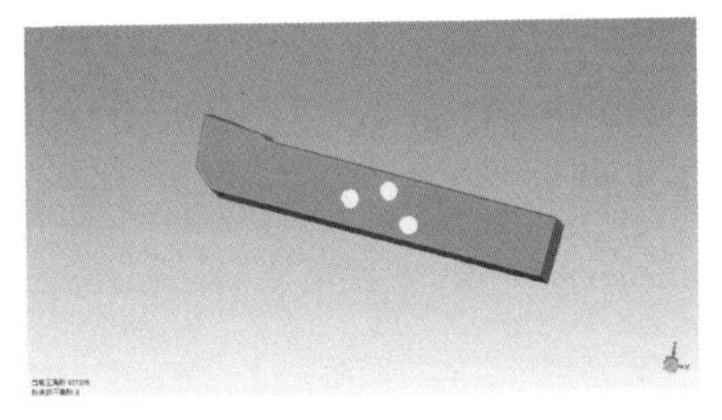

图 5-29　去除特征填孔后

11. 重划网格

单击菜单栏中的“多边形”→“重划网格”命令，进入“重划网格”对话框，参数均为默认值，如图 5-30 所示，单击“确定”按钮即可。重划网格前如图 5-31 所示，重划网格后如图 5-32 所示。

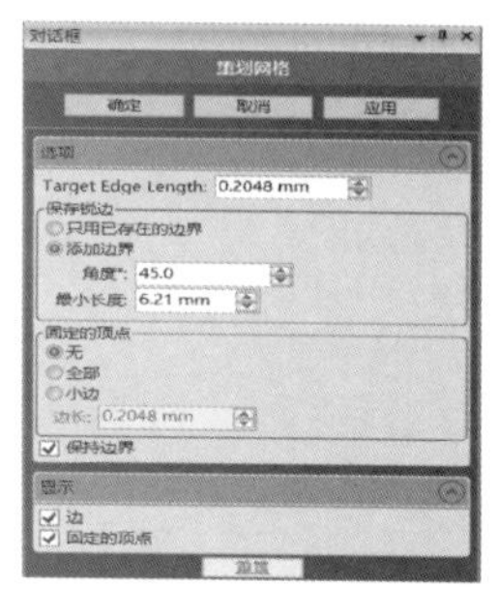

图 5-30　重划网格

图 5-31　重划网格前

图 5-32　重划网格后

12. 简化多边形

使用简化多边形命令来减少多边形模型的三角片数量。简化多边形将在曲率较小的区域减少三角片而在曲率较大的区域保持三角片的数量，最终减少三角片的数量但保持模型的形状。简化多边形数量也有助于减小计算机工作负荷。

单击菜单栏中的“多边形”→“简化”命令，进入“简化”对话框，勾选“固定边界”选项，并设置“减少百分比”为 50，如图 5-33 所示，单击“确定”按钮即可。模型简化多边形后如图 5-34 所示。

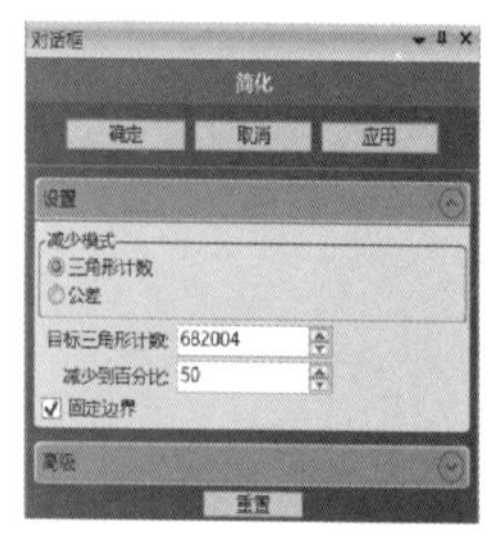

图 5-33　简化多边形对话框

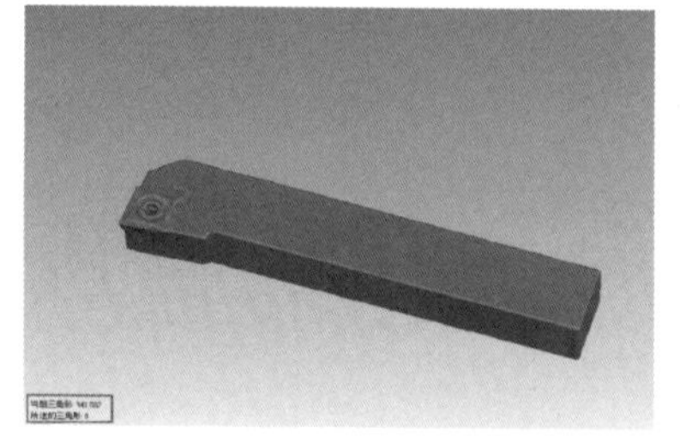

图 5-34　模型简化多边形后

13. 坐标对齐

1）创建平面。单击菜单栏中的“特征”→“平面”→“最佳拟合”命令，系统弹出“创建平面”对话框，勾选“接触特征”，单击右侧“套索选择工具”图标 ，进入套索工具的选择状态，选择要创建平面的区域，单击“应用”按钮创建平面 1，如图 5-35 所示，单击“下一个”按钮，选择模型端面区域，单击“应用”按钮创建平面 2，如图 5-36 所示，单击“确定”按钮退出对话框。

2）对齐。单击菜单栏中的“对齐”→“对齐到全局”命令，系统弹出“对齐到全局”对话框，在“固定：全局”栏选择“XY 平面”及“浮动：04 车刀 - 平面 1”，然后单击“创建对”按钮，在“固定：全局”选择“XZ 平面”及“浮动：04 车刀 -

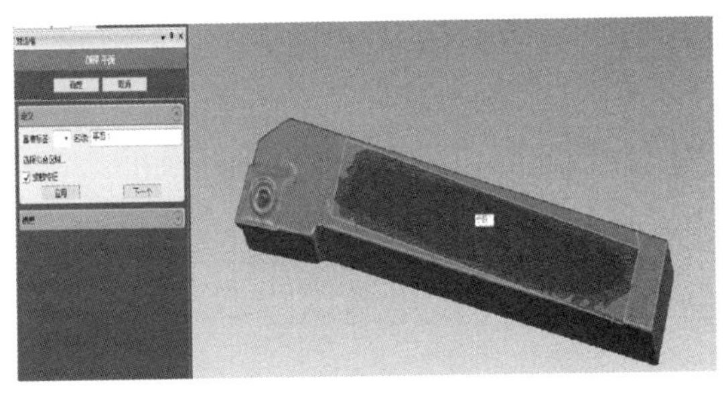

图 5-35　创建平面 1

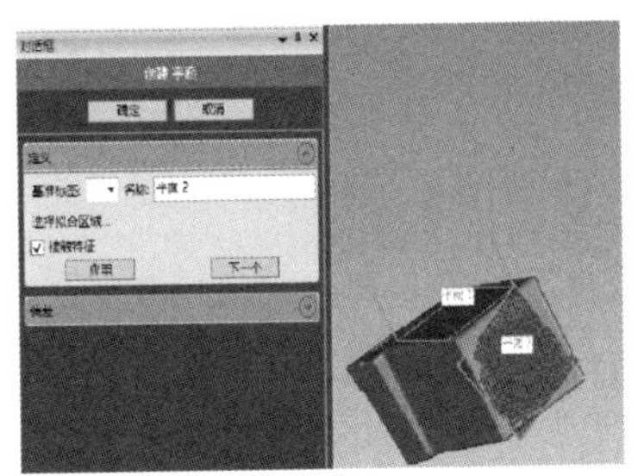

图 5-36　创建平面 2

平面 2”，然后单击“创建对”按钮，如图 5-37 所示，单击“确定”按钮退出并完成坐标对齐。选中平面 1 和平面 2，按〈Delete〉键删除。

14. 保存多边形模型

为了满足后期逆向建模需要，需要保存 STL 文件。在软件左上角处单击图标→“另存为”命令，弹出“另存为”对话框，输入文件名“4-1 车刀”，保存类型选择“STL（binary）文件（*.stl）”，单击“保存”按钮保存，如图 5-38 所示。

图 5-37　对齐到全局

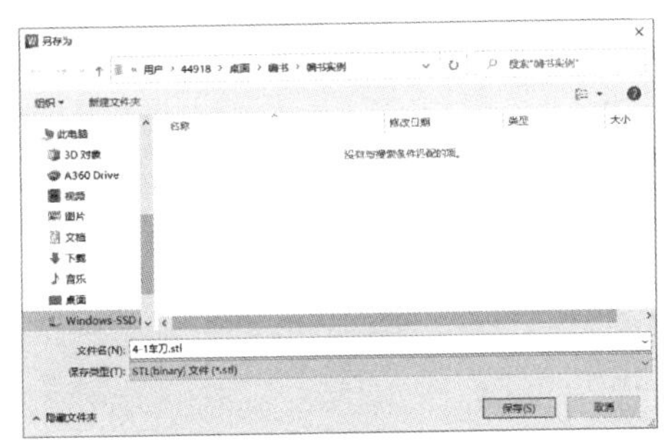

图 5-38　保存多边形模型

第四节　外圆车刀逆向建模

引导问题

三维建模软件有哪些？有何不同？

QR 微课视频直通车 22：

手机微信扫描右侧二维码来观看学习吧。

一、认识 Geomagic Design X 软件

Geomagic Design X 软件拥有强大的点云处理能力和正向、逆向建模能力，可以与其他三维软件无缝衔接，适合工业零部件的逆向建模工作。

Geomagic Design X 具有以下特点：具有专业的参数化逆向建模水平；可以打开文件较大的扫描数据；逆向建模速度快、效率高。Geomagic Design X 软件界面如图 5-39 所示。

鼠标的基本操作：和 Geomagic Wrap 软件一样，Geomagic Design X 软件的鼠标操作主要是模型对象的旋转、缩放、平移、对象的选取等；左键：选择；Ctrl+ 左键：取消选择；右键：旋转；鼠标滚轮：缩放；Ctrl+ 右键：移动。

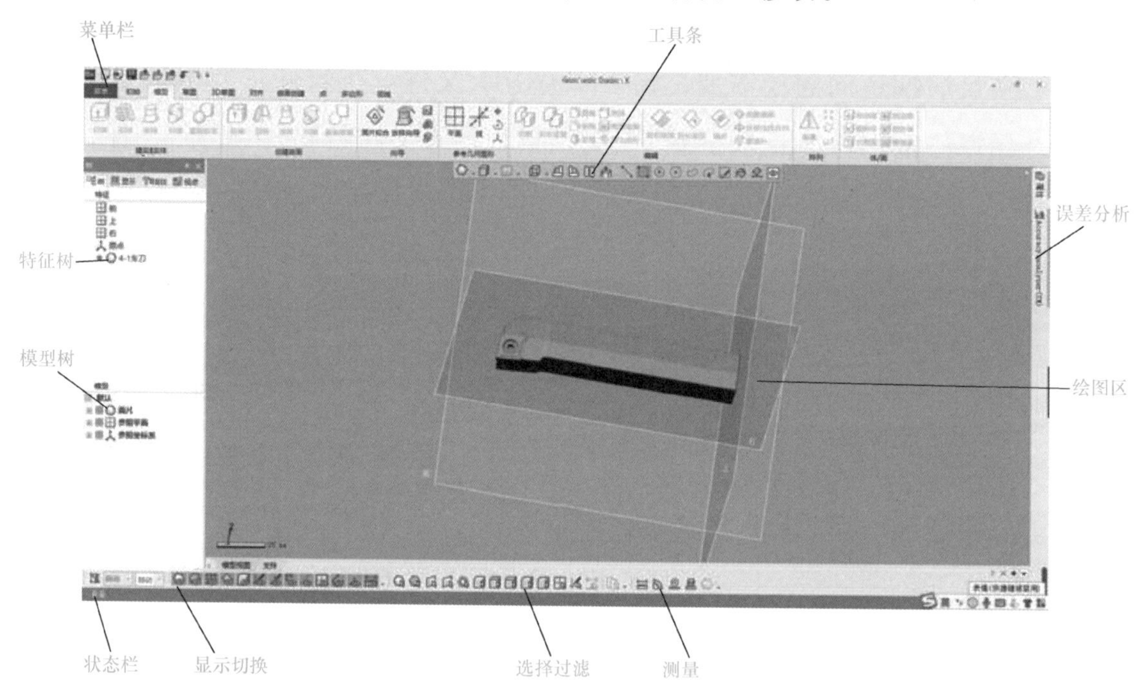

图 5-39　Geomagic Design X 软件界面

二、外圆车刀逆向建模

1. 导入点云文件

导入处理完成的“4-1 车刀 .stl”点云数据。单击“导入”图标，弹出图 5-40 所示对话框，选择“4-1 车刀 .stl”，单击“仅导入”按钮。

2. 外圆车刀主体逆向建模

1）单击工具栏中的“延长至近似部分”图标，选择图 5-41 所示区域，单击菜单栏中的“领域”→“插入”命令，创建图 5-42 所示领域。

重复上述步骤创建图 5-43 所示领域。

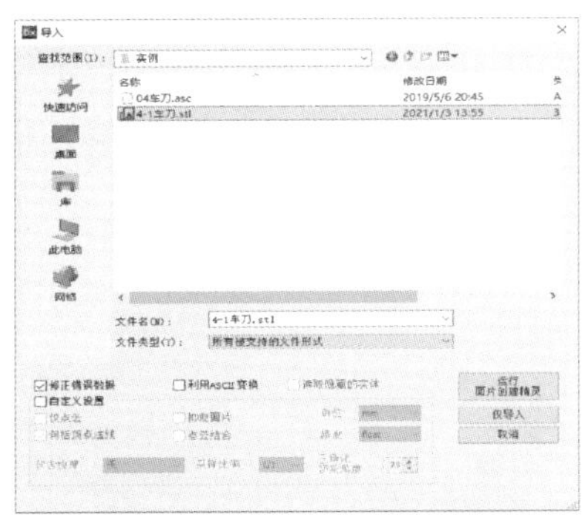

图 5-40　导入对话框

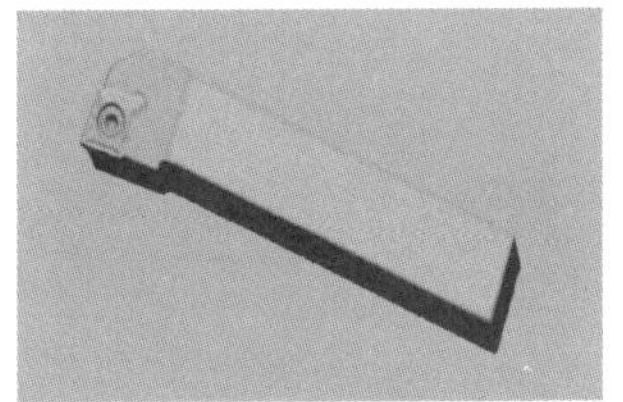

图 5-41　选择的区域

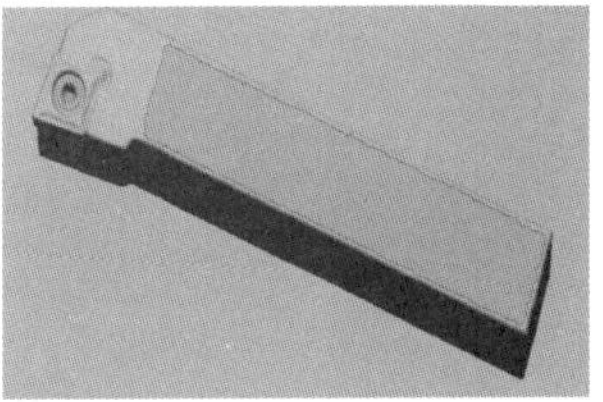

图 5-42　创建领域

图 5-43　手动创建的领域

2）单击菜单栏中的“模型”→“面片拟合”图标，弹出“面片拟合”对话框，选择领域，“分辨率”为“控制点数”，U、V 控制点数均为 5，“平滑”条拖到最大，如图 5-44 所示，单击“确定”按钮创建片体，如图 5-45 所示。

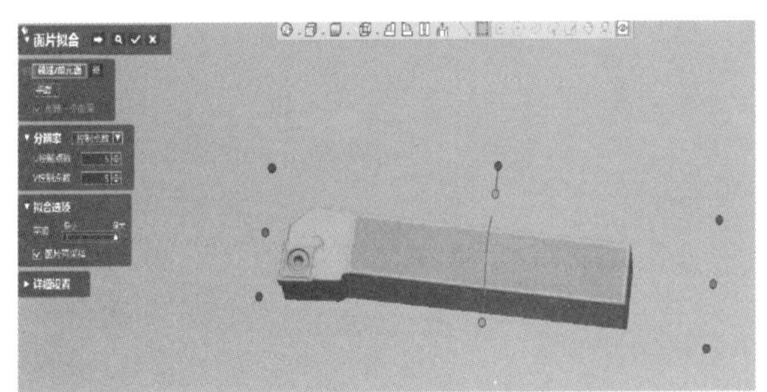

图 5-44　面片拟合设定

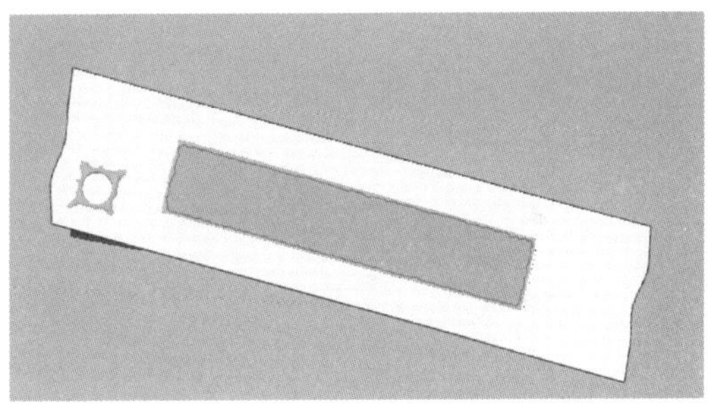

图 5-45　创建片体

重复上述步骤创建图 5-46 所示外圆车刀主体片体。

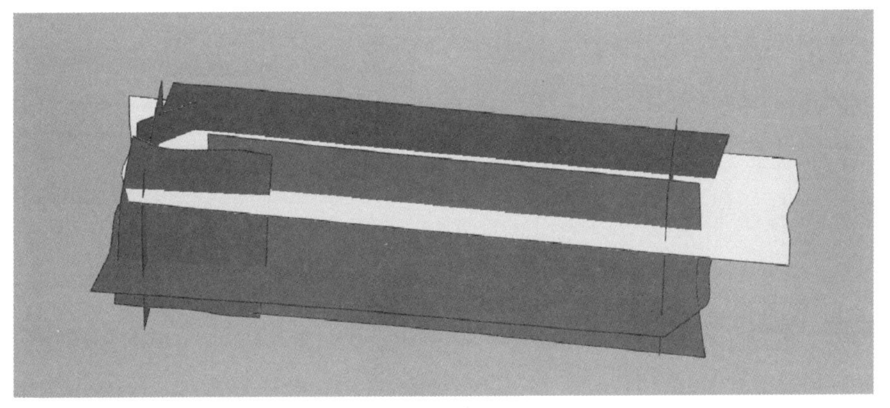

图 5-46　外圆车刀主体外形片体

3）单击菜单栏中的“草图”→“面片草图”图标，弹出“面片草图的设置”对话框，选择“平面投影”→“基准平面：前基准面”，由基准面偏移的距离为3mm，如图5-47所示，单击✓图标进入面片草图环境，隐藏面片，如图5-48所示。

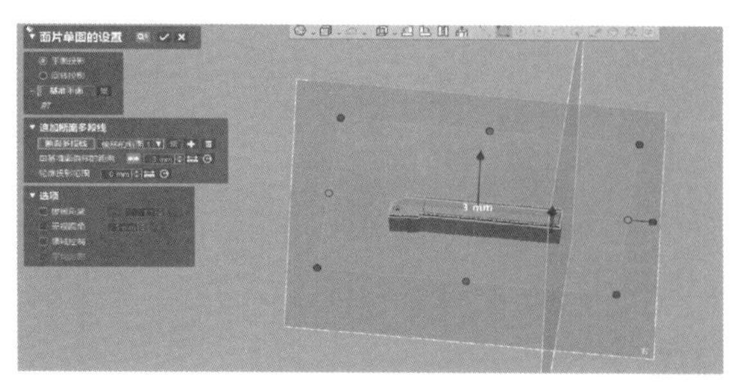

图5-47 “面片草图”对话框

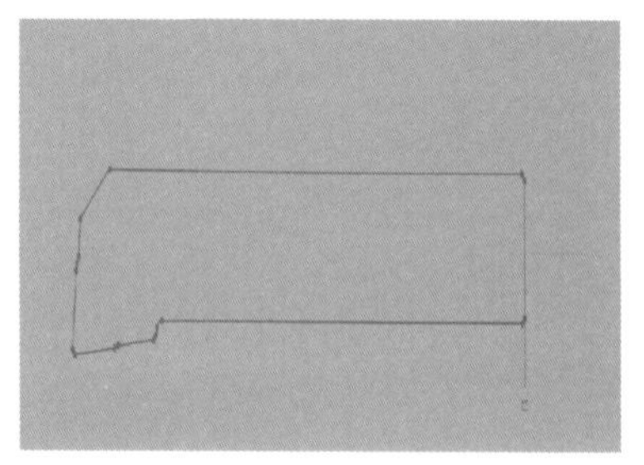

图5-48 面片草图

4）单击“直线”图标，选择要拟合出的直线，如图5-49所示，单击“调整”图标，对直线进行延长，如图5-50所示，单击“退出”图标退出草图环境。

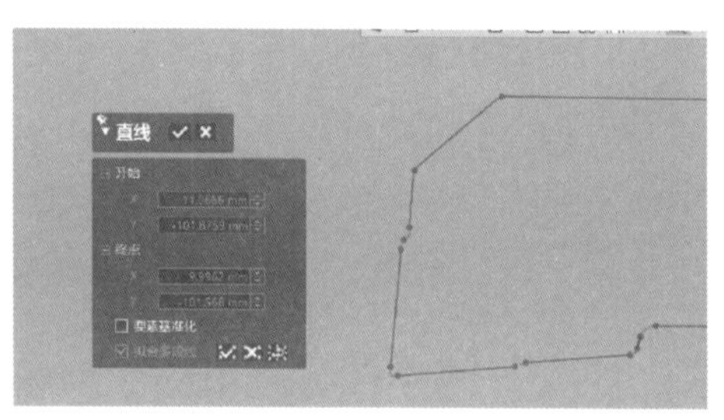

图5-49 直线拟合

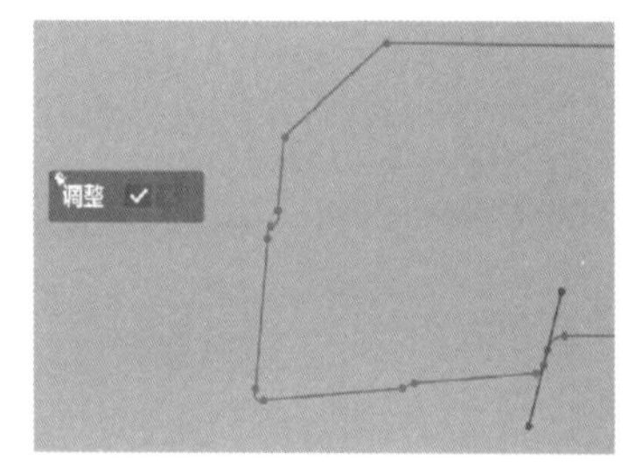

图5-50 调整直线长度

5）单击菜单栏中的“模型”→“拉伸”图标，弹出“拉伸”对话框，轮廓选择草图1，方向长度5mm，反方向长度为25mm，如图5-51所示，单击“确定”按钮完成片体的拉伸。

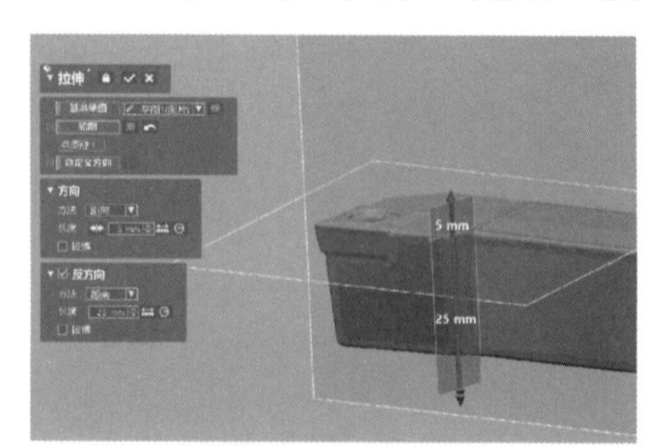

图5-51 拉伸片体

6）单击菜单栏中的“插入”→“曲面”→“实体化”命令，弹出“实体化”对话框，“要素”选择所有片体，如图5-52所示，单击“确定”按钮完成外圆车刀主体建模，如图5-53所示。

3. 外圆车刀刀头部分逆向建模

1）单击菜单栏中的“草图”→“面片草图”图标，弹出“面片草图的设置”对话框，选择“平面投影”→“基准平面：右基准面”，由基准面偏移的距离设为0mm，如图5-54所示，单击“确定”按钮进入面片草图环境，隐藏面片，如图5-55所示。

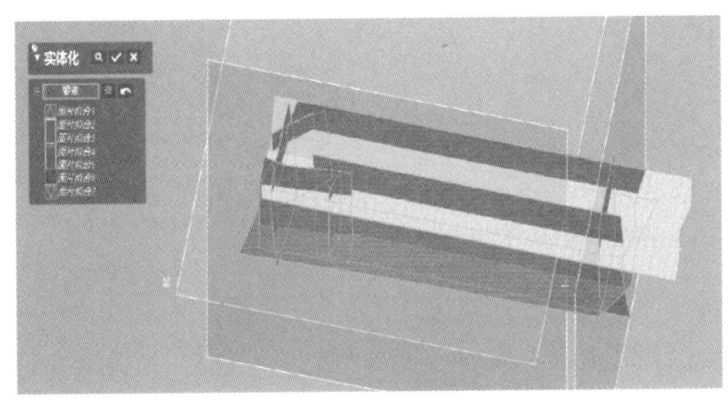

图 5-52　片体实体化

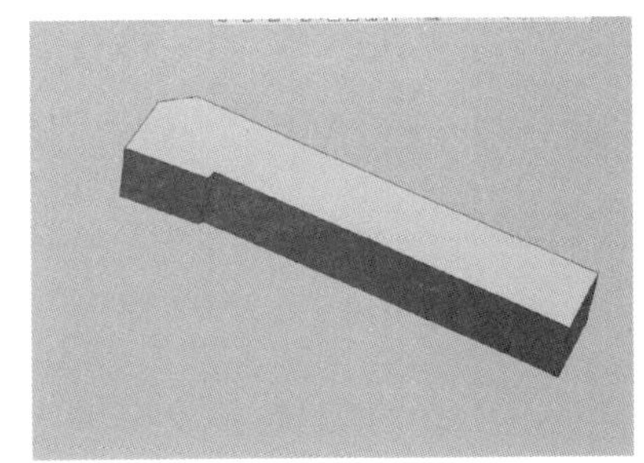

图 5-53　外圆车刀主体建模

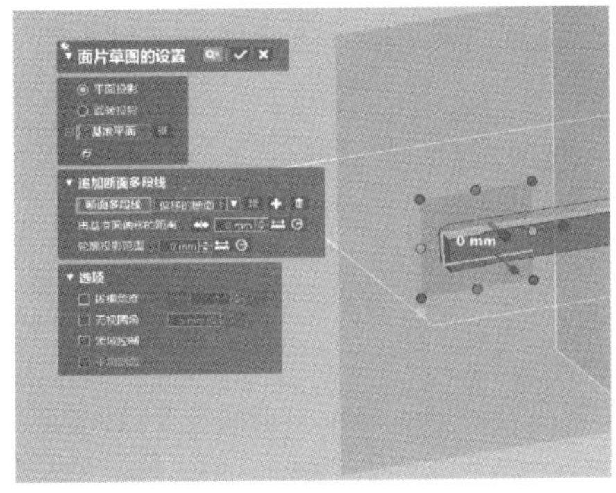

图 5-54　面片草图设置

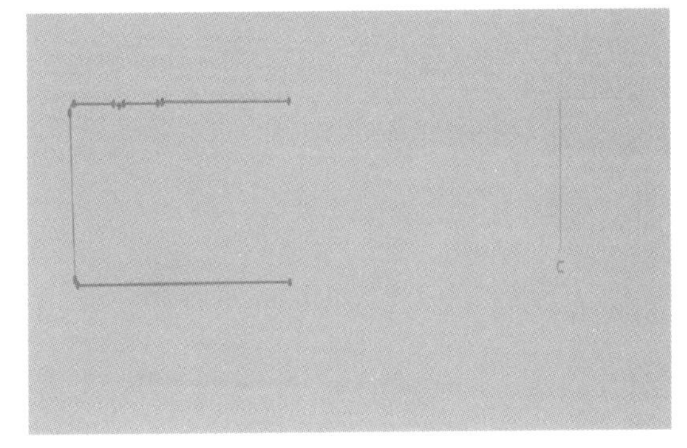

图 5-55　面片草图

2）单击“直线”图标，选择要拟合的直线，如图 5-56 所示。单击“调整”图标，对直线进行延长，如图 5-57 所示。单击“剪切”图标，选择“相交剪切”，选择两直线，使两直线形成相交，如图 5-58 所示，单击“退出”图标，退出草图环境。

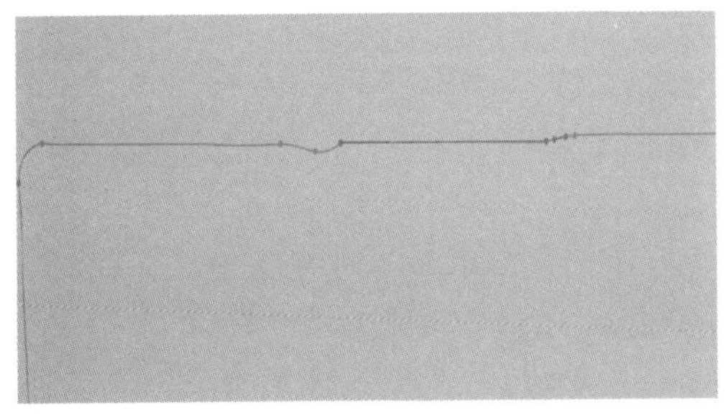

图 5-56　直线拟合

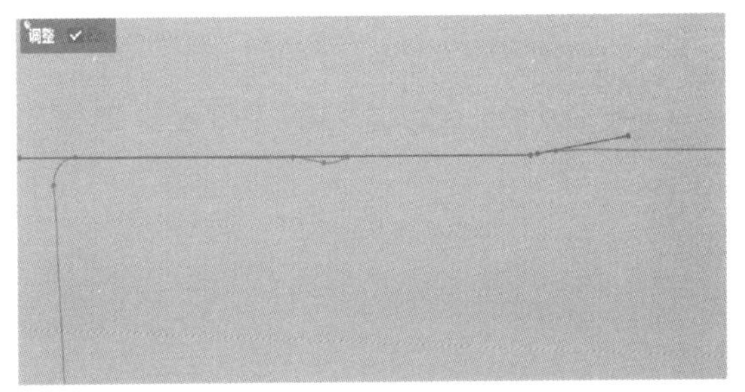

图 5-57　调整直线长度

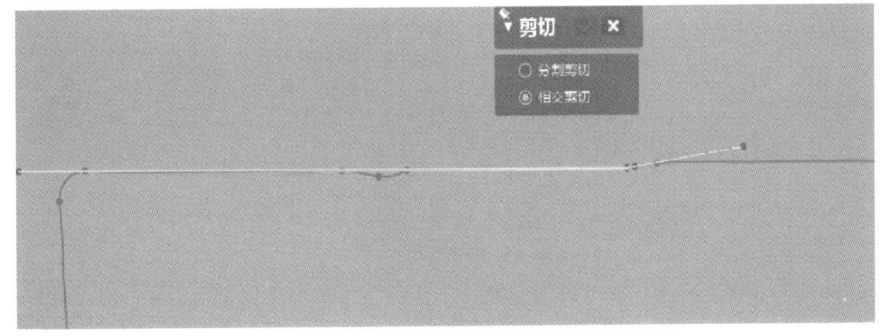

图 5-58　剪切直线

3）单击菜单栏中的“模型”→“拉伸”图标，弹出“拉伸”对话框，轮廓选择草图2，方向长度为15mm，反方向长度为15mm，如图5-59所示，单击✓图标完成片体的拉伸。

4）单击菜单栏中的“模型”→“切割”图标，弹出“切割”对话框，工具要素选择拉伸2，对象体选择拉伸1，如图5-60所示，单击“下一步”（图中向右箭头），选择要保留残留体，如图5-61所示，单击✓图标完成实体的切割，如图5-62所示。

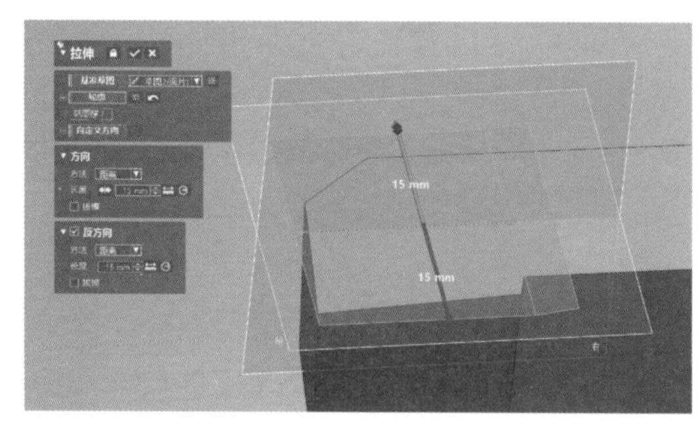

图5-59　片体的拉伸

图5-60　切割对话框

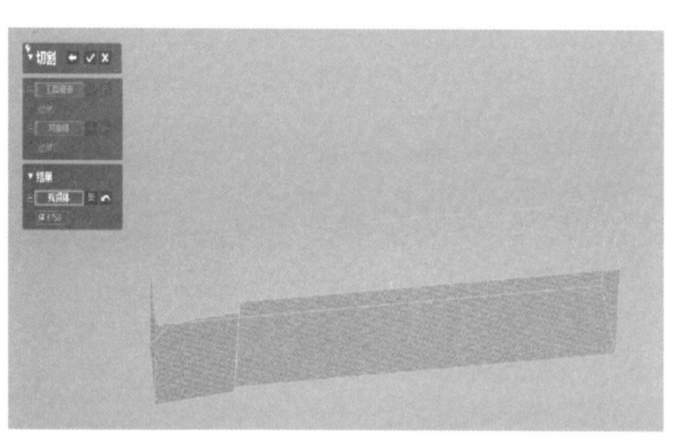

图5-61　选择要保留残留体

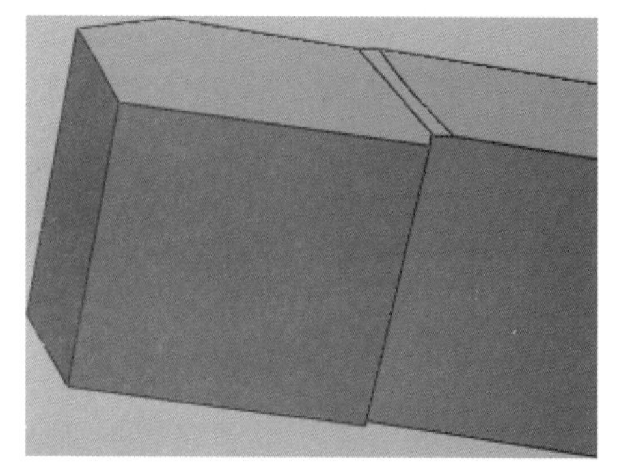

图5-62　切割后的刀头部分

4. 外圆车刀刀片部分逆向建模

1）单击工具栏中的“延长至近似部分”图标，选择如图5-63所示区域，单击菜单栏中的“领域”→“插入”命令，创建如图5-64所示领域。

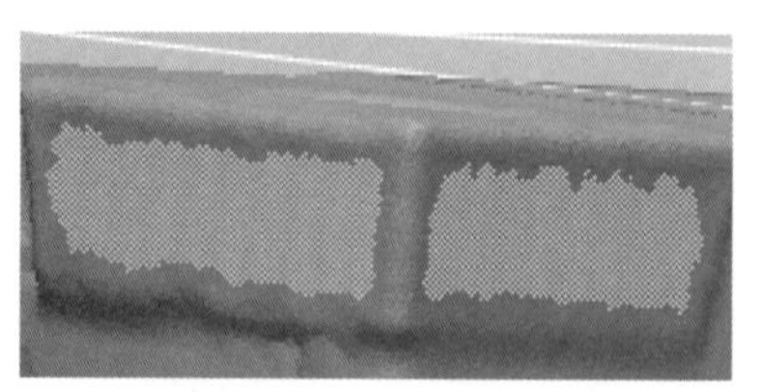

图5-63　选择区域

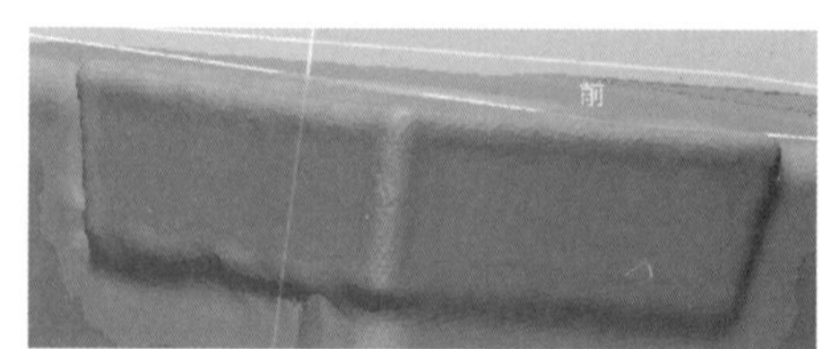

图5-64　创建领域

2）单击菜单栏中的“模型”→“面片拟合”图标，弹出“面片拟合”对话框，选择领域，分辨率为“许可偏差”，许可偏差值为0.1mm，“平滑”条拖到最大，如

图 5-65 所示，单击✓图标创建片体，如图 5-66 所示。

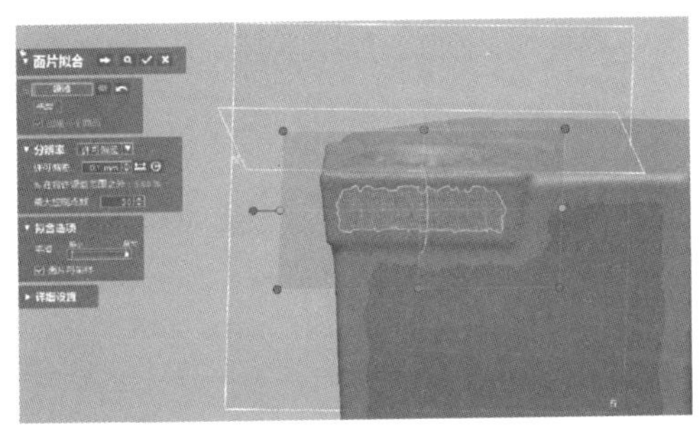

图 5-65　面片拟合设置

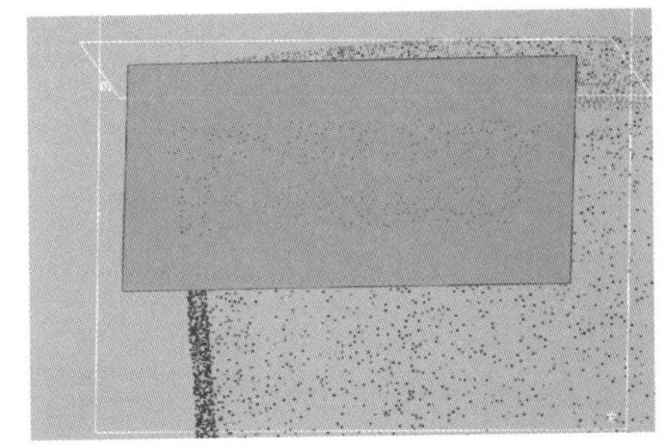
图 5-66　拟合的片体

重复上述步骤创建如图 5-67 所示的片体。

3）单击菜单栏中的“模型”→“曲面偏移”图标，弹出“曲面偏移”对话框，选择要偏移的面，偏移距离设为 12.5mm，单击✓图标。重复使用“曲面偏移”命令，偏移出另一片体，如图 5-68 所示。

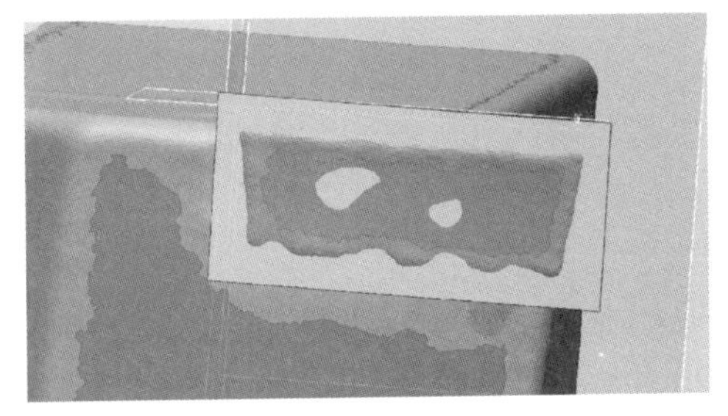
图 5-67　拟合的片体

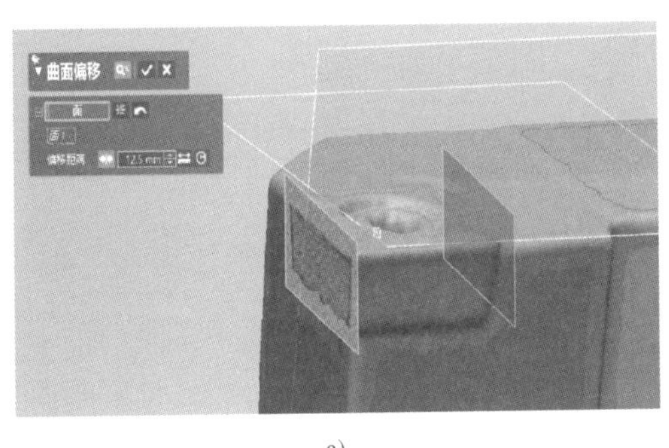

a)

b)

图 5-68　曲面偏移

4）单击菜单栏中的“模型”→“拔模”图标，弹出“拔模”对话框，基准面选择前平面，拔模面选择面 1，拔模角度为 3.5°，单击✓图标。重复使用“拔模”命令，完成另一片体的拔模，如图 5-69 所示。

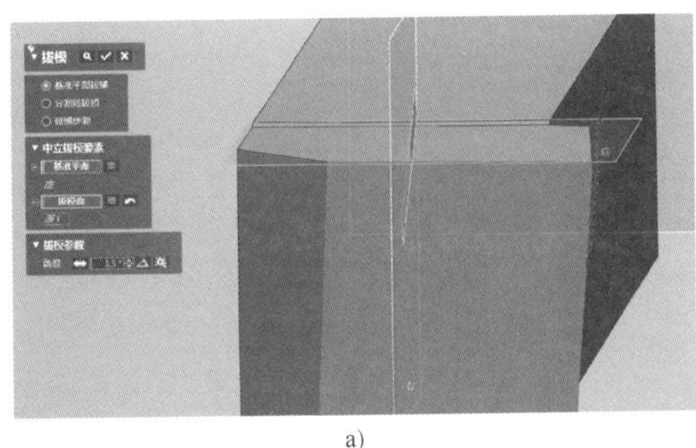

a)

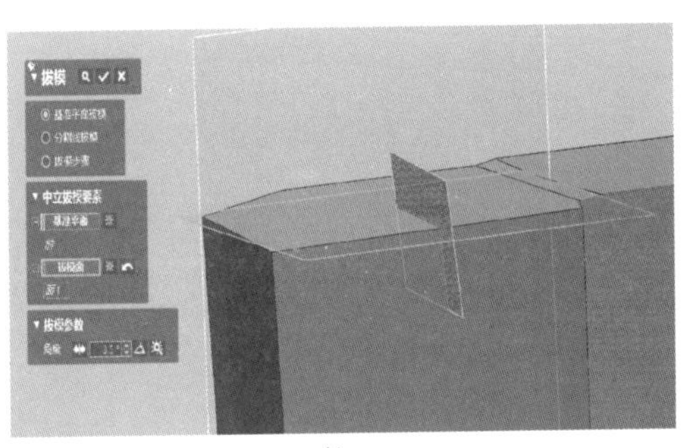

b)

图 5-69　片体拔模

5）单击菜单栏中的“模型”→“延长曲面”图标，弹出“延长曲面”对话框，选择要延长的边，“终止条件：距离”为3.5mm，延长方法同曲面，单击☑图标退出。重复使用“延长曲面”命令，完成另一片体的延长，如图5-70所示。

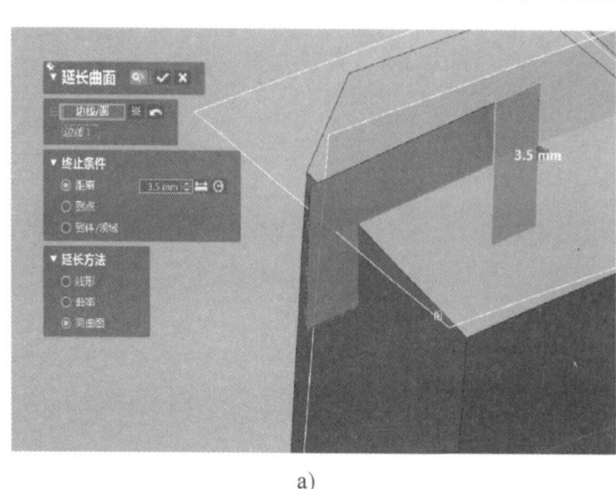

a)

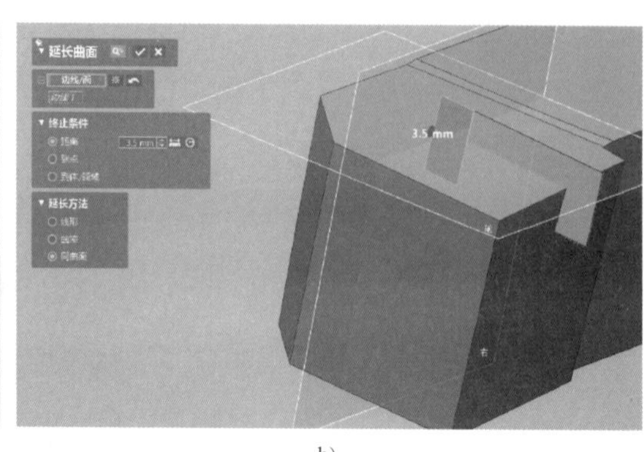

b)

图5-70 延长曲面

6）单击菜单栏中的“草图”→“面片草图”图标，弹出“面片草图的设置”对话框，选择“平面投影”→“基准平面：右基准面”，由基准面偏移的距离为0mm，轮廓投影范围为50mm，如图5-71所示，单击☑图标进入面片草图环境，隐藏面片，如图5-72所示。

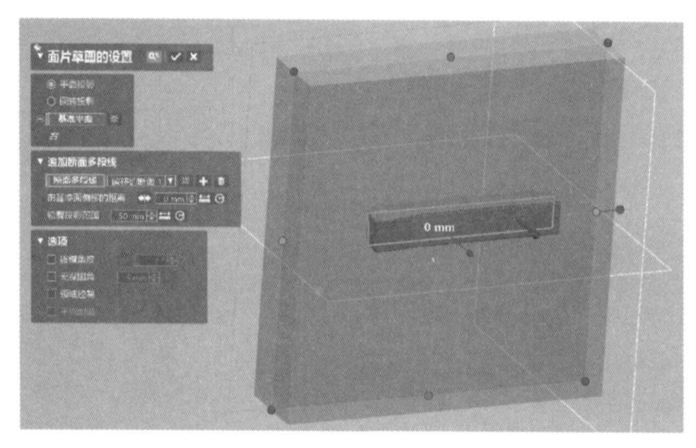

图5-71 面片草图设置

图5-72 面片草图

7）单击“直线”图标，选择要拟合的直线，如图5-73所示。单击“调整”图标，对直线进行延长，如图5-74所示，单击“退出”图标，退出草图环境。

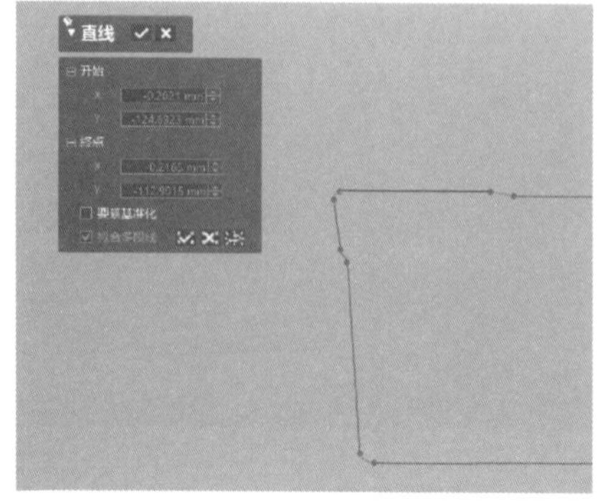

图5-73 直线拟合

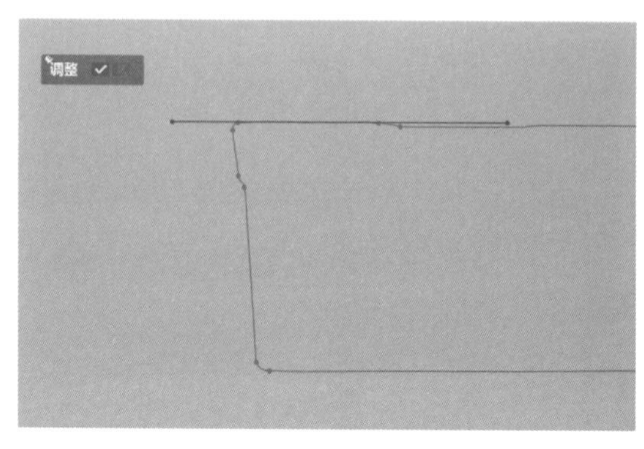

图5-74 调整直线长度

8）单击菜单栏中的“模型”→“拉伸”图标，弹出“拉伸”对话框，轮廓选择草图3，方向长度为15mm，如图5-75所示，单击图标完成片体的拉伸。

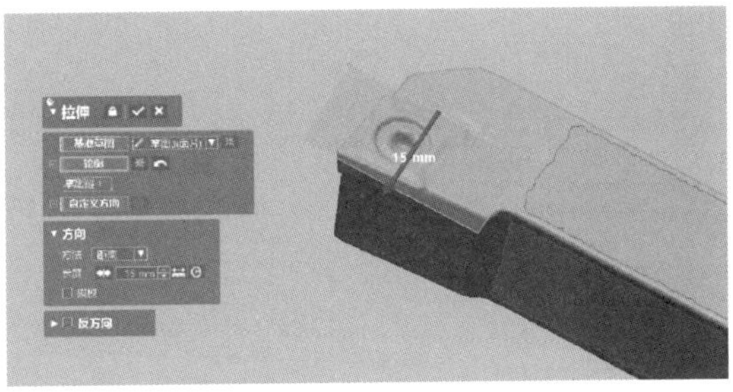

图5-75　拉伸片体

9）单击菜单栏中的“草图”→“面片草图”图标，弹出“面片草图的设置”对话框，选择“平面投影→基准平面：右基准面”，由基准面偏移的距离为0mm，轮廓投影范围为0mm，如图5-76所示，单击图标进入面片草图环境，如图5-77所示。

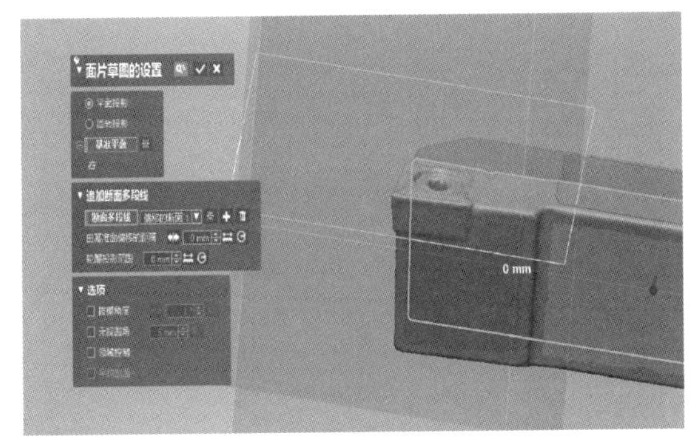

图5-76　面片草图设置

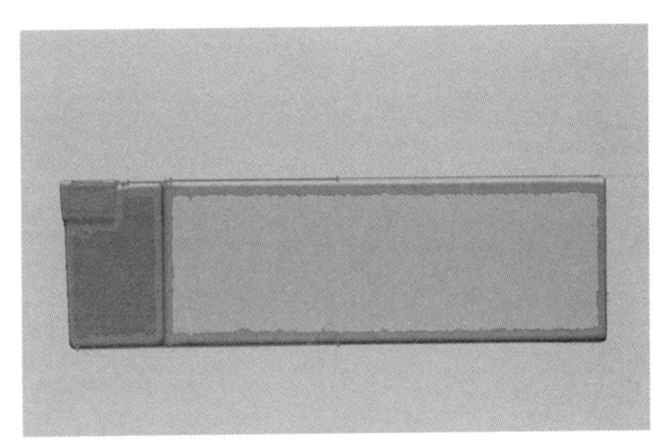

图5-77　面片草图

10）单击“直线”图标，绘制直线，如图5-78所示，单击“退出”图标，退出草图环境。

11）单击菜单栏中的“模型”→“拉伸”图标，弹出“拉伸”对话框，轮廓选择草图4，方向长度为15mm，如图5-79所示，单击图标完成片体的拉伸。

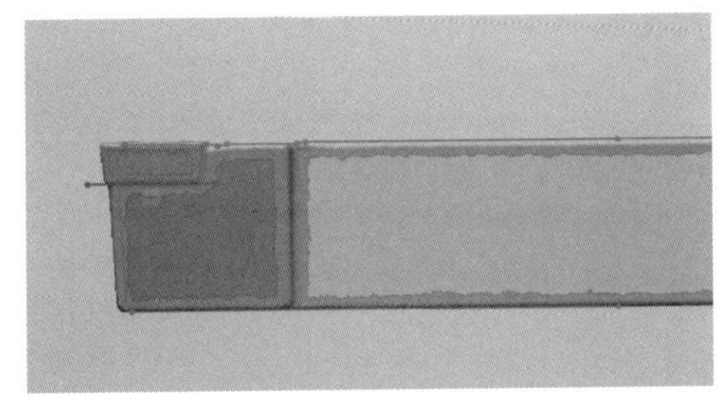

图5-78　绘制直线

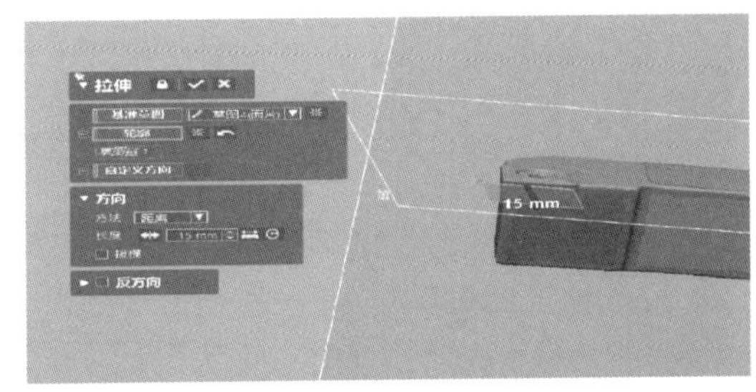

图5-79　拉伸片体

12）隐藏面片、草图及实体，显示片体，如图5-80所示。

13）单击菜单栏中的“模型”→“延长曲面”图标，弹出“延长曲面”对话框，选择要延长的边，“终止条件：距离”为3.5mm，延长方法同曲面，如图5-81所示，单击图标退出。

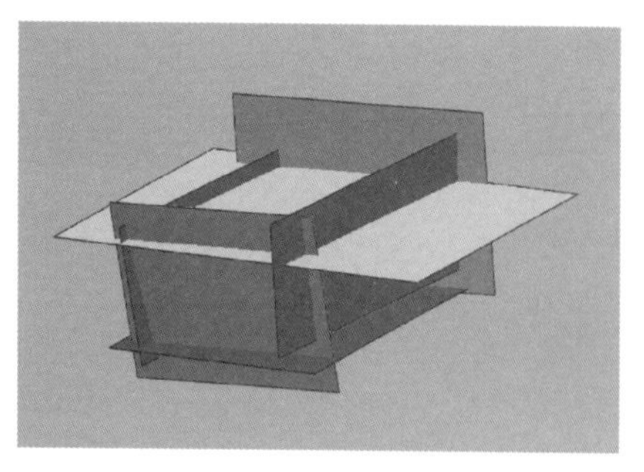

图 5-80　显示片体

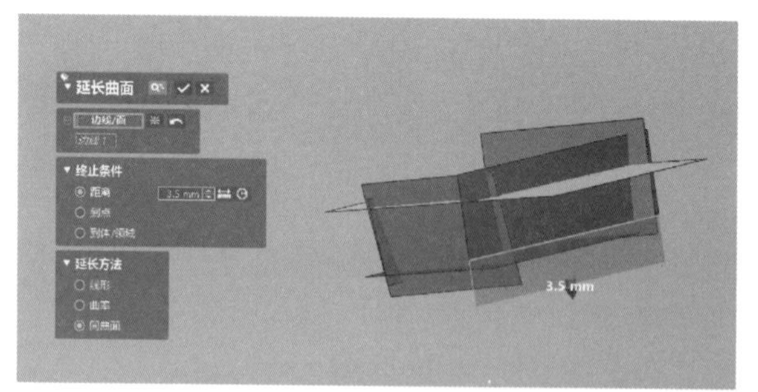

图 5-81　延长曲面

14）单击菜单栏中的“插入”→“曲面”→“实体化”命令，弹出“实体化”对话框，要素选择所有片体，如图 5-82 所示，单击✓图标完成外圆车刀刀片实体建模，如图 5-83 所示。

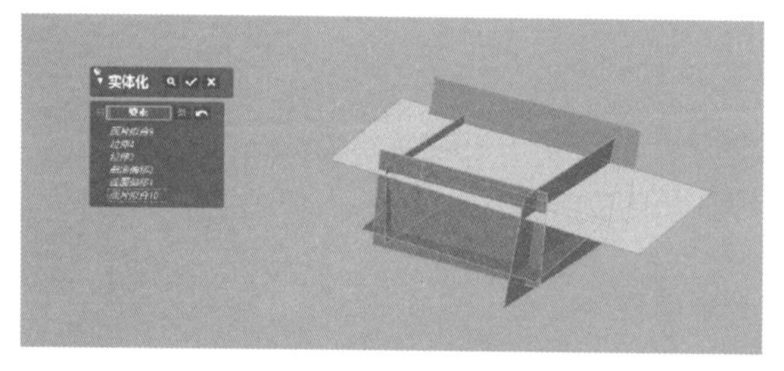

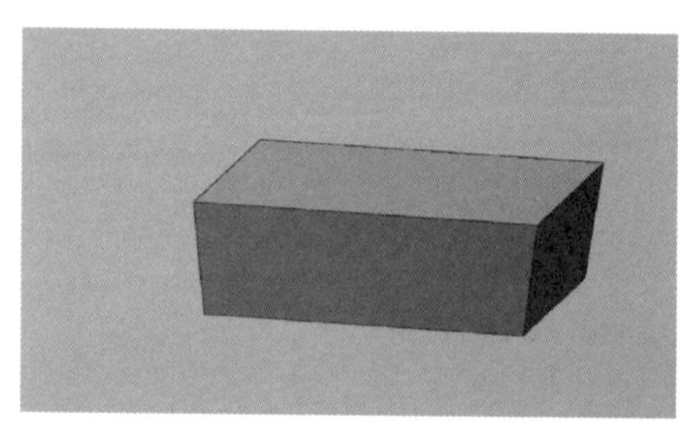

图 5-82　实体化对话框

图 5-83　外圆车刀刀片实体建模

15）单击菜单栏中的“模型”→“布尔运算”图标，弹出“布尔运算”对话框，操作方法为“合并”，工具要素框选两个实体，如图 5-84 所示，单击✓图标完成。

16）单击菜单栏中的“草图”→“面片草图”图标，弹出“面片草图的设置”对话框，选择“平面投影→基准平面：前基准面”，由基准面偏移的距离为 0mm，轮廓投影范围为 0mm，如图 5-85 所示，单击✓图标进入面片草图环境，隐藏面片，如图 5-86 所示。

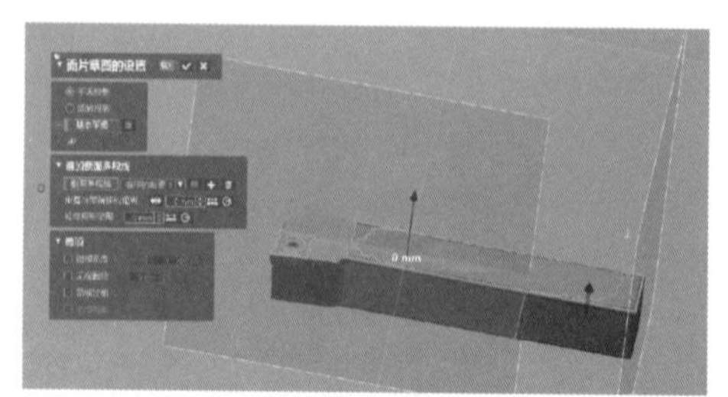

图 5-84　布尔运算对话框

图 5-85　面片草图对话框

17）单击“圆”图标⊙，拟合圆，如图 5-87 所示，单击“退出”图标，退出草图环境。

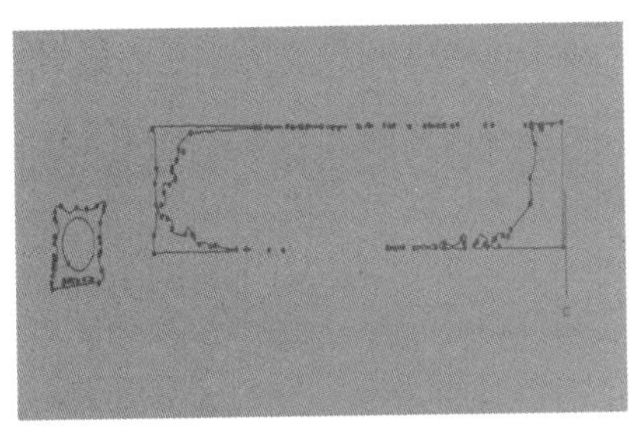
图 5-86　面片草图环境

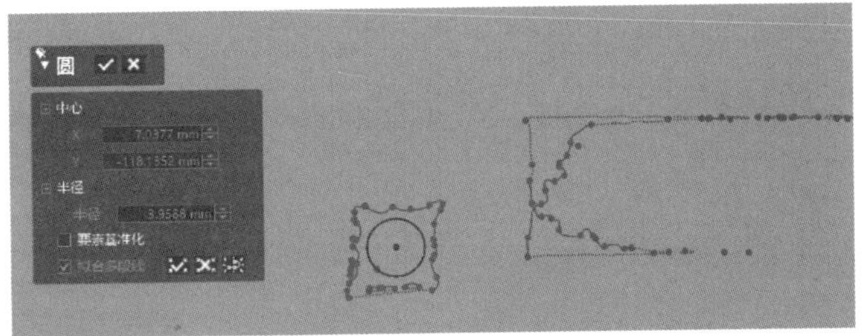
图 5-87　拟合圆

18）单击菜单栏中的“模型”→“拉伸”图标，弹出“拉伸”对话框，轮廓选择草图 4，方向长度为 2.25mm，反方向为 2mm，结果运算为“切割”，如图 5-88 所示，单击✓图标完成，效果如图 5-89 所示。

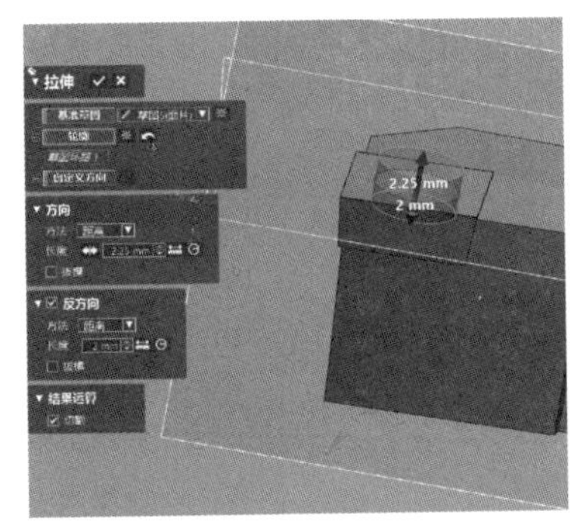

图 5-88　拉伸对话框

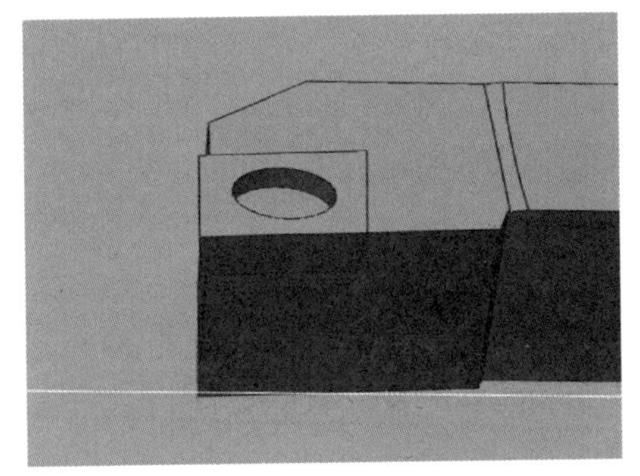
图 5-89　拉伸切割后效果

19）单击菜单栏中的“草图”图标，弹出“设置草图”对话框，基准平面为孔底面，如图 5-90 所示，单击✓图标进入草图环境。

20）单击“变换要素”图标，弹出“变换要素”对话框，选择孔的边，如图 5-91 所示，单击✓图标。

21）单击“圆”图标⊙，弹出“圆”对话框，捕捉圆心，绘制半径为 3.5mm 的圆，单击✓图标，删除变换要素的圆，如图 5-92 所示，单击“退出”图标，退出草图。

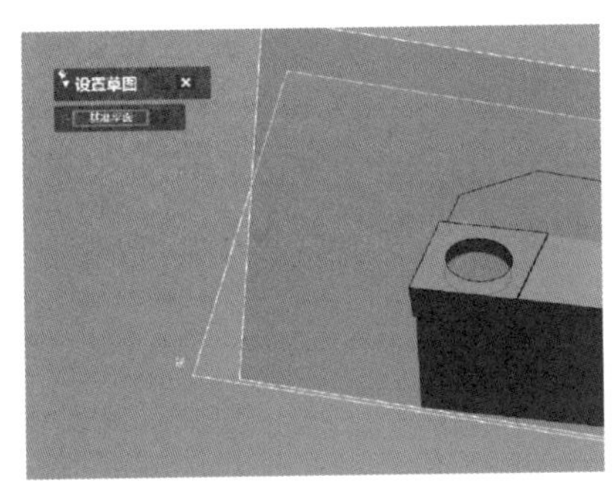

图 5-90　草图对话框

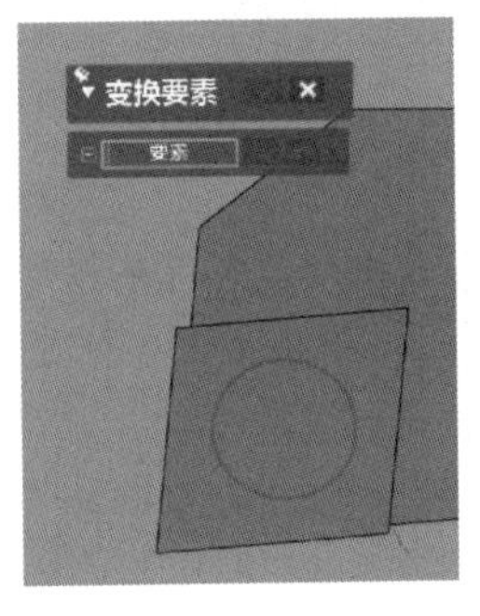

图 5-91　变换要素

22）单击菜单栏中的“模型”→“拉伸”图标，弹出“拉伸”对话框，轮廓选择草图 6，方向长度为 1.5mm，结果运算为“合并”，如图 5-93 所示，单击☑图标完成，效果如图 5-94 所示。

图 5-92　绘制圆

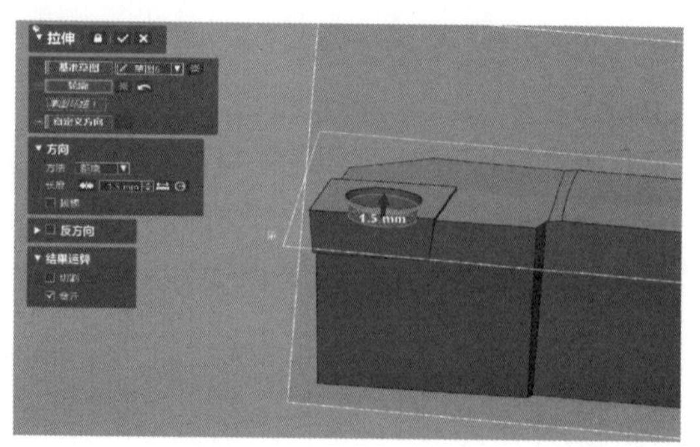

图 5-93　拉伸设置

23）单击菜单栏中的“模型”→“圆角”图标，弹出“圆角”对话框，要素选择圆柱边缘，半径为 1mm，如图 5-95 所示，单击“确定”按钮退出。

图 5-94　拉伸效果

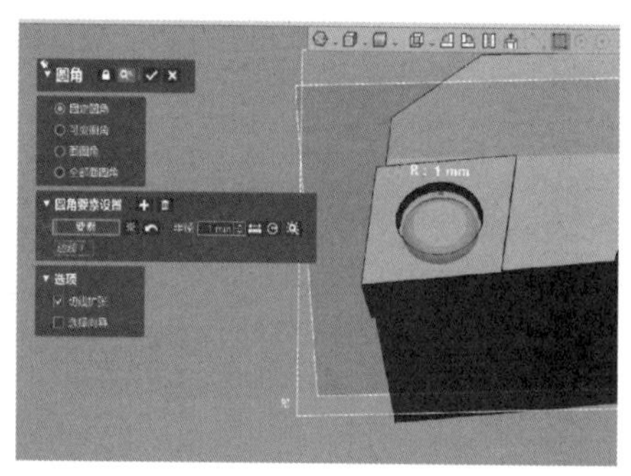

图 5-95　圆角设置

24）单击菜单栏中的“草图”图标，弹出“设置草图”对话框，基准平面选择圆柱顶面，如图 5-96 所示，单击☑图标进入草图环境。

25）单击“变换要素”图标，弹出“变换要素”对话框，设置如图 5-97 所示，单击☑图标。

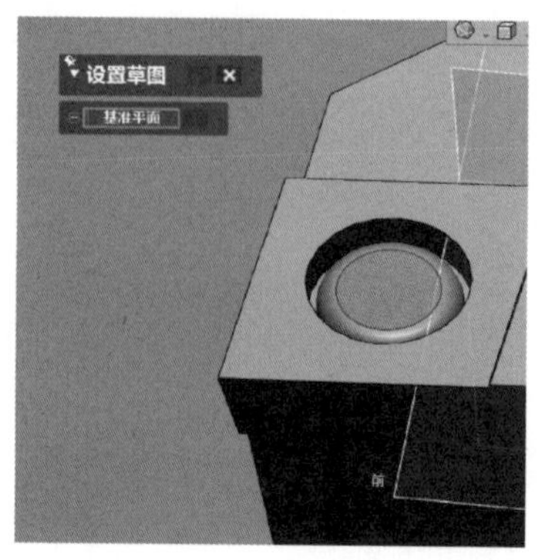

图 5-96　草图设置

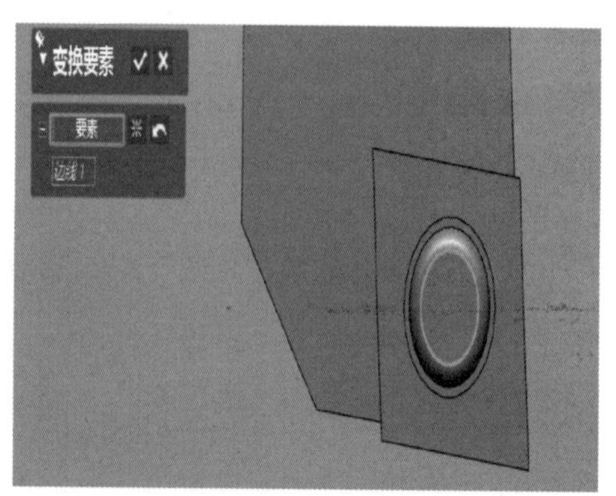

图 5-97　变换要素

26）单击“圆”图标⊙，弹出“圆”对话框，捕捉圆心，绘制半径为 2.3mm 的圆，单击✓图标，删除变换要素的圆；单击“多边形”图标，绘制多边形，如图 5-98 所示，单击“退出”图标，退出草图。

27）单击菜单栏中的“模型”→“拉伸”图标，弹出“拉伸”对话框，轮廓选择六边形，方向长度为 1.5mm，结果运算为“切割”，如图 5-99 所示，单击✓图标完成。

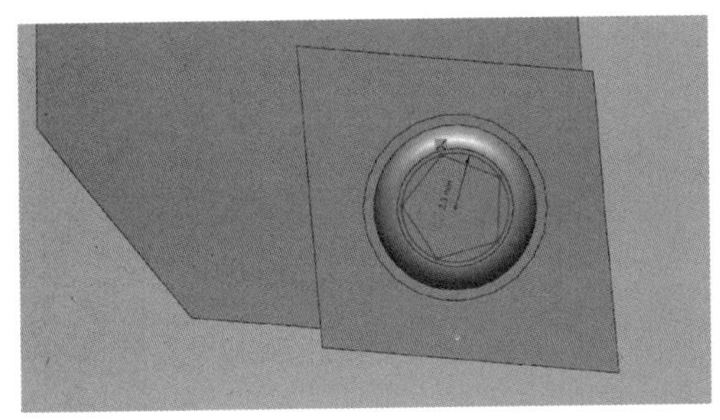

图 5-98 绘制完成的草图

图 5-99 拉伸设置（一）

28）单击菜单栏中的“模型”→“拉伸”图标，弹出“拉伸”对话框，对话框设置如图 5-100 所示，单击✓图标完成。

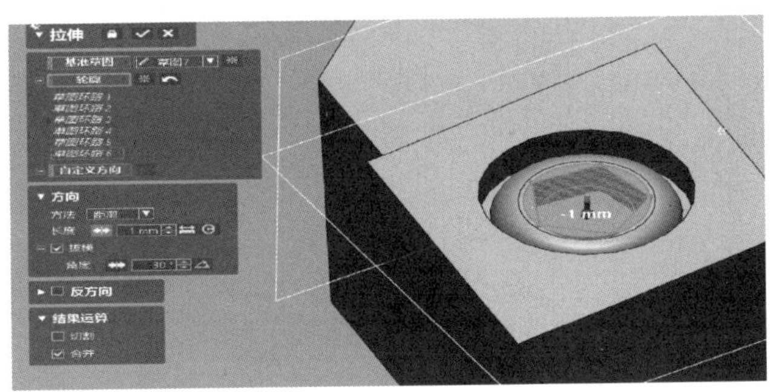

图 5-100 拉伸设置（二）

29）单击菜单栏中的“模型”→“圆角”图标，弹出“圆角”对话框，参数设置如图 5-101 所示，单击✓图标退出。重复使用“圆角”命令，如图 5-102 所示，完成倒圆角。

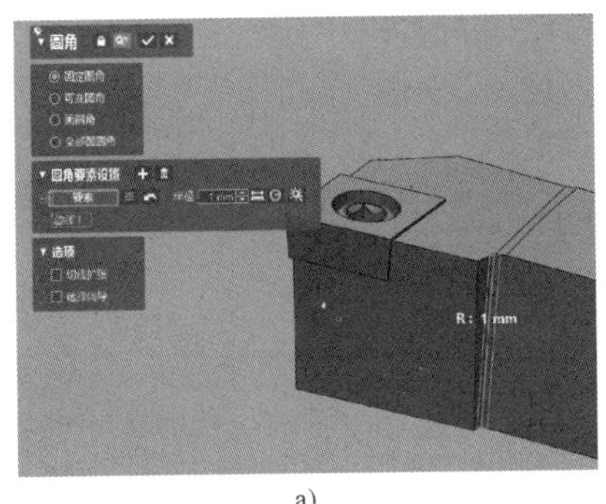

a)

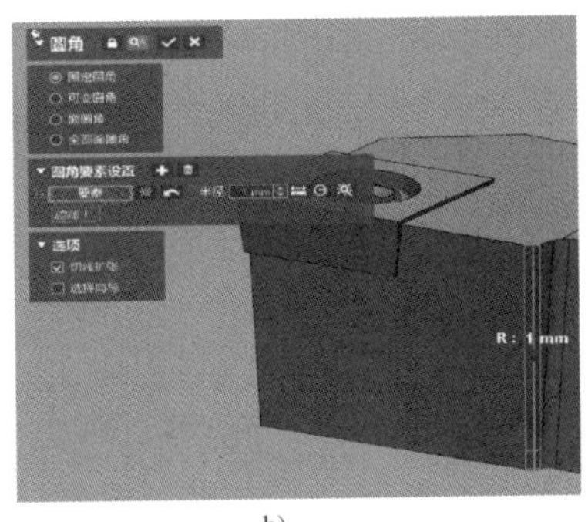

b)

图 5-101 倒圆角

图 5-102　完成剩余的倒圆角

三、误差分析

单击右侧“Accuracy Analyzer（TM）”栏，单击“体偏差”，如图 5-103 所示，即可查看色彩偏差图，将鼠标光标放在模型上可查看偏差数值，模型误差结果如图 5-104 所示。

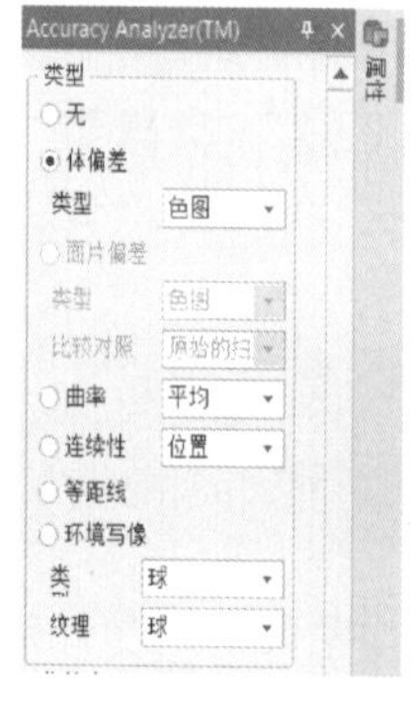

图　5-103

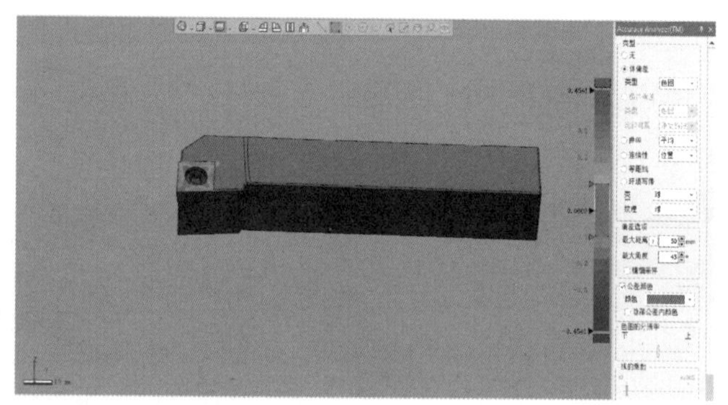

图 5-104　模型误差结果

四、文件输出

将模型转成 STP 格式文件。单击菜单栏中的“菜单”→“文件”→“输出”命令，输出要素选择视图显示的实体，如图 5-105 所示。

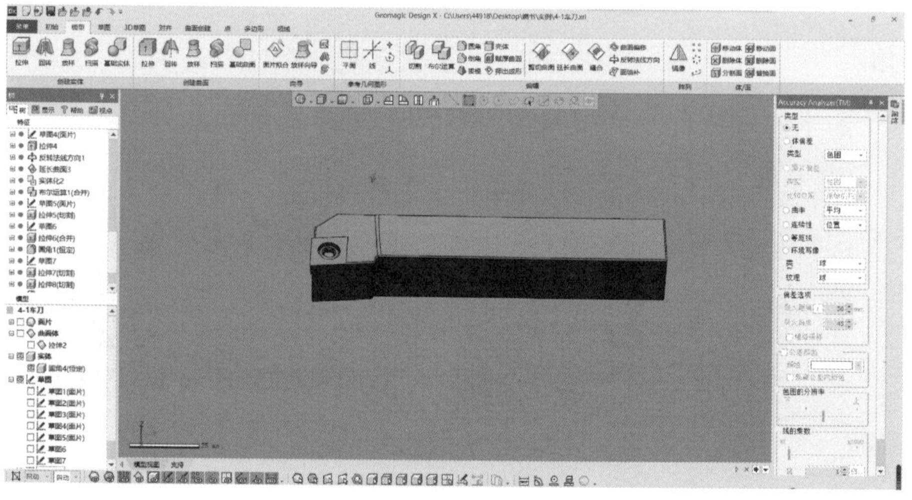

图 5-105　输出文件

在图 5-105 右侧栏的最底部，单击“确定”图标，弹出“输出”对话框，选择保存类型为 STP 格式，文件名为“4-1 车刀”，选择要保存的路径，如图 5-106 所示，单击“保存（S）”按钮退出。

图 5-106　选择保存类型

五、实训评价表

实训评价表

考核内容		分值	备注	得分
1. 团队协作能力（5 分）	小组长沟通协调能力			
	小组成员基本操作熟练能力			
	存在问题通过集体沟通解决能力			
	与指导老师的沟通能力			
	发现问题与改进能力			
2. 操作规范与纪律（10 分）	佩戴工作手套			
	喷粉操作规范			
	不能用手触摸扫描镜头			
	扫描操作步骤正确			
	课堂纪律			
3. 产品尺寸与装配（80 分）	对齐步骤正确			
	逆向建模步骤正确			
	各特征正解、无缺漏			
	误差分析图合格			
	文件输出格式正确			
4. 工量具与环境整洁（5 分）	工量具规范摆放			
	工位及其周边环境整洁			
总分				

第五节　Geomagic Control X 数据分析与检测案例

根据给出的“计步器—CAD 数模”文件和扫描的逆向数据“计步器—扫描数据 .stl”文件，进行制件有无成型缺陷的分析，并填写成型质量分析报告，完成制件成型质量分析的任务，同时完成三维检测报告。

任务与图样要求

下面是给出的计步器零部件图样，如图 5-107 和图 5-108 所示，参考上盒盖、下盒盖图样提供的尺寸数据，使用 Geomagic Control X 软件进行三维检测报告的制作。

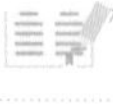

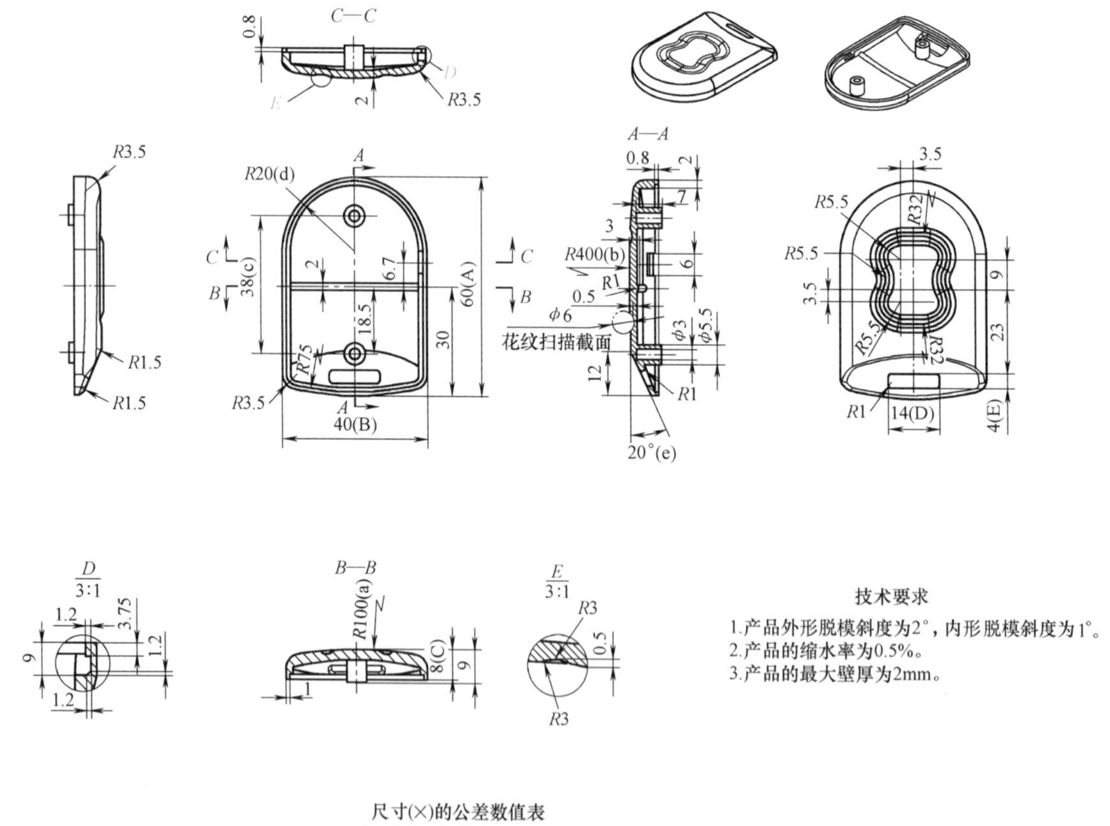
C—C
A—A
B—B
花纹扫描截面
技术要求
1.产品外形脱模斜度为2°，内形脱模斜度为1°。
2.产品的缩水率为0.5%。
3.产品的最大壁厚为2mm。

尺寸(×)的公差数值表

A	$60_{-0.30}^{\ 0}$	a	$R100_{-0.40}^{\ 0}$
B	$40_{-0.26}^{\ 0}$	b	$R400_{-0.56}^{\ 0}$
C	$8_{-0.14}^{\ 0}$	c	38±0.12
D	$14_{\ 0}^{+0.20}$	d	$R20_{-0.30}^{\ 0}$
E	$4_{\ 0}^{+0.12}$	e	20°±0.5°

上盒盖		比例	1:1	MJ-01
		材料	ABS	
制图				
审核				

图 5-107　上盒盖图样

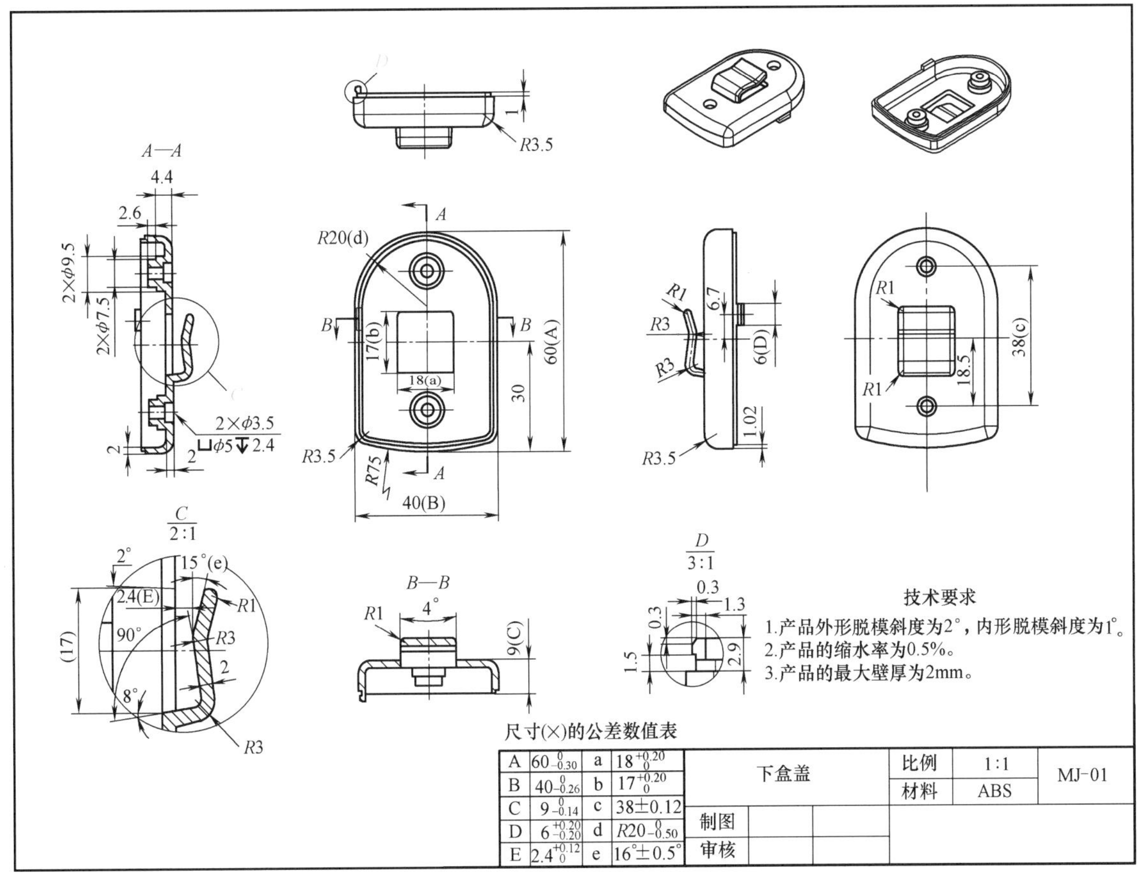

A	$60_{-0.30}^{0}$	a	$18_{0}^{+0.20}$
B	$40_{-0.26}^{0}$	b	$17_{0}^{+0.20}$
C	$9_{-0.14}^{0}$	c	38 ± 0.12
D	$6_{-0.20}^{+0.20}$	d	$R20_{-0.50}^{0}$
E	$2.4_{0}^{+0.12}$	e	$16^{\circ}\pm0.5^{\circ}$

下盒盖	比例	1:1	MJ-01
	材料	ABS	
制图			
审核			

图 5-108　下盒盖图样

任务实施

QR 微课视频直通车 23：

手机微信扫描右侧二维码来观看学习吧。

（1）安装好 Geomagic Control X 软件　Geomagic Control X 软件界面如图 5-109 所示。

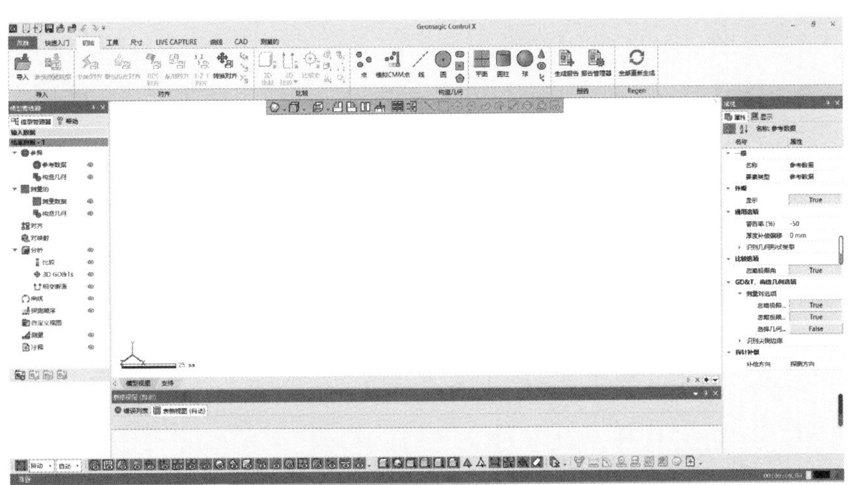

图 5-109　Geomagic Control X 软件界面

（2）打开 Geomagic Control X 软件处理数据

1）启动 Geomagic Control X 软件，导入要进行数据分析的模型，如图 5-110 所示。

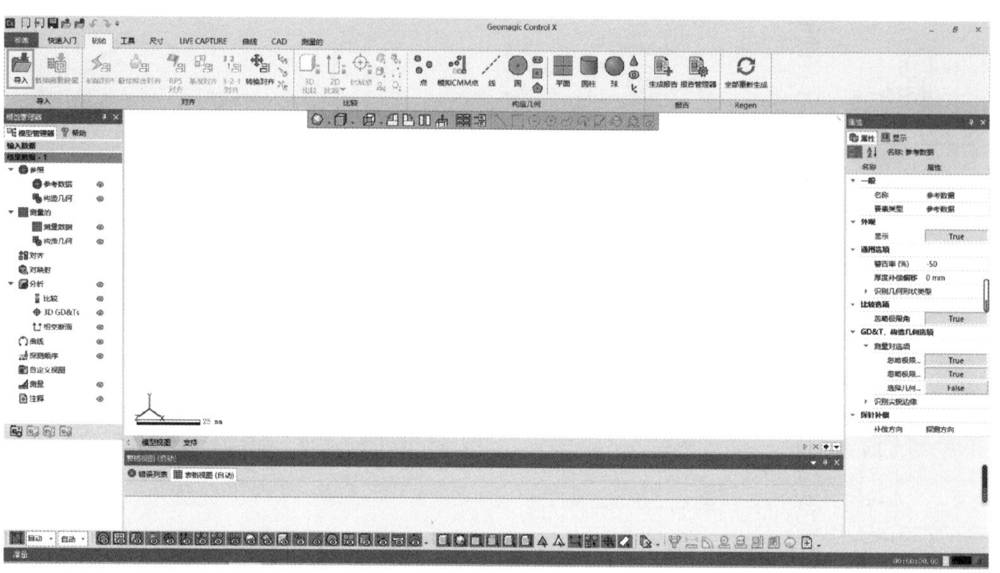

图 5-110　导入模型

在工具栏中单击“导入”图标，在弹出的“导入”对话框中找到目录中的“计步器—CAD 数模 .x_t”和扫描的“计步器—扫描数据 .stl“文件，勾选“修正错误数据”，单击“仅导入”按钮，如图 5-111 所示。

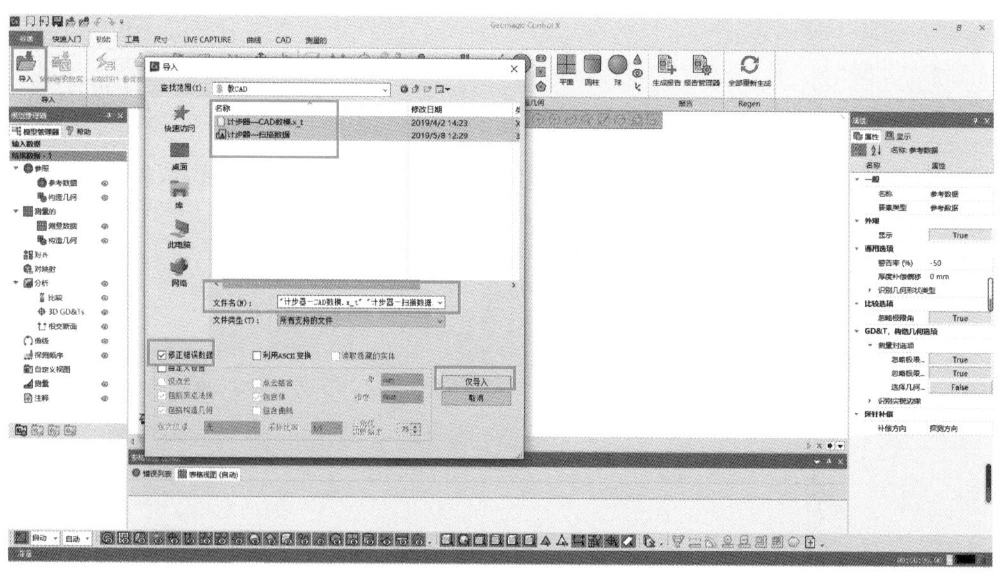

图 5-111　导入模型设置

2）对模型进行初始对齐，有三种对齐方式：

① 初始对齐 + 最佳拟合对齐。

② 转换对齐（N 点，要求不在同一直线上）+ 最佳拟合对齐。

③ 以上两种作为“预对齐 + 基准对齐”。

本实例采用初始对齐加最佳拟合对齐方式。

1）单击菜单栏中的“初始”→“初始对齐”，在弹出的“初始对齐”对话框中勾选“利用特征识别提高对齐精度”，单击图标，如图 5-112 所示。

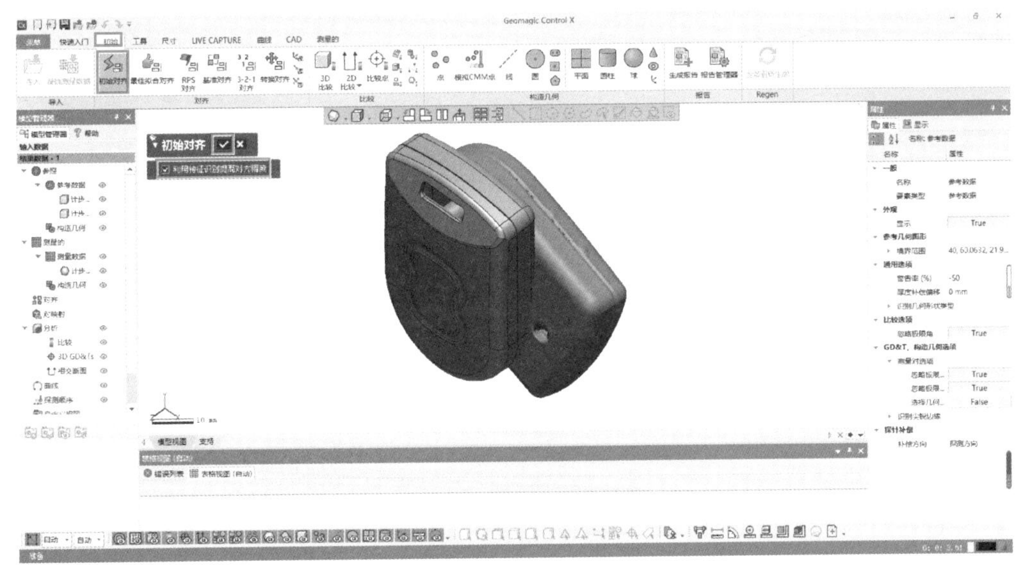

图 5-112　初始对齐

2）单击菜单栏中的“初始”→“最佳拟合对齐”，在弹出的“最优匹配”对话框中采用默认设置，单击图标，如图 5-113 所示。

图 5-113　最优匹配对齐结果

3）3D 比较。单击菜单栏中的“初始”→“3D 比较”工具，在弹出的“3D 比较”对话框中采用默认设置，在界面右侧栏双击绿色的公差数字修改公差要求，单击✔图标，如图 5-114 所示。

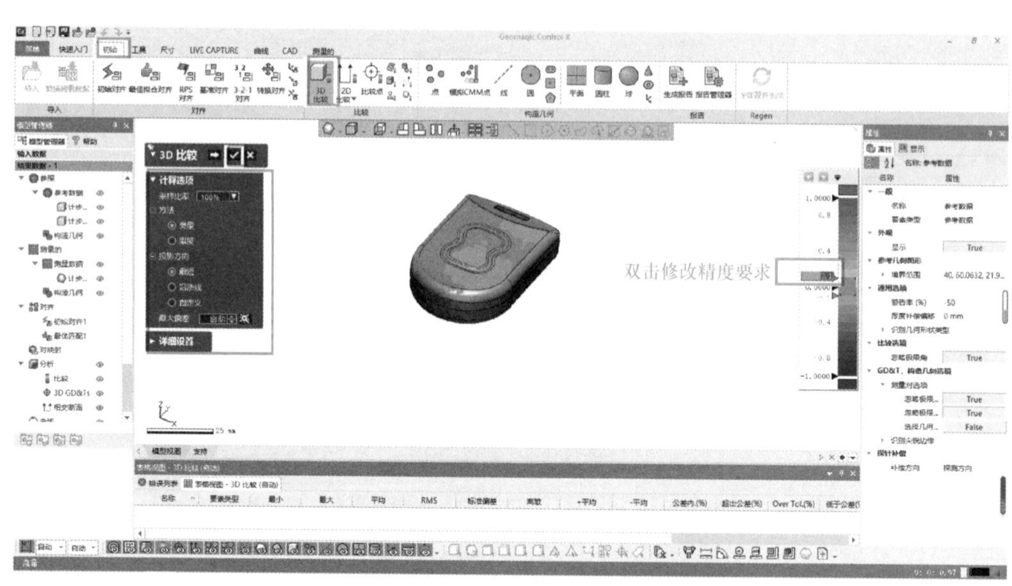

图 5-114　3D 比较

4）从三个角度比较点。

① 单击菜单栏中的“初始”→“比较点”工具，在弹出的“比较点”对话框中采用默认设置，在绘图区上方工具栏中单击“捕捉”图标，修改公差要求，单击✔图标，如图 5-115 所示。

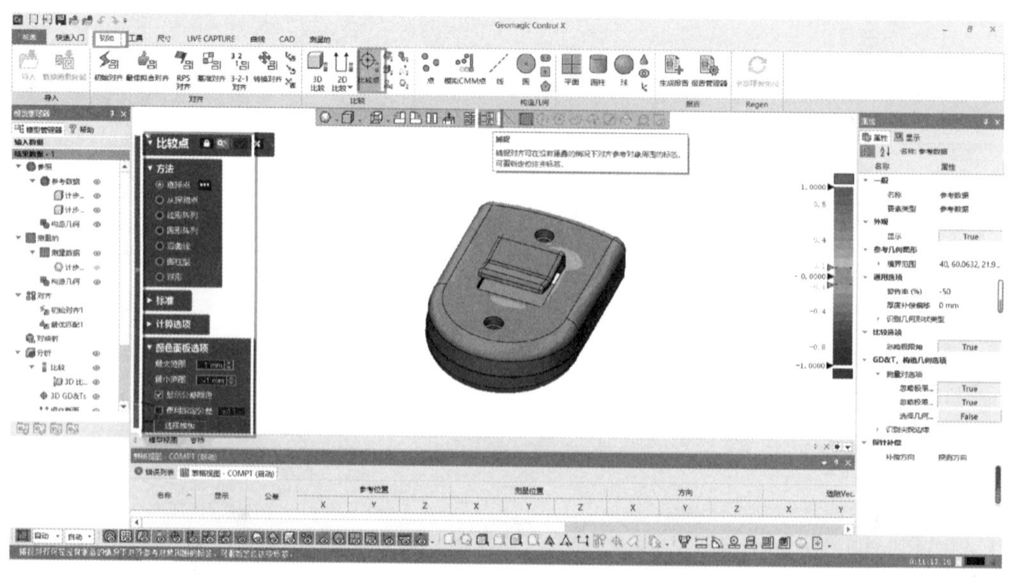

图 5-115　比较点

② 单击捕捉图形中非绿色的节点，并拖动数值到合适位置，如图 5-116 所示。

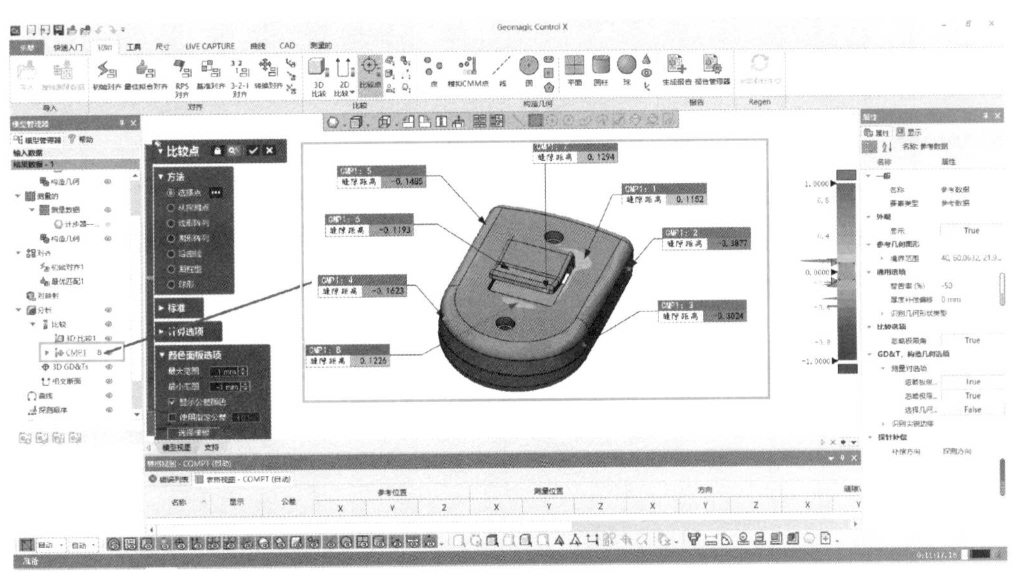

图 5-116 捕捉比较点

③ 在数字中单击鼠标右键，选择“编辑注释样式”，在弹出的“编辑注释样式”对话框中把左边栏的名称添加到右边栏，修改好字体样式与字体大小，单击“关闭”按钮，如图 5-117 所示。

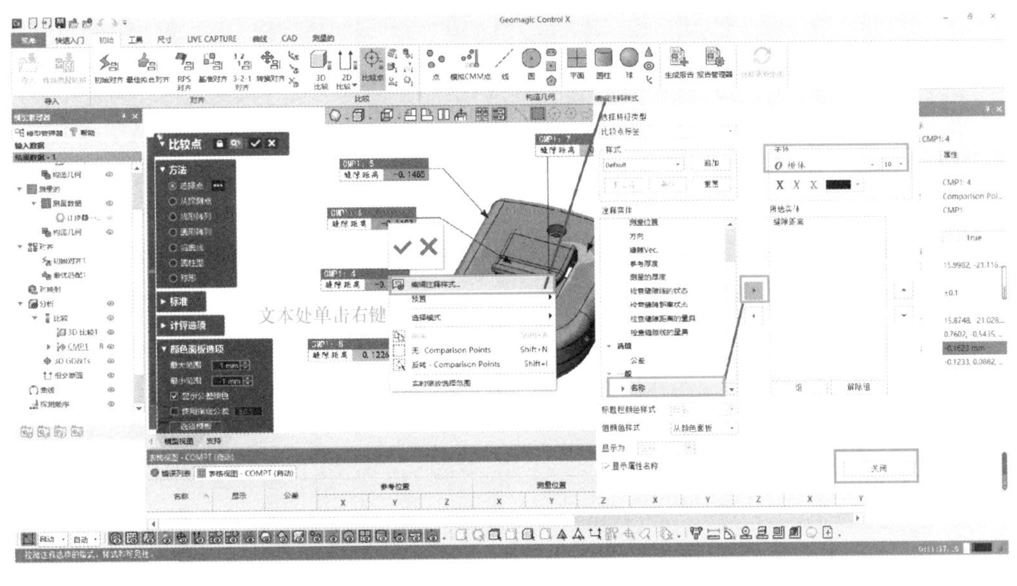

图 5-117 编辑注释样式

④ 单击“比较点”对话框中 ✔ 图标以确定，如图 5-118 所示。

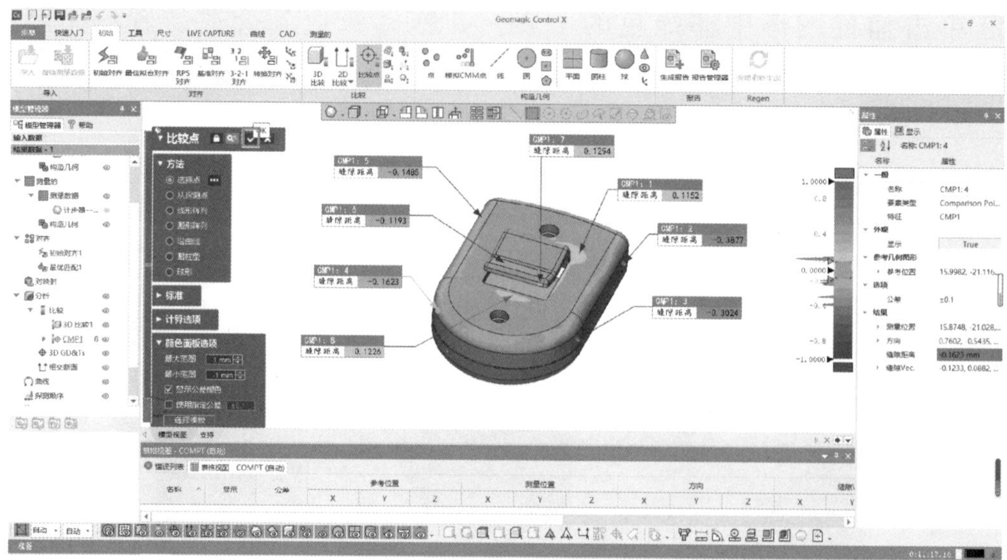

图 5-118 3D 比较结果

⑤ 单击左边模型管理器中▶ CMP1 8 →“重新分配视图当前点的状态”，如图 5-119 所示。

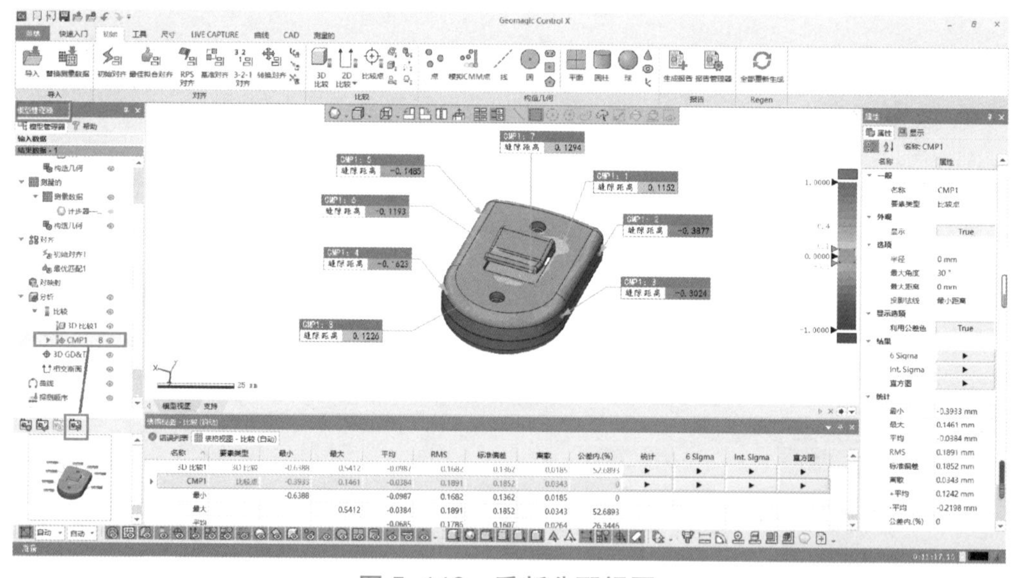

图 5-119 重新分配视图

⑥ 单击▶ CMP1 8 中的图标，在绘图区中单击隐藏当前 CMP1 的点。

5）重复 3D 比较点的步骤（上面①至⑥步骤），做如下两个视角的点得到 CMP2、CMP3 后，隐藏 CMP2、CMP3，如图 5-120 和图 5-121 所示。

6）2D 比较。

① 单击菜单栏中的“初始”→“2D 比较”工具图标，在弹出的“2D 比较”对话框中，基准平面选择 X 轴，局部坐标系“X 轴方向”选择如图 5-122 所示的边线作为 X 轴方向，单击图标更改方向，单击“下一步”图标，如图 5-122 所示。

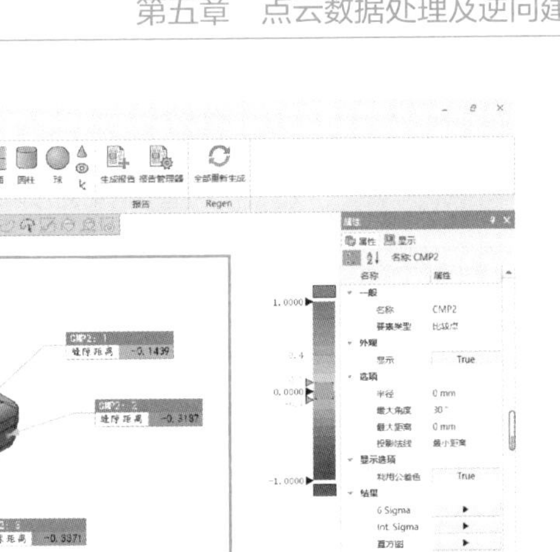

图 5-120　重复 3D 比较点

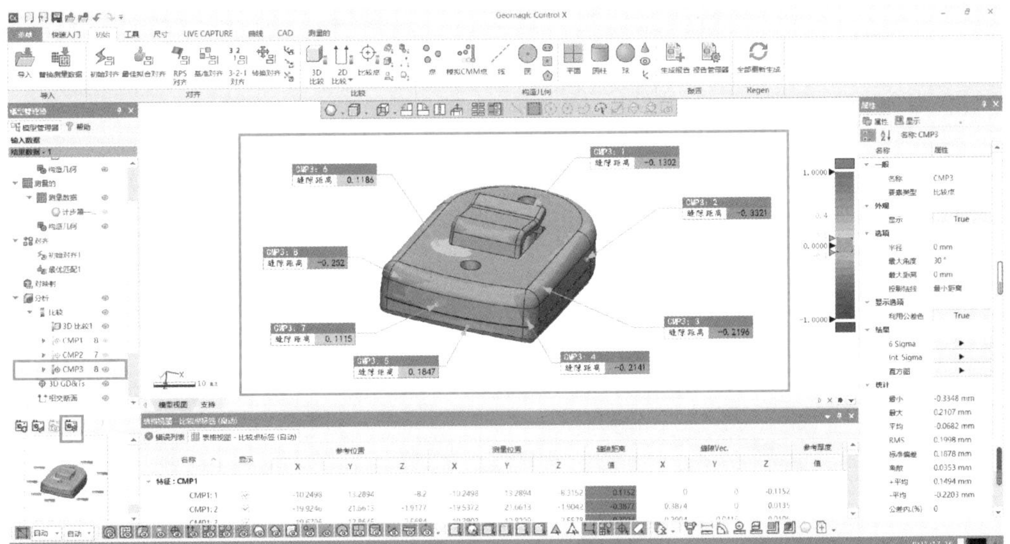

图 5-121　重新分配视图

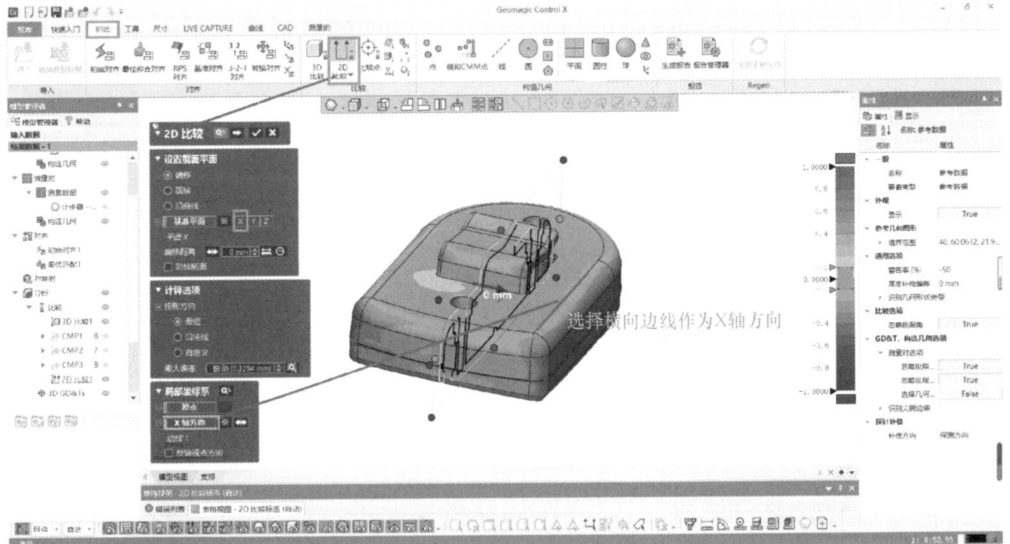

图 5-122　2D 比较

② 在弹出的“2D 比较”对话框中采用默认设置，在绘图区上方工具栏中单击“捕捉”图标，如图 5-123 所示。

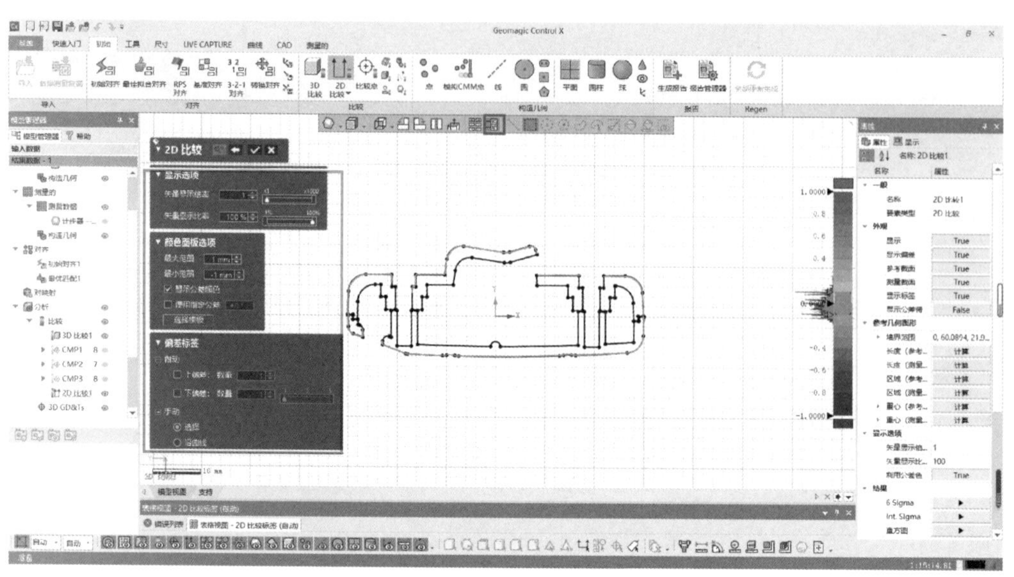

图 5-123　选择捕捉模式

③ 单击捕捉图形中非绿色的节点，并拖动数值到合适位置，单击“比较点”对话框中图标以确定，如图 5-124 所示。

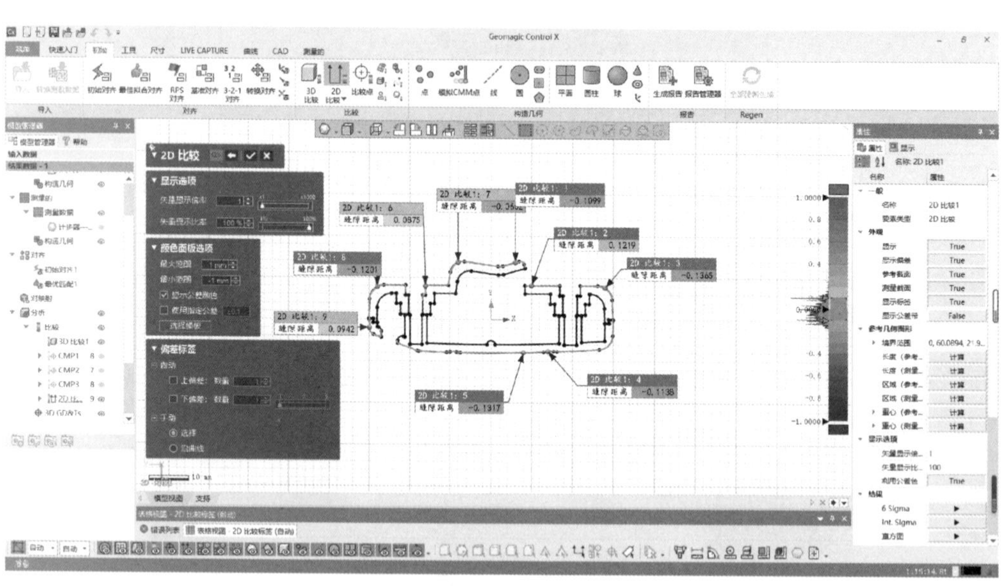

图 5-124　2D 比较结果

④ 单击左边模型管理器中 2D 比... 9 中的图标，在绘图区中单击隐藏当前 2D 比... 9 中的点。

7）重复 2D 比较的步骤。

① 单击菜单栏中的“初始”→“2D 比较”工具→在弹出的“2D 比较”对话框中，基准平面选择 Y 轴，勾选“阶梯断面”，如图 5-125 所示。

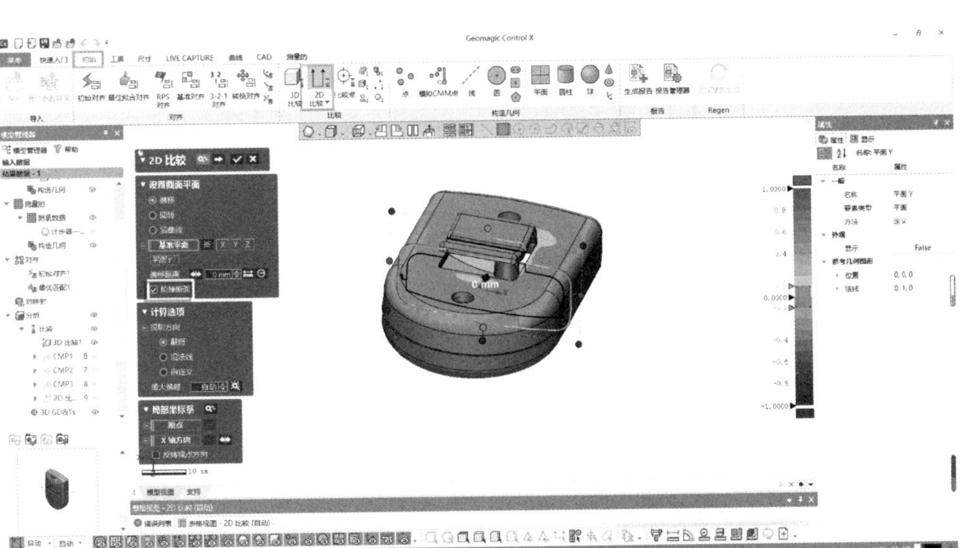

图 5-125　2D 比较 Y 轴

② 移动鼠标光标在模型的位置中画线，如图 5-126a 所示，得出图 5-126b 效果图。

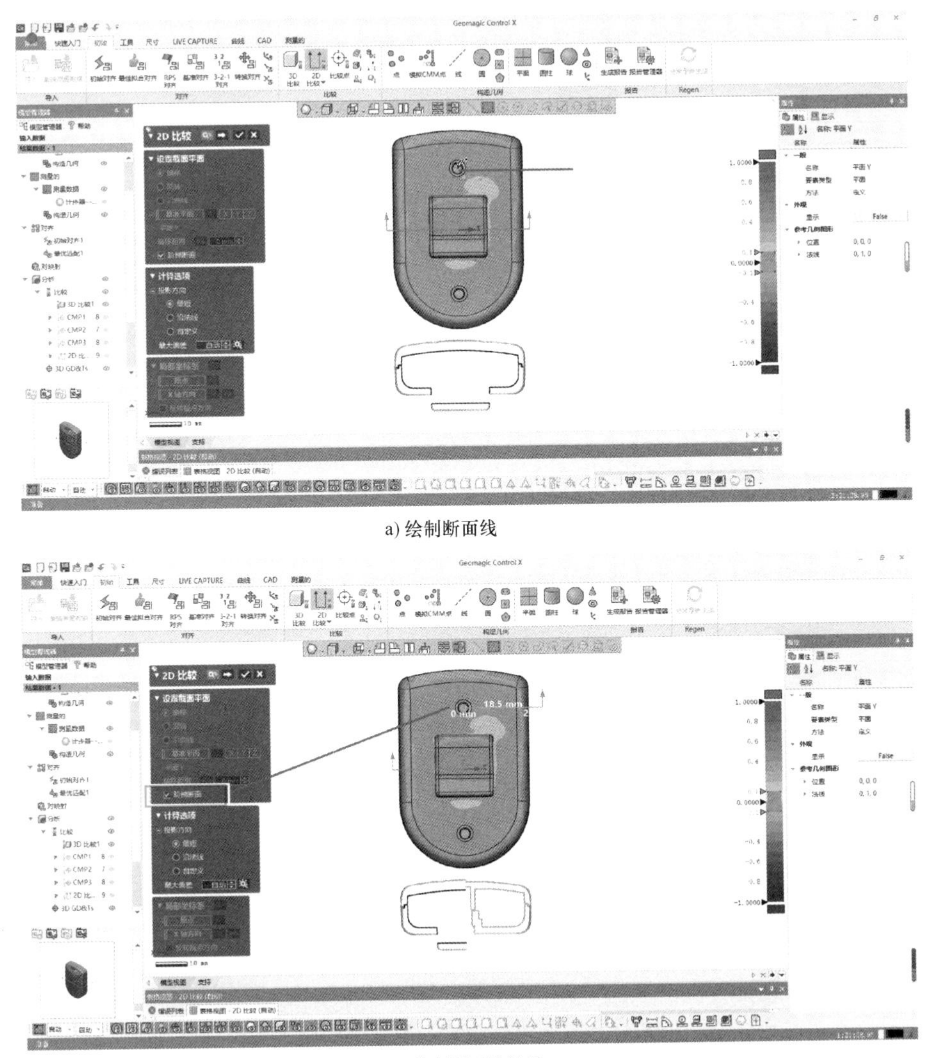

a) 绘制断面线

b) 绘制断面线效果

图 5-126　绘制断面线

③ 在图 5-126b 弹出的"2D 比较"对话框中单击"下一步"图标➡，如图 5-127 所示。

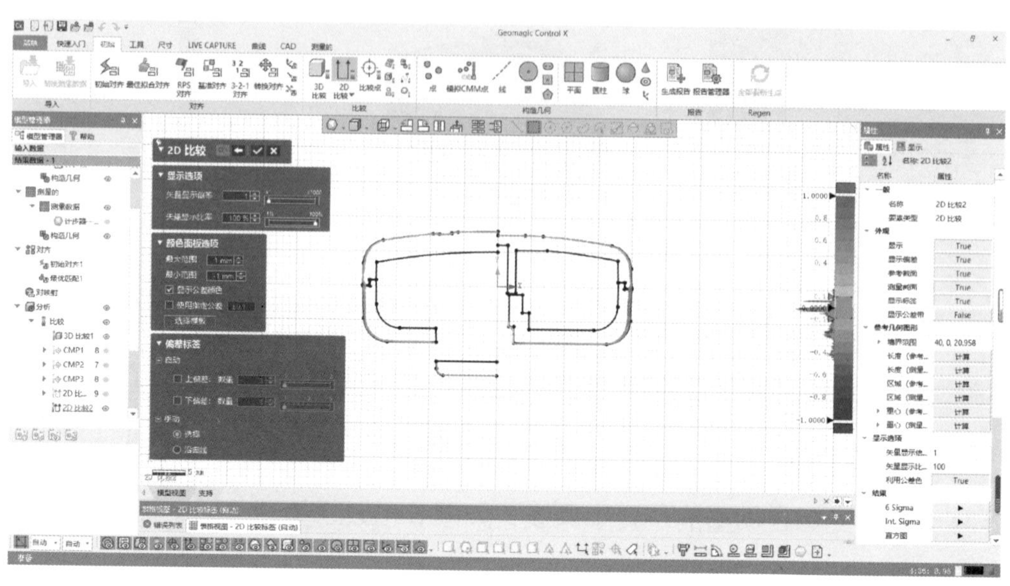

图 5-127　2D 比较图

④ 在弹出的"2D 比较"对话框中采用默认设置，在选择工具栏中单击"捕捉"图标，单击捕捉图形中非绿色的节点，并拖动数值到合适位置，单击"比较点"对话框中✔图标以确定，如图 5-128 所示。

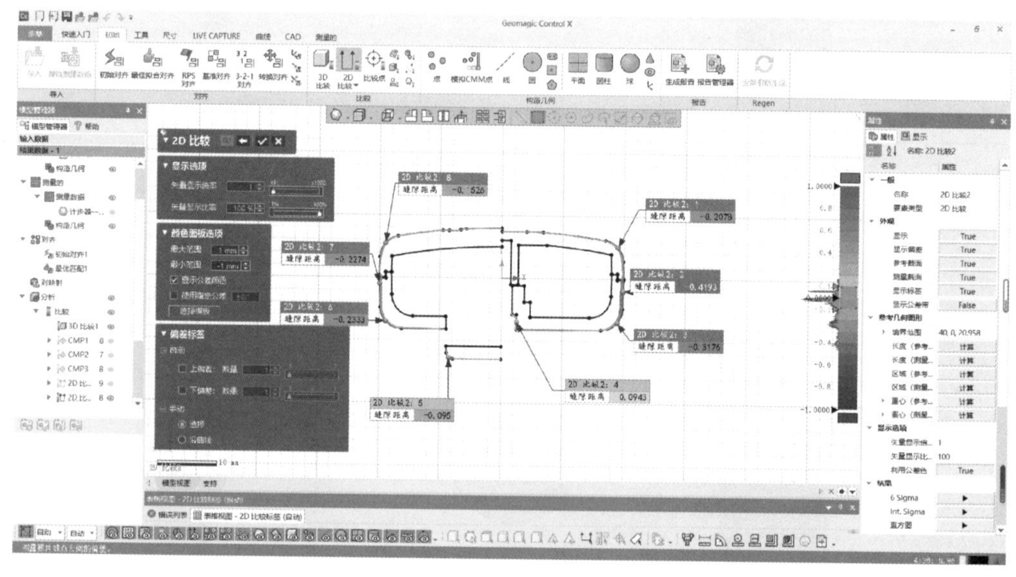

图 5-128　2D 比较结果

⑤ 单击左边模型管理器中▸ 2D 比... 8中的图标，在绘图区中单击隐藏当前▸ 2D 比... 8 中的点。

8）3D GD&T 尺寸标注。

① 单击菜单栏中的“尺寸”→“3D GD&T”，在工具栏中单击“基准”图标，在弹出的“基准”对话框中选择顶面为基准面 A，单击“基准”对话框中✔图标以确定，如图 5-129 所示。

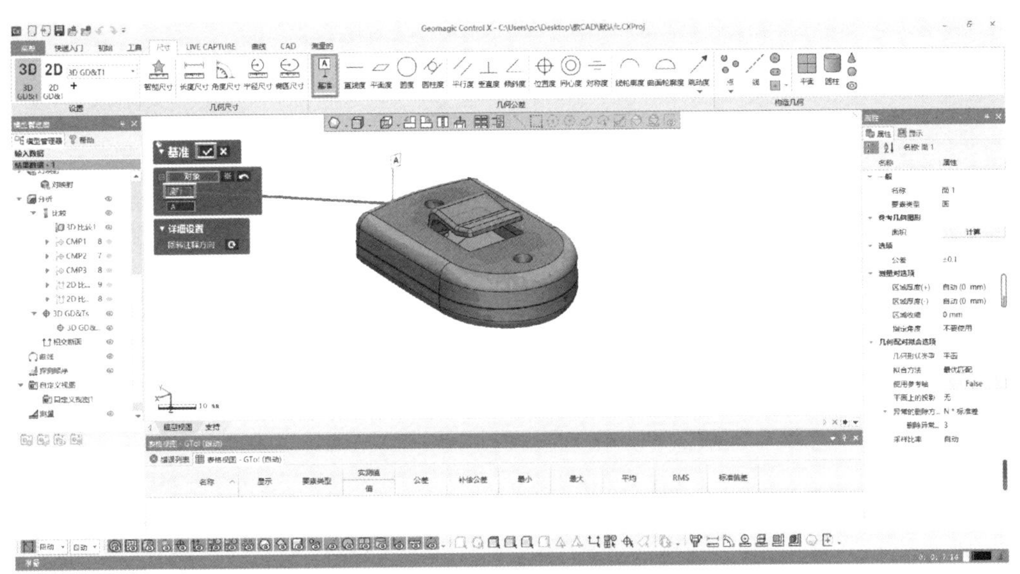

图 5-129　3D GD&T 基准选择

② 在工具栏中单击“垂直度”图标，在弹出的“垂直度”对话框中选择侧面，公差值为默认设置，基准选择“A”，单击“基准”对话框中✔图标以确定，如图 5-130 所示。

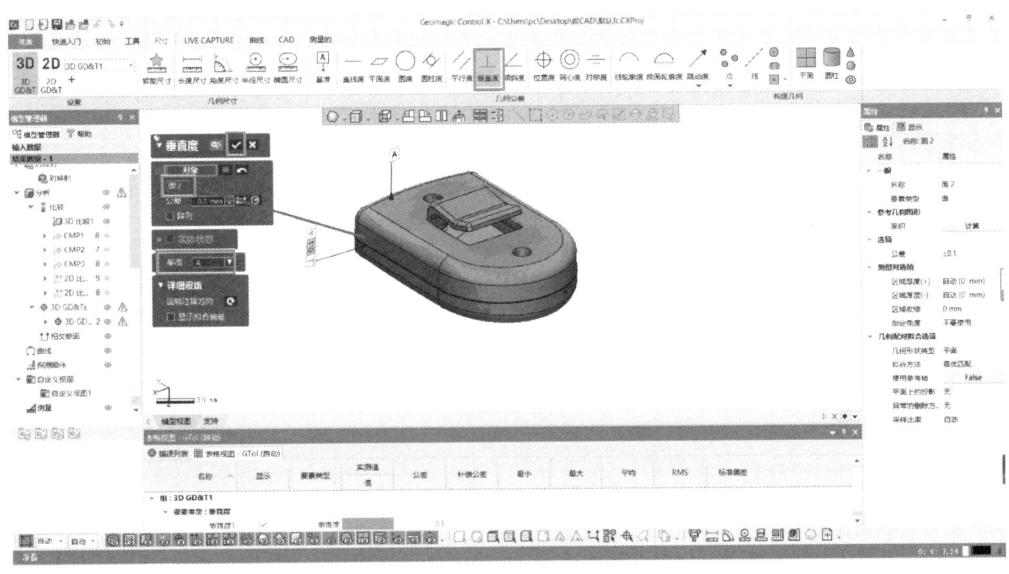

图 5-130　垂直度设置

③ 在工具栏中单击“倾斜度”图标，在弹出的“倾斜度”对话框中选择顶部斜面，公差值为默认设置，基准选择“A”，单击“基准”对话框中图标以确定，隐藏 3D GD&T，如图 5-131 所示。

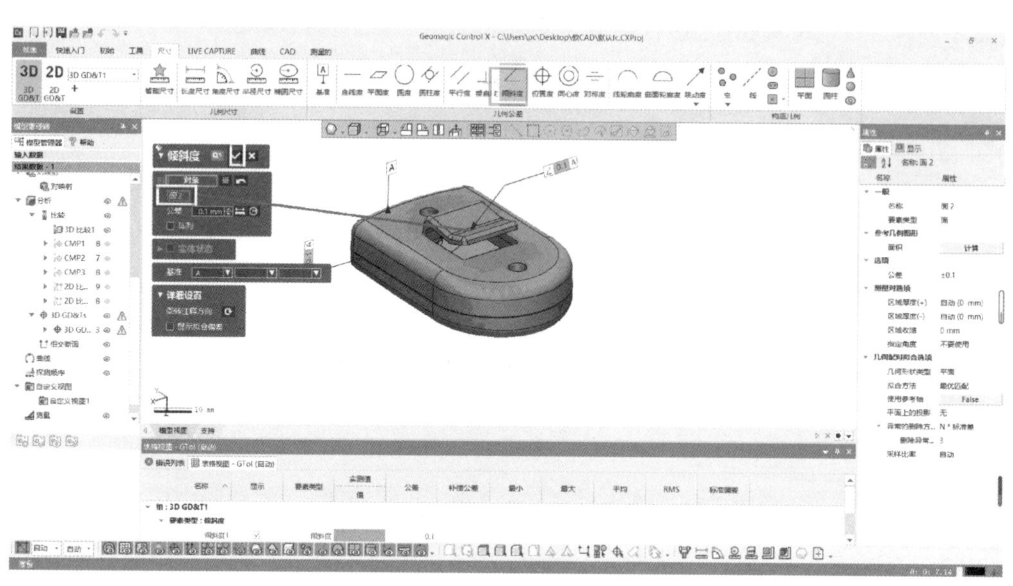

图 5-131　倾斜度设置

9）2D GD&T 尺寸标注。

① 单击菜单栏中的“尺寸”→“2D GD&T”右侧图标，在弹出的“相交断面”对话框中，基准平面选择“X”，局部坐标系 X 轴方向选择边线作为 X 轴方向，单击图标以更改方向，单击“基准”对话框中图标以确定，如图 5-132 所示。

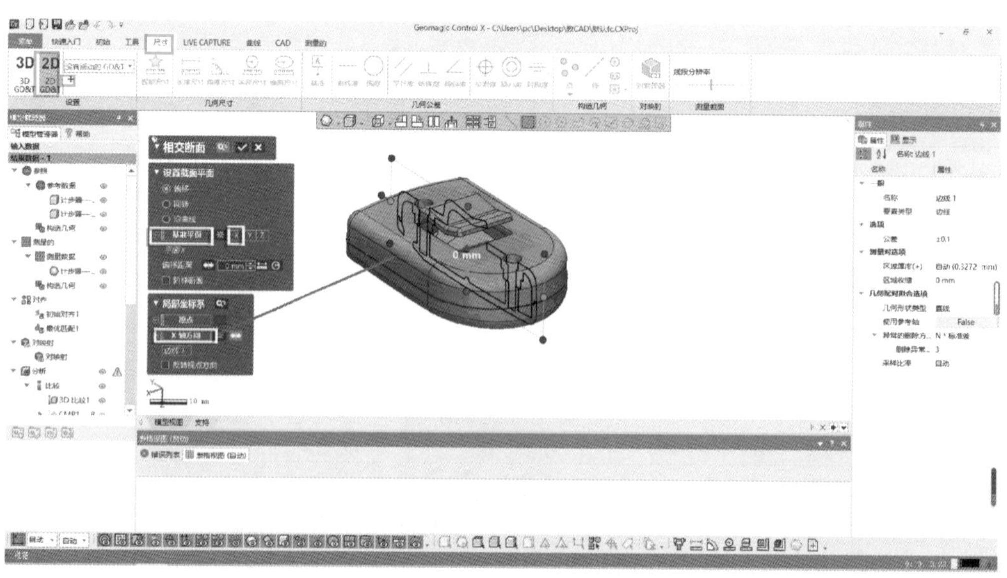

图 5-132　2D GD&T 尺寸标注

② 单击菜单栏中的“尺寸”→“2D GD&T” 2D→“长度尺寸”图标，在弹出的“长度尺寸”对话框中，对象选择图中的 A、B 两点，公差为 -0.3 ～ 0mm，参照尺寸为 60mm，勾选“对齐”，单击“X 轴”，单击“长度尺寸”对话框中✓图标以确定，如图 5-133 所示。

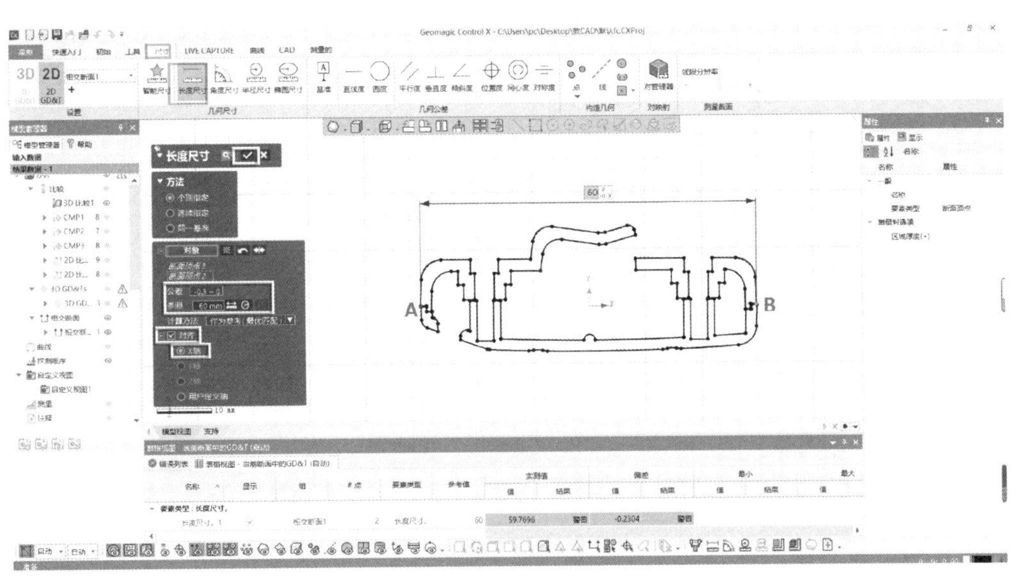

图 5-133　长度尺寸设置

③ 单击菜单栏中的“尺寸”→“2D GD&T” 2D→ “半径尺寸”图标，在弹出的“半径尺寸”对话框中，对象选择图中的圆弧两点，公差为 ±0.12mm，参照尺寸为 3.5mm，勾选“半径”，单击“半径尺寸”对话框中✓图标以确定，如图 5-134 所示。

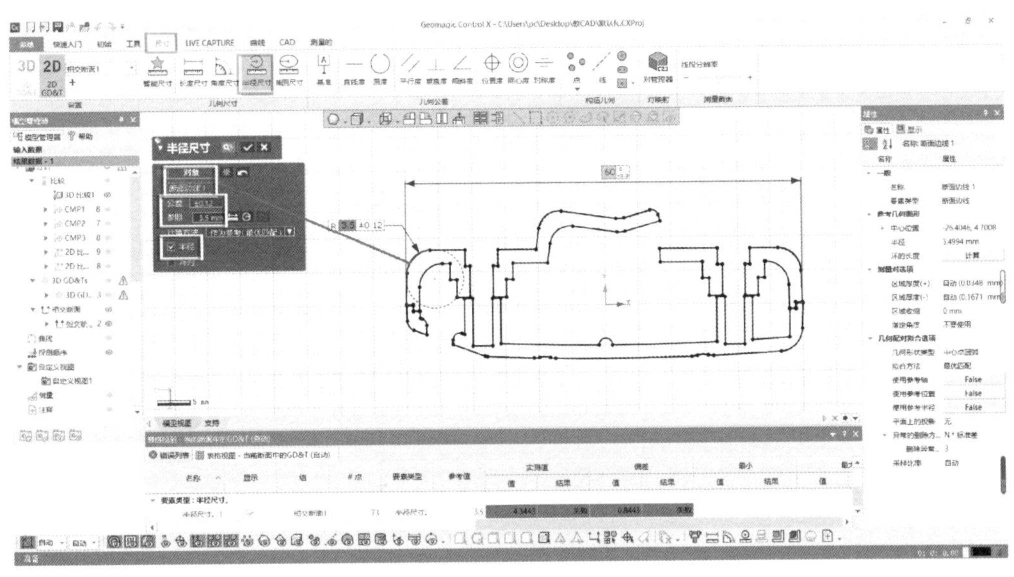

图 5-134　半径尺寸设置

④ 单击菜单栏中的“尺寸”→“2D GD&T”→“直线度”图标，在弹出的“直线度”对话框中，对象选择图中的直线，公差为 +0.1mm，单击“直线度”对话框中图标以确定，如图 5-135 所示。

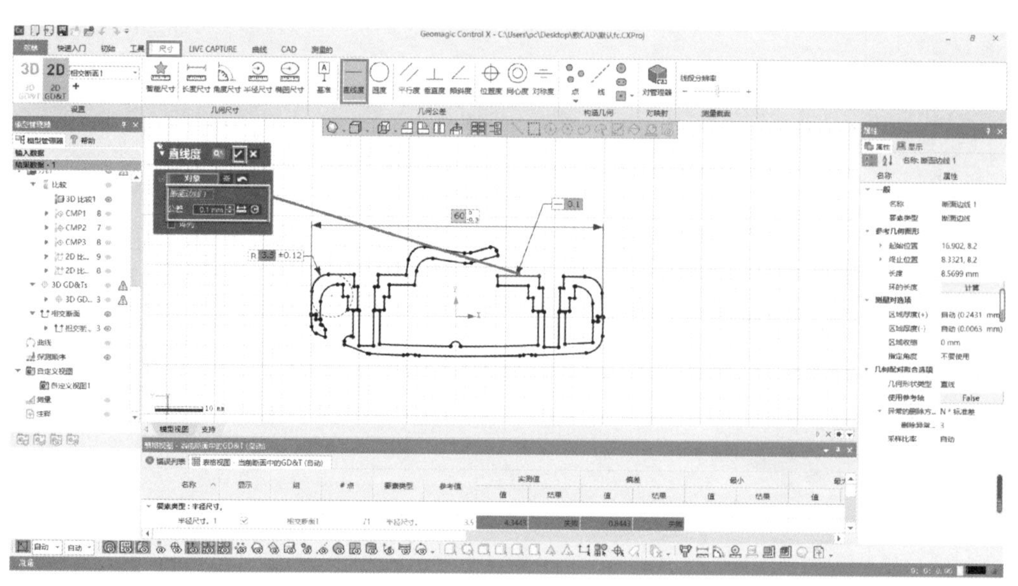

图 5-135　直线度

⑤ 单击菜单栏中的“尺寸”→“2D GD&T”→“基准”图标，在弹出的“基准”对话框中，对象选择图中的直线，单击“直线度”对话框中图标以确定，如图 5-136 所示。

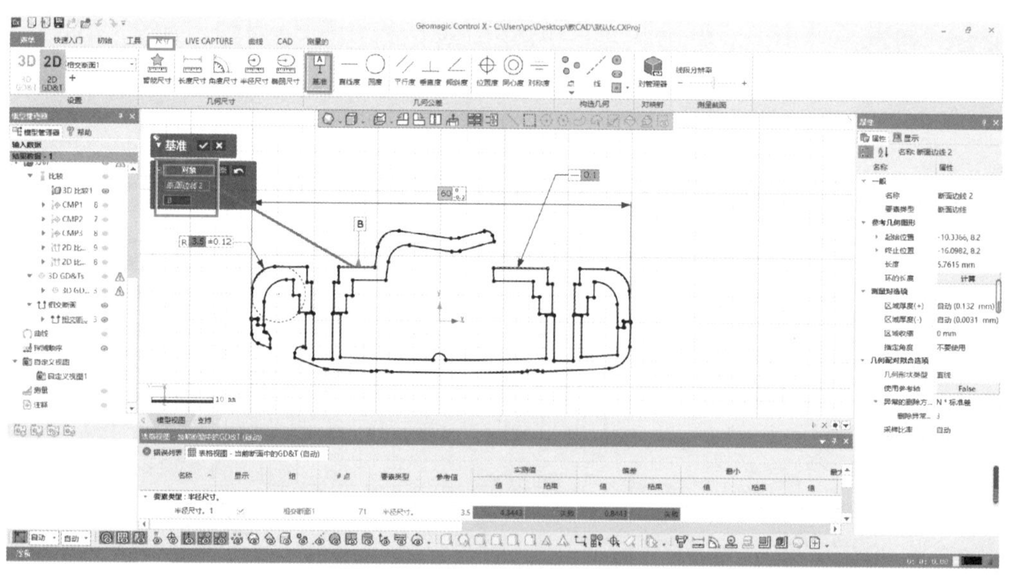

图 5-136　基准设置

⑥ 单击菜单栏中的“尺寸”→“2D GD&T”→“垂直度”图标，在弹出的“垂直度”对话框中选择侧面，公差值为默认设置，基准选择“B”，单击“垂直度”

对话框中图标以确定。单击左下角图标退出，隐藏相交断面，如图 5-137 所示。

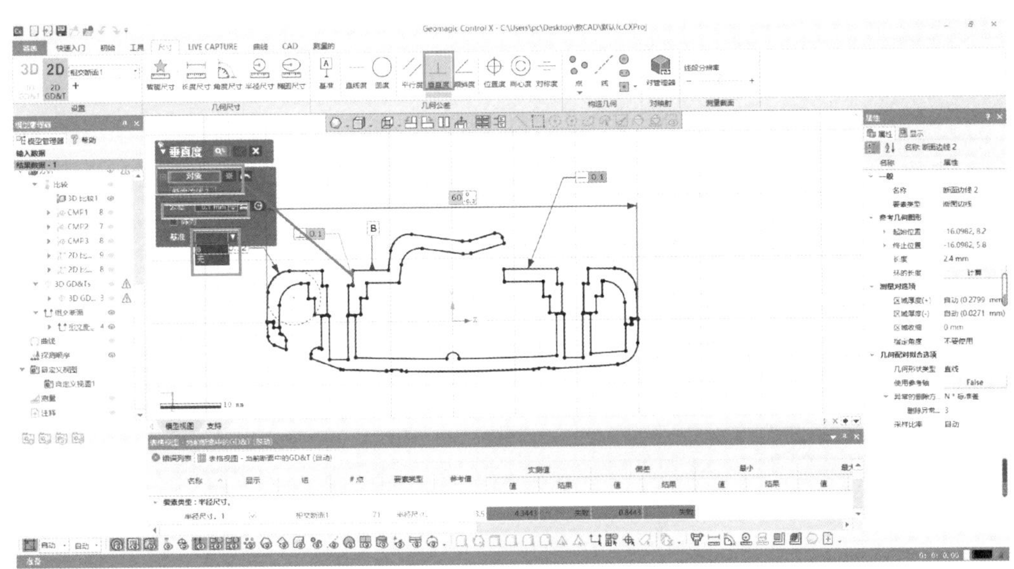

图 5-137 垂直度设置

10）重复 2D GD&T 尺寸标注，做 Y 断面标注。

①单击菜单栏中的“尺寸”→在“2D GD&T”右侧图标，在弹出的“相交断面”对话框中，基准平面选择“Y”，单击“相交断面”对话框中图标以确定，如图 5-138 所示。

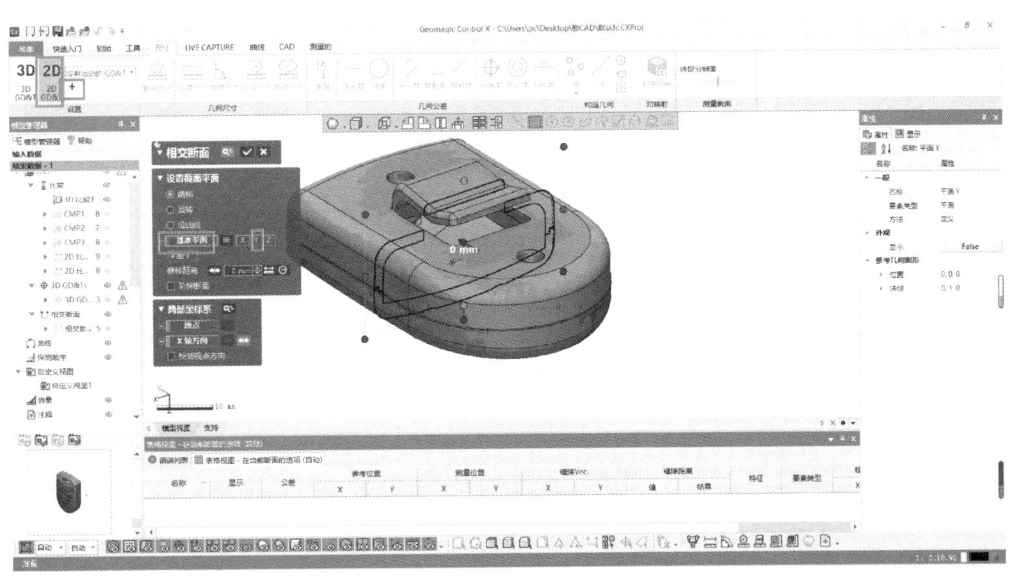

图 5-138 2D GD&T 尺寸 Y 断面标注

② 根据要求做出图 5-139 所示 Y 断面，单击右下角图标退出，隐藏相交断面，如图 5-139 所示。

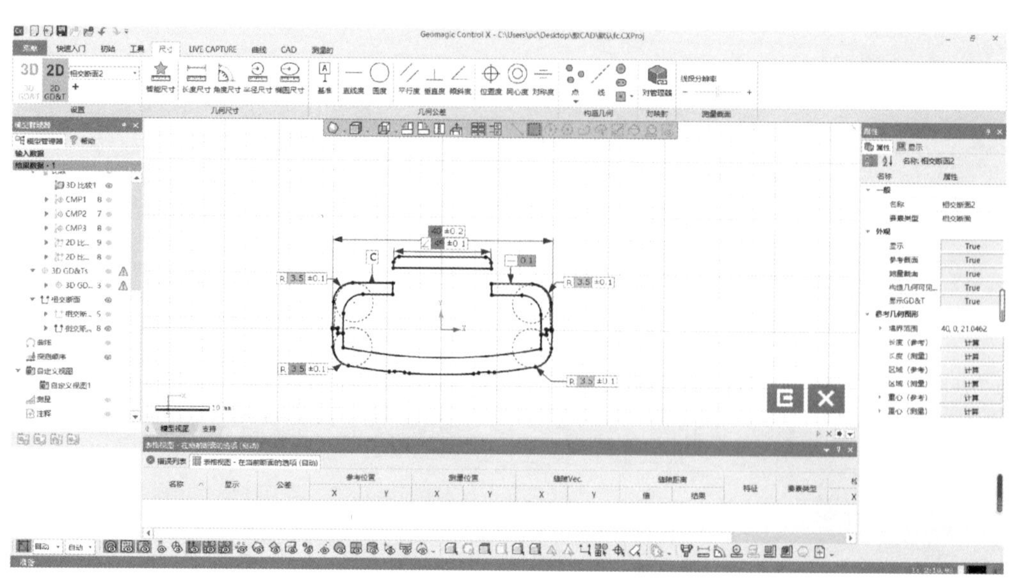

图 5-139　Y 断面标注结果

11）生成报告。

① 单击菜单栏中的“初始”→“生成报告”图标，在弹出的“报告创建”对话框中，选中右侧栏不需要的选项，单击中间的图标以删除不必要选项，在摘要信息中输入相关信息，单击“生成”按钮，如图 5-140 所示。

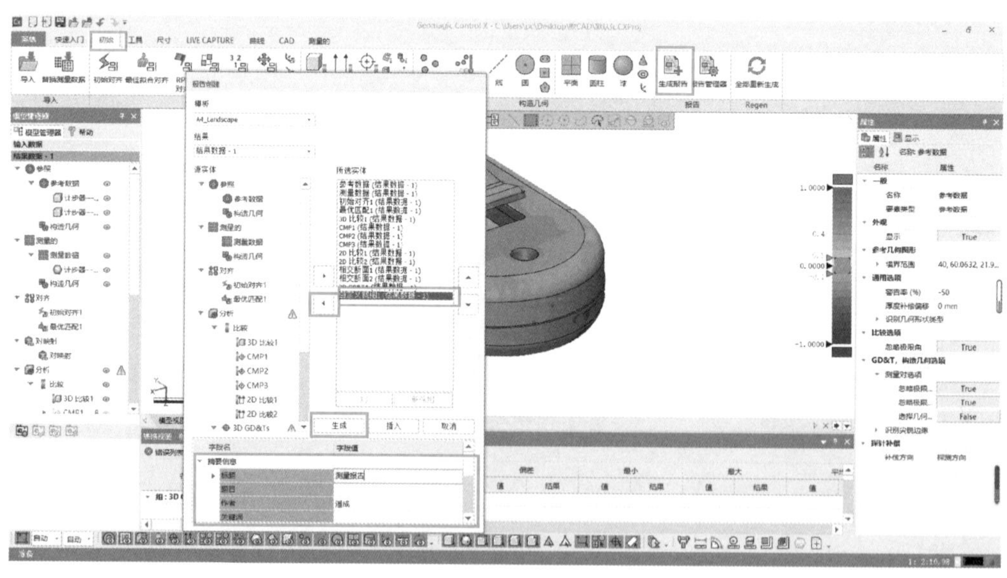

图 5-140　报告选项

② 单击图 5-141 所示的 PDF，选择输出报告的形式（PDF、PPT、EXCEL），输入报告名，然后保存，如图 5-141 所示。

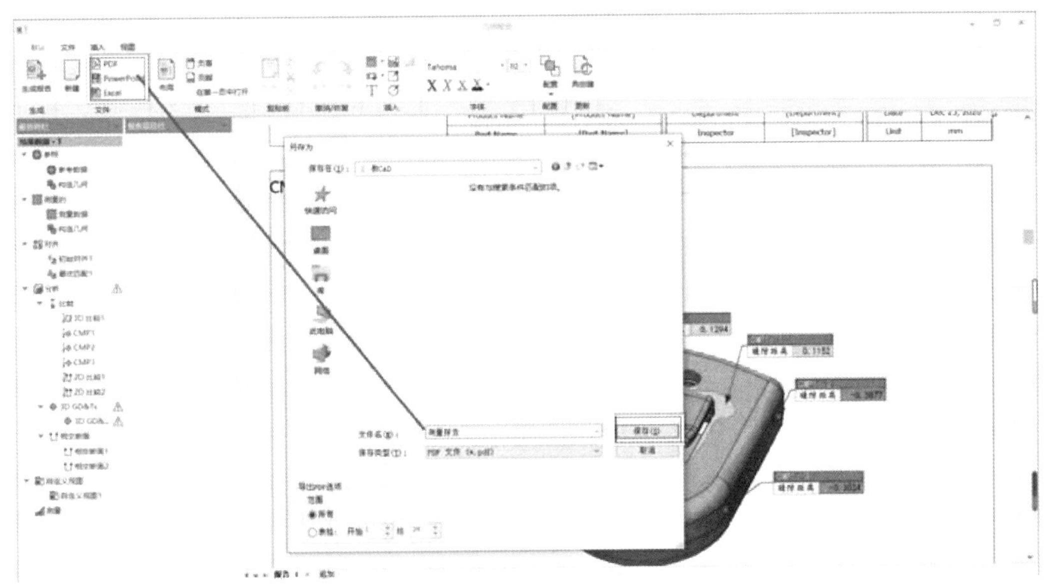

图 5-141　设置报告的形式

实训评价表

实训评价表

考核内容		分值	备注	得分
1. 对齐方式（15 分）	数据对齐方式选择正确			
	数据对齐结果合格			
2. 团队协作能力（15 分）	小组长沟通协调能力			
	小组成员基本操作熟练能力			
	存在问题通过集体沟通解决能力			
	各小组与指导老师的沟通能力			
	发现问题与改进能力			
3. 3D 比较（15 分）	3D 比较精度选择正确			
	3D 比较点位置选择合理			
	3D 比较选择的角度正确			
	重新分配视图的效果美观			
4. 2D 比较（15 分）	2D 比较截面选择 X、Y 轴正确			
	2D 比较非绿色点数据选择完整			
	2D 比较断面线操作正确			
5. 尺寸标注（10 分）	3DGD&T 和 2DGD&T 尺寸标注位置及数据正确			
6. 检测报告（30 分）	数据报告的完整性			
	报告版面设置简洁			
总分				

参考文献

[1] 周功耀，罗军 .3D 打印基础教程 [M]. 北京：东方出版社，2016.

[2] 李雄伟，陈中玉 . 三维数字化设计与 3D 打印：中职分册 [M]. 北京：机械工业出版社，2020.

[3] 刘少岗，金秋 .3D 打印先进技术及应用 [M]. 北京：机械工业出版社，2020.